ZOOLOGISCHE ABHANDLUNGEN

Herausgegeben vom

STAATLICHEN MUSEUM FÜR TIERKUNDE IN DRESDEN

In Kommission

AKADEMISCHE VERLAGSGESELLSCHAFT GEEST & PORTIG K.-G.

LEIPZIG

Staatliches Museum für Tierkunde in Dresden
DDR – 801 Dresden, Augustusstraße 2

ABHANDLUNGEN UND BERICHTE AUS DEM STAATLICHEN MUSEUM FÜR TIERKUNDE IN DRESDEN

Hinweise für unsere Autoren

Die Publikationen des Staatlichen Museums für Tierkunde in Dresden dienen der Veröffentlichung von Arbeiten aus dem Museum sowie solchen, die ganz oder teilweise Material des Museums behandeln oder über Materialien berichten, von denen Belegstücke in die Sammlung des Museums kommen.

Die Arbeiten sollen eine Thematik aus den Wissensgebieten Taxonomie, Phylogenie, Evolution, Morphologie, Anatomie, Biologie, Ökologie, Faunistik, Zoogeographie sowie den fachbezogenen Museumswissenschaften beinhalten. Arbeiten anderer Wissensgebiete sowie biographisch oder methodisch orientierte Arbeiten können aufgenommen werden, sofern sie zur Kenntnis der genannten Gebiete beitragen. Es werden nur Originalarbeiten veröffentlicht, die weder ganz noch teilweise bereits an anderer Stelle erschienen sind. Publikationen über Tiermaterial vom Gebiet der Deutschen Demokratischen Republik werden vorrangig behandelt.

Für Inhalt, sprachliche Gestaltung sowie Beachtung einer eventuellen Veröffentlichungsgenehmigung ihrer Arbeiten sind die Autoren selbst verantwortlich. Eine redaktionelle Bearbeitung der Manuskripte behält sich der Herausgeber vor. Die Autoren erhalten eine Eingangsbestätigung oder umfassendere Nachricht über die eingesandten Manuskripte. Nach Veröffentlichung ihrer Arbeiten erhalten die Autoren unentgeltlich 100 Sonderdrucke zugesandt; bei Veröffentlichungen, welche mehr als 200 Seiten umfassen, nur 50 Sonderdrucke. Von in den „Faunistischen Abhandlungen" erscheinenden Kurzmitteilungen werden 10 Belegexemplare ausgegeben. Diese Zahlen können aus technischen Gründen auch bei Veröffentlichungen von zwei oder mehr Autoren nicht erhöht werden.

Die Manuskripte können in deutscher, englischer oder französischer Sprache abgefaßt sein. Jede Arbeit (ausgenommen die für die „Reichenbachia" vorgesehenen Veröffentlichungen) muß eine kurze Zusammenfassung in der zur Abfassung des Manuskriptes verwendeten Sprache enthalten. Diese Zusammenfassung wird einschließlich des Titels der Arbeit bei deutschsprachigen Manuskripten in das Englische, bei fremdsprachigen Manuskripten in das Deutsche übertragen. Es ist erwünscht, daß die Autoren diese Übertragung selbst vornehmen.

Eine Rezension eingesandter Monographien wird auf Wunsch gern vorgenommen.

Spezielle Richtlinien über Manuskriptgestaltung, Ausführung der Illustrationen und Korrekturgang der Publikationen können auf Anforderung vom Herausgeber bezogen werden.

ZOOLOGISCHE ABHANDLUNGEN

STAATLICHES MUSEUM FÜR TIERKUNDE IN DRESDEN

Bd. 34 Ausgegeben: 25. März 1976 Nr. 1

Die relative Sexualdifferenz in der Ordnung der Passeriformes (Aves)

UDO BÄHRMANN

Lauchhammer-Mitte

Der Sexualdimorphismus kann unter den Vogelarten und ihren geographischen Formen in ganz verschiedener Weise auftreten. Am auffälligsten sind die äußeren Unterschiede in der Färbung und Zeichnung des Gefieders. Bei manchen Arten sind es auch die Farbe der Augen, der nackten Hautteile, der Hornbekleidung des Schnabels oder der Beine. In nicht seltenen Fällen zeichnen sich die Männchen durch besondere Schmuckfedern aus.

Alle diese sekundären Geschlechtsmerkmale verändern sich bei vielen Arten während der Ontogenese bis zum Alterskleid oder bis zu dessen endgültigen Ausfärbung. Außerdem verändert sich ihr Gefieder im Jahresrhythmus. So tragen nicht wenige Arten zur Brutzeit ein Prachtkleid und in der übrigen Jahreszeit ein Schlichtkleid. Von ihnen sind meistens die Männchen schöner gefärbt oder gezeichnet als die Weibchen, nur selten erreichen diese die Schönheit des Gefieders der Männchen. Beide Geschlechter können auch gleich gefärbt sein.

Aber auch durch Abnutzung der Federränder, wodurch die verdeckten bunten Federteile schärfer und auffallender hervortreten, entstehen während des Sommers prächtige und ausgefärbte Kleider, besonders bei den Männchen. Andererseits ist bei vielen Vögeln das Gefieder nach der Brutzeit, wenn es abgetragen und zerschlissen ist, am unansehnlichsten, dagegen im frisch vermauserten Zustand im Spätsommer und Herbst am schönsten.

Analog der äußeren Geschlechtsunterschiede in der Färbung unterscheiden sich die Geschlechter auch in der Größe. So kann innerhalb systematischer Ordnungen oder in mehr oder weniger großen Verwandtschaftsgruppen von den Geschlechtspartnern entweder der eine oder der andere der größere sein, seltener sind beide Geschlechter durchschnittlich gleich groß.

Vorbemerkungen zur Untersuchung des relativen Größenunterschiedes der Geschlechter

In dieser Arbeit soll der Sexualdimorphismus nicht nach der Färbung oder Zeichnung, sondern nach der Größe abgehandelt werden. Diese ist artgebunden und kann an den einzelnen Körperteilen absolut und relativ verschieden sein. In der deutschsprachigen Literatur ist über den relativen Größenunterschied der Geschlechter nur wenig bekannt.

Im allgemeinen wird die metrische Flügellänge als Maßstab für die Größe eines Vogels angesehen, obwohl es dafür noch andere Größenverschiedenheiten in der Befiederung und im Skelettbau gibt. Der hier untersuchte relative Geschlechtsunterschied wird aus der Differenz der durchschnittlichen Flügellänge von Männchen und Weibchen berechnet. In gleicher Weise erfolgt dessen Feststellung von der Schwanzlänge und den wichtigsten Skelettelementen, die von einigen Arten zum Vergleich herangezogen werden. Schwerpunkte bilden nach außen die Flügellänge und nach innen von den Skeletteilen die Sternumlänge.

Von einer größeren Anzahl nach Familien geordneter Arten und Unterarten wird der Geschlechtsindex ihrer Flügellänge in der Tabelle 1 in Prozent angegeben. Näheres über dessen Berechnung ist im Abschnitt „Abkürzungen“ enthalten.

Wir wissen noch nicht, ob sich die Größe des relativen Geschlechtsunterschiedes in Verwandtschaftsgruppierungen der geographischen Rassen verschiebt oder konstant bleibt. Sind es bestimmte ökologische Bedingungen, die auf die Größe der Sexualdifferenz Einfluß haben? Besteht ein Zusammenhang zwischen der relativen Sexualdifferenz und der Körpergröße? In welchen systematischen Ordnungen ist teils das männliche, teils das weibliche Geschlecht größer oder nur das eine von beiden?

Wie verhalten sich die miteinander verglichenen relativen Geschlechtsindizes der äußeren und inneren Körperteile in ihrer Größe, z. B. von Flügel- und Sternumlänge? Bei welchen Arten sind sie gleichgroß oder nähern sich einander oder schließen sich gegenseitig aus? Das sind alles anstehende Fragen, die ihrer Lösung harren, zu der im Rahmen dieser Arbeit nur teilweise beigetragen werden kann.

Von einer verhältnismäßig kleinen Anzahl Arten wurden die wesentlichen Skeletteile vermessen und ihre durchschnittliche Größe ermittelt. Danach sollen die intraspezifische Proportionalität von beiden Geschlechtern und die relative Sexualdifferenz im Skelettbau untersucht werden.

Quellenangabe über die verwendeten Meßwerte

Die in Tabelle 1 enthaltenen Angaben basieren auf Untersuchungen einer großen Anzahl von Arten und Formen, die in Eurasien vorkommen und zu den *Passeriformes* gehören. Da meine eigenen Messungen arten- und zahlenmäßig nicht ausreichten, mußten Maßangaben aus der Literatur herangezogen und verwendet werden. Dabei stellten sich einige Mängel und Unzulänglichkeiten heraus.

Nicht nur in den älteren Werken, sondern auch in einigen neueren Schriften sind die angegebenen Maße der Flügellängen oftmals ungenau. Bei HARTERT (1903), HEINROTH (1926), BERNDT und MEISE (1959), MEINERTZHAGEN (1926) u. a. sind sie nicht nach Geschlechtern getrennt. WITHERBY (1938) und TISCHLER (1941) geben nur die Variationsbreiten von beiden Geschlechtern an. VAURIE (1959) gibt Flügellängen von Männchen und Weibchen zusammen an, aber meistens nur von den Männchen in ihrer Variationsbreite und im Durchschnitt.

Zur Ermittlung der Geschlechtsindizes sind die Mittelwerte von beiden Geschlechtern erforderlich. Sie sind im deutschsprachigen Schrifttum nur spärlich vorhanden. Gegenüber diesem Mangel hat GLUTZ von BLOTZHEIM (1966—1973) im „Handbuch der Vögel Mitteleuropas“, das erst im Erscheinen begriffen ist, den Maßangaben der Flügel- und Schwanzlängen die Mittelwerte und die Anzahl der vermessenen Exemplare hinzugefügt. Die ohnehin erweiterten und vervollständigten Maßangaben in diesem vortrefflichen Werk stellen einen bedeutenden Fortschritt zur Kenntnis der Größenverhältnisse unserer Vögel dar.

In den älteren ornithologischen Schriften sind einige Mittelwerte bei NIETHAMMER (1937) und viele Einzelangaben über Flügellängen einzelner Arten getrennt nach

Geschlechtern bei STRESEMANN (1920) und SACHTLEBEN (1922) vorhanden. Aus diesen genauen Messungen wurden die Durchschnittsmaße und der Geschlechtsindex ermittelt. Doch sind es verhältnismäßig nur wenige Arten.

Von ausschlaggebender Bedeutung für das Zustandekommen dieser Arbeit sind die aus der russischsprachigen Literatur entnommenen Mittelwerte für die überwiegende Anzahl der untersuchten Arten. Sie sind in dem von DEMENTIEW und GLADKOW (1954) herausgegebenem Werk „Die Vögel der Sowjetunion" enthalten. Dieses ausgezeichnete Werk ist besonders aufschlußreich durch die vielen beschriebenen Arten und Subspezies mit ihren Größenangaben, die sich z. T. auf große Balgserien stützen. Es ist deshalb für die Feststellung des relativen Geschlechtsunterschiedes eine unentbehrliche und wertvolle Hilfe.

In dem nachfolgenden Verzeichnis sind einige Arten doppelt oder mehrmals aufgenommen. Von ihnen sind in der Literatur ausreichende Daten aus verschiedenen Teilen ihres Verbreitungsgebietes vorhanden. Außerdem sind es auch solche Arten, die eine vergleichende Untersuchung des Geschlechtsindexes in ihrem Jugend- und Altersstadium ermöglichen. Die Verschiedenheiten, die sich daraus ergeben, sind in mehrfacher Hinsicht beachtenswert.

Herrn S. ECK (Staatliches Museum für Tierkunde in Dresden) danke ich für die Durchsicht des Manuskriptes, insbesondere für einige Berichtigungen und Ergänzungen zur Nomenklatur in der Tab. 1 sowie für die Neuschreibung des erweiterten Literaturverzeichnisses.

Abkürzungen

1. Erklärung zu den Buchstaben A–E am Kopf der Tab. 1:

A	=	Mittelwerte von den Flügellängen der ♂♂ in Millimetern.
B	=	Mittelwerte von den Flügellängen der ♀♀ in Millimetern.
C	=	Differenz von A und B in Millimetern.
D	=	M ♂/2 + M ♀/2 in Millimetern.
E	=	Geschlechtsindex C/D×100 in Prozent.

2. Abkürzungen der literarischen Quellen:

Aqu.	=	Aquila (Budapest).
Av. Mac.	=	STRESEMANN, Avifauna Macedonica.
Ab. Bay. Ak. Wiss.	=	Abhandlungen der math.-phys. Klasse der Bayer. Akademie der Wissenschaften, Suppl. Band, München 1921.
B. z. V.	=	Beiträge zur Vogelkunde (Leipzig).
B. Zool. B.	=	Bonner Zoologische Beiträge.
H. d. D. V.	=	Handbuch der Deutschen Vogelkunde, Bd. 1.
J. f. O.	=	Journal für Ornithologie (Berlin).
Ne. Br. Bü.	=	Die Neue Brehmbücherei (Wittenberg Lutherstadt).
U. B.	=	nach eigenem Material und Messungen.
V. O. G. B.	=	Verhandlungen der Ornithologischen Gesellschaft in Bayern.
Vgw.	=	Die Vogelwarte (Stuttgart).
V. d. S. U.	=	Die Vögel der Sowjetunion, Bde. 5 und 6.
Vgwelt.	=	Die Vogelwelt (Berlin/München).
Zool. Ab. Mus. Dres.	=	Zool. Abhandlungen (Staatl. Museum für Tierkunde in Dresden).

Tabelle 1. Verzeichnis der Arten und Unterarten mit ihren durchschnittlichen Flügellängen und ihren Geschlechtsindizes.

Ordnung *Passeriformes*

	A	B	C	D	E	n ♂♂	n ♀♀	Lit.-Quelle
Familie *Alaudidae:*								
Melanocorypha yetoniensis (FORST.)	131,7	117,5	14,2	124,6	11,3	86	27	V. d. S. U.
Melanocorypha leucoptera (PALL.)	118,7	110,9	7,8	114,8	6,8	46	19	V. d. S. U.
Melanocorypha calandra (L.)	130,6	116,6	14,0	123,6	11,3	49	14	V. d. S. U.
Calandrella cin. brachydactyla (LEISL.)	92,6	86,8	5,8	89,7	6,46		6	V. d. S. U.
Calandrella cin. longipennis (EVERSM.)	92,9	86,6	6,3	89,7	7,02	43	18	V. d. S. U.
Calandrella rufesc. heinei (HOM.)	96,9	89,5	7,4	93,2	7,9	50	42	V. d. S. U.
Calandrella rufesc. pseudobaetica STEGM.	93,3	90,0	3,3	91,6	3,6	7	6	V. d. S. U.
Ammomanes deserti parvirostris HART.	102,5	101,7	0,8	102,1	0,7	12	5	V. d. S. U.
Ammomanes deserti orientalis ZAR. et LOUD.	106,0	101,0	5,0	103,5	4,8	4	2	V. d. S. U.
Galerida crist. cristata (L.)	107,8	98,7	9,1	103,2	8,8	16	7	V. d. S. U.
Galerida crist. tenuirostris BREHM	105,6	99,0	6,6	102,3	6,4	45	26	V. d. S. U.
Galerida crist. subtourica (KOLL.)	106,2	102,6	3,6	104,4	3,45	7	8	V. d. S. U.
Galerida crist. iwanowi LOUD. et ZAR.	107,1	103,1	4,1	105,1	3,9	37	13	V. d. S. U.
Galerida crist. meridionalis BREHM	108,0	97,9	10,1	102,9	9,8	39	41	Av. Mac.
Galerida theklae superflua HART.	104,9	99,9	5,0	102,4	4,8	14	9	Kat. v. ERL.
Lullula arb. arborea (L.)	94,7	90,6	4,1	92,6	4,4	41	21	
Lullula arb. arborea (L.)	96,0	92,0	4,0	94,0	4,3			Ne. Br. Bü. Nr. 440
Lullula arb. pallida ZAR.	97,3	93,4	4,1	95,3	4,1	50	11	Av. Mac.
Alauda arvensis arvensis L.	112,6	101,2	11,4	106,0	10,6	45	6	H. d. D. V.
Alauda arvensis arvensis L.	109,0	102,4	6,6	105,9	6,6	26	43	B. z. V. Bd. 13
Alauda arvensis arvensis L.	111,0	101,8	9,2	106,4	8,6	51	27	V. d. S. U.
Alauda arvensis cantarella BP.	112,5	102,0	10,5	107,2	9,7	34	7	V. d. S. U.
Alauda arvensis armenica BOGD.	114,9	103,9	11,0	109,4	10,0	16	5	V. d. S. U.
Alauda arvensis dulcivox HUME	117,5	106,1	11,4	111,8	10,1	24	6	V. d. S. U.
Alauda arvensis alticola SUSCHK.	110,7	103,3	7,4	102,0	7,2	7	6	V. d. S. U.
Alauda arvensis buxtoni ALLEN	112,7	103,2	9,5	107,4	8,8	14	8	V. d. S. U.
Eremophila alpest. flava (GM.)	109,2	103,2	6,0	106,2	5,6	80	58	V. d. S. U.
Eremophila alpest. brandti (DRESSER)	106,8	100,9	5,9	103,8	5,7	64	23	V. d. S. U.
Eremophila alpest. albigula (BP.)	111,6	103,0	8,6	107,3	8,0	18	4	V. d. S. U.

	A	B	C	D	E	n ♂♂	n ♀♀	Lit.-Quelle
Familie *Hirundinidae:*								
Hirundo rust. rustica L.	122,8	122,1	0,7	122,4	0,5	99	53	V. d. S. U.
Hirundo rust. rustica L., ad.	125,6	122,2	3,4	123,9	2,7	22	9	H. d. D. V.
Hirundo rust. gutturalis SCOPOLI	113,6	112,2	1,4	114,9	1,24	10	5	V. d. S. U.
Hirundo rust. tytleri JERDON	117,6	115,7	1,9	116,6	1,7	9	6	V. d. S. U.
Hirundo rust. erythrogaster BODD.	114,5	107,5	7,0	110,5	6,33	2	2	V. d. S. U.
Hirundo daurica scullii SEEB.	116,8	114,5	2,3	115,6	1,9	24	19	V. d. S. U.
Hirundo smithii brobrinskoii STACH.	118,3	118,1	0,1	118,0	0,1	19	8	V. d. S. U.
Delichon urb. urbica (L.)	111,6	110,7	0,9	111,1	0,8	21	19	V. d. S. U.
Delichon urb. urbica (L.)	109,9	109,9	0,0	109,9	0,0	132	156	B. Zool. B. Bd. 24
Delichon urb. meridionalis (HART.)	104,2	103,9	0,3	104,0	0,3	42	10	V. d. S. U.
Delichon urb. whiteleyi (SWINHOE)	107,9	105,8	2,1	106,9	1,9	20	6	V. d. S. U.
Riparia rip. riparia (L.)	105,8	104,7	1,1	105,2	1,0	64	39	V. d. S. U.
Riparia rip. diluta (SHARPE et WYATT)	101,6	100,1	1,5	100,8	1,4	18	20	V. d. S. U.
Riparia paludicola chinensis (GRAY)	91,8	89,0	2,8	90,4	3,0	6	10	V. d. S. U.
Riparia rup. rupestris (SCOPOLI)	128,2	127,7	0,5	127,9	0,4	25	18	V. d. S. U.
Familie *Oriolidae:*								
Oriolus oriol. oriolus (L.)	152,3	150,6	1,7	151,4	1,1	14	11	H. d. D. V.
Oriolus oriol. kundoo SYKES	140,0	137,0	3,0	138,5	2,1	8	8	V. d. S. U.
Oriolus chinensis diffusus SHARPE	153,0	150,0	3,0	151,5	1,9	10	8	V. d. S. U.
Familie *Corvidae:*								
Corvus corax corax L., ad.	429,8	414,7	15,1	422,2	3,5	12	14	
Corvus corax corax L.	441,2	432,3	8,9	436,7	2,0	49	34	V. d. S. U.
Corvus corax kamtschaticus DYB.	455,0	448,7	6,3	451,8	1,3	10	4	V. d. S. U.
Corvus corone corone L.	329,0	319,0	10,0	324,0	3,08	—	—	CREUTZ 1973
Corvus corone orientalis EVERSM.	348,0	342,0	6,1	345,0	1,73	31	25	V. d. S. U.
Corvus corone cornix L.	327,8	315,0	12,8	321,4	3,98	70	78	V. d. S. U.
Corvus corone cornix x *corone*, juv.	317,3	303,7	13,6	310,5	4,38	47	47	U. B.
Corvus corone cornix x *corone*, ad.	332,8	318,6	14,2	325,7	4,35	77	91	U. B.
Corvus frug. frugilegus L.	319,7	309,3	10,4	314,5	3,36	55	53	V. d. S. U.
Corvus frug. frugilegus L., juv.	313,8	299,0	14,8	306,4	4,83	52	54	U. B.
Corvus frug. frugilegus L., ad.	323,9	307,6	16,3	315,7	5,16	77	93	U. B.
Corvus mon. monedula L.	234,4	224,0	10,4	229,2	4,53	29	14	Aqu. 1939/42
Corvus mon. turrium (BR.), ad.	241,7	233,6	8,1	237,6	3,42	53	47	U. B.

	A	B	C	D	E	n ♂♂	n ♀♀	Lit.-Quelle
Corvus mon. turrium (BR.)	235,4	222,7	12,7	229,8	5,52	114	71	Aqu. 1939/42
Corvus mon. spermologus VIEILL.	236,7	227,1	9,6	232,0	4,13	26	15	Aqu. 1939/42
Corvus mon. collaris DRUMM.	231,5	223,6	7,9	227,5	3,47	32	20	Aqu. 1939/42
Corvus mon. soemmeringii FISCH.	230,8	225,3	5,5	228,1	2,41	93	57	Aqu. 1939/42
Corvus mon. soemmeringii FISCH., ad.	236,8	229,8	7,0	233,3	3,00	25	18	Av. Mac.
Corvus mon. soemmeringii FISCH., juv.	232,1	223,6	8,5	227,8	3,73	9	16	Av. Mac.
Corvus mon. dauuricus PALL.	230,0	221,1	8,9	225,5	3,52	27	18	Aqu. 1939/42
Pica pica pica (L.)	192,5	184,4	8,1	188,4	4,30	7	8	V. d. S. U.
Pica pica fennorum LÖNNB.	203,6	192,9	10,7	198,2	5,39	70	63	V. d. S. U.
Pica pica germanica BR., ad.	195,0	183,3	11,6	189,1	6,11	139	115	U. B.
Pica pica germanica BR., juv.	188,4	180,0	8,4	184,2	4,56	79	103	U. B.
Pica pica bactriana BP.	204,2	200,3	3,9	202,2	1,92	44	37	V. d. S. U.
Pica pica leucoptera GOULD	212,5	205,0	7,2	208,6	3,45	11	8	V. d. S. U.
Cyanopica cyanus cyanus (PALL.)	141,9	134,7	7,2	138,3	5,21	7	4	V. d. S. U.
Cyanopica cyanus pallescens STEG.	141,1	137,7	3,4	139,4	2,51	15	15	V. d. S. U.
Nucifraga car. caryocatactes (L.)	182,0	179,6	2,4	180,8	1,32	25	14	V. d. S. U.
Nucifraga car. caryocatactes (L.)	184,0	180,6	3,4	182,3	1,86	10	5	H. d. D. V.
Nucifraga car. macrochynchos BR.	181,0	177,3	3,7	179,1	2,06	139	113	V. d. S. U.
Nucifraga car. kamtschatkensis BARR.-HAM.	182,5	176,6	5,9	179,5	3,28	3	6	V. d. S. U.
Nucifraga car. rothschildi HARTERT	196,3	195,3	1,0	195,8	0,51	11	8	V. d. S. U.
Garrulus gland. glandarius (L.)	182,0	173,2	8,8	177,1	4,95	130	97	V. d. S. U.
Garrulus gland. glandarius (L.)	186,0	177,0	9,0	181,5	4,95	13	7	H. d. D. V. Bd. 1
Garrulus gland. glandarius (L.), ad.	187,4	181,5	5,9	184,4	3,19	43	36	U. B.
Garrulus gland. brandtii EVERSM.	171,9	171,0	0,9	171,4	0,52	36	23	V. d. S. U.
Garrulus gland. krynicki KALENICZENKO	188,6	186,3	2,3	187,4	1,22	37	36	V. d. S. U.
Perisoreus inf. infaustus (L.)	138,8	133,5	5,3	136,1	3,96	48	46	V. d. S. U.
Perisoreus inf. rogosowi SUSCHK. et STEG.	143,6	139,4	4,2	141,5	2,96	21	10	V. d. S. U.
Perisoreus inf. sibericus (BODD.)	142,5	139,3	3,2	140,9	2,27	11	5	V. d. S. U.
Perisoreus inf. jakutensis BUT.	145,5	140,5	5,0	143,0	3,49	5	6	V. d. S. U.

	A	B	C	D	E	n ♂♂	n ♀♀	Lit.-Quelle
Perisoreus inf. opicus BANGS	138,8	137,7	1,1	138,2	0,79	6	5	V. d. S. U.
Podoces panderi FISCH.	118,4	111,6	6,8	115,0	5,91	13	10	V. d. S. U.
Pyrrhocorax pyrrh. barbarus VAURIE	303,0	280,0	23,0	291,5	7,90	8	4	Am. Mus. Nov. Nr. 1658
Pyrrhocorax pyrrh. docilis (GM.)	326,1	305,1	21,0	315,6	6,97	21	18	Am. Mus. Nov. Nr. 1658
Pyrrhocorax pyrrh. brachypus (SWINHOE)	305,6	296,7	8,9	301,1	2,95	9	7	Am. Mus. Nov. Nr. 1658
Pyrrhocorax pyrrh. himalayanus (GOULD)	318,0	296,0	22,0	307,0	7,13	8	6	Am. Mus. Nov. Nr. 1658
Pyrrhocorax grac. graculus (L.)	275,7	269,6	6,1	272,6	2,31	7	6	Am. Mus. Nov. Nr. 1658
Pyrrhocorax grac. forsythi STOLICZKA	281,7	275,0	6,7	278,3	2,45	7	4	Am. Mus. Nov. Nr. 1658
Familie *Paridae:*								
Parus m. major L.	75,0	72,5	2,5	73,7	3,38	46	16	V. d. S. U.
Parus m. major L.	76,5	75,3	1,2	75,9	2,99	150	112	Zool. Ab. Mus. Dres. Bd. 31
Parus m. major L.	76,1	73,4	2,7	74,7	3,70	39	25	Av. Mac.
Parus m. major L.	76,1	73,3	2,8	74,6	3,74	14	18	U. B.
Parus m. major L.	75,8	73,1	2,7	74,5	3,58	140	43	Ab. Bay. Ak. Wiss.
Parus m. excelsus BUVRY	76,8	74,0	2,8	75,4	3,64	23	13	Zool. Ab. Mus. Dres. Bd. 31
Parus m. corsus KL.	73,3	71,5	1,8	72,4	2,55	52	18	Zool. Ab. Mus. Dres. Bd. 31
Parus major ecki JORD.	73,4	70,1	3,33	71,7	4,59	26	9	Zool. Ab. Mus. Dres. Bd. 31
Parus major mallorcae JORD.	72,2	70,8	1,42	71,5	1,98	16	12	Zool. Ab. Mus. Dres. Bd. 31
Parus major iliensis ZAR. et BILK.	73,9	71,2	2,7	72,5	3,75	7	6	ECK briefl.
Parus c. caeruleus L.	66,1	63,8	2,3	64,9	3,53	28	4	V. d. S. U.
Parus c. caeruleus L.	66,4	64,0	2,4	65,2	3,68	13	10	H. d. D. V. Bd. 1
Parus c. caeruleus L.	67,3	64,3	3,0	65,8	4,66	67	19	Ab. Bay. Ak. Wiss.
Parus caer. degener HART.	61,0	57,0	4,0	59,0	6,78	24	13	Orn. Jb. Bd. 19
Parus caer. teneriffae LESS.	61,0	57,0	4,0	59,0	6,78	44	20	Orn. Jb. Bd. 19
Parus caer. ombriosus MEADE-WALDO	62,0	58,0	4,0	60,0	6,66	37	30	Orn. Jb. Bd. 19

	A	B	C	D	E	n ♂♂	n ♀♀	Lit.-Quelle
Parus caer. palmensis MEADE-WALDO	61,0	57,0	4,0	59,0	6,78	26	14	Orn. Jb. Bd. 19
Parus cyan. cyanus PALL.	67,3	65,3	2,0	66,3	3,01	11	8	V. d. S. U.
Parus cyan. yenisseensis (BUT.)	67,3	64,7	2,6	66,0	3,93	13	5	V. d. S. U.
Parus cyan. tianschanicus (MENZB.)	67,0	65,0	2,0	66,0	3,03	5	3	V. d. S. U.
Parus cyan. flavipectus SEV.	65,5	62,5	3,0	64,0	4,68	8	4	V. d. S. U.
Parus ater ater L.	62,2	61,1	1,1	61,0	1,78	39	34	Av. Mac.
Parus crist. mitratus BR.	67,4	64,1	3,3	64,1	5,00	29	21	Ab. Bay. Ak. Wiss.
Parus crist. mitratus BR.	65,4	62,8	2,6	64,1	4,05	23	9	H. d. D. V.
Parus lug. lugubris TEMM.	75,0	72,1	2,9	73,5	3,91	18	17	Av. Mac.
Parus lug. kirmanensis KOELZ	76,5	74,1	2,4	75,3	3,18	12	6	Am. Mus. Nov. Nr. 1459
Parus c. cinctus BODD.	65,8	64,4	1,4	65,1	2,13	12	10	V. d. S. U.
Parus pal. palustris L.	65,5	62,6	2,9	64,1	2,91	112	55	V. d. S. U.
Parus pal. palustris L.	64,4	62,1	2,3	63,2	3,68	6	8	U. B.
Parus a. borealis SELYS-LONGCH.	63,2	61,6	1,6	62,4	2,56	61	34	V. d. S. U.
Parus a. borealis SELYS-LONGCH.	64,3	62,1	2,2	63,2	3,54	32	24	V. O. G. B. XIV.
Parus a. rhenanus KL.	59,7	57,5	2,2	58,6	3,87	20	18	V. O. G. B. Bd. 14
Parus a. salicarius BR.	62,4	61,1	1,3	61,7	2,16	41	24	V. O. G. B. Bd. 14
Parus a. salicarius BR.	61,9	59,8	2,1	60,8	3,51	22	19	U. B.
Parus a. baicalensis (SWINH.)	63,6	61,2	2,4	62,4	3,84	34	13	V. d. S. U.
Familie *Remizidae:*								
Remiz p. pendulinus (L.)	56,1	55,1	1,0	55,6	1,80	17	11	PORTENKO 1955
Familie *Aegithalidae:*								
Aegithalos caud. caudatus (L.)	64,0	61,6	2,4	62,8	3,82	17	17	H. d. D. V.
Familie *Certhiidae:*								
Certhia f. familiaris L.	66,0	61,5	4,0	63,7	7,06	11	13	H. d. D. V.
C. f. tianschanica HART.	65,9	63,9	2,0	64,9	3,07	5	6	V. d. S. U.
C. f. persica ZAR. et LOUD.	63,5	59,5	4,0	61,5	6,50	22	9	V. d. S. U.
Certhia brachyd. brachydactyla BR.	64,2	60,3	3,9	62,2	6,25	18	13	H. d. D. V.
Familie *Sittidae:*								
Sitta eu. europaea L.	86,3	84,2	2,1	85,2	2,65	37	21	V. d. S. U.
Sitta eu. asiatica GLD.	77,2	75,6	1,6	76,4	2,10	28	7	V. d. S. U.
Sitta eu. caesia WOLF	87,2	84,7	2,5	85,9	2,96	47	13	H. d. D. V.
Sitta eu. caesia WOLF	87,3	85,0	2,3	86,1	2,67	27	15	V. O. G. B. Bd. 14
Sitta eu. caucasica RCHW.	84,6	82,2	2,4	83,4	2,87	13	13	V. d. S. U.
Sitta eu. amurensis SWINH.	80,5	79,1	1,4	79,8	1,75	12	4	V. d. S. U.
Sitta t. tephronota SHARPE	86,0	84,1	1,9	85,0	2,23	8	10	V. d. S. U.
Tichodroma m. muraria (L.)	98,6	96,2	2,4	97,4	2,46	24	11	V. d. S. U.

	A	B	C	D	E	n ♂♂	n ♀♀	Lit.-Quelle
Familie *Timaliidae:*								
Panurus biarm. biarmicus (L.)	59,8	58,6	1,2	59,2	2,02	123	89	B. Zool. B. Bd. 24
Panurus biarm. turkestanicus ZAR. et BIL.	63,1	61,8	1,3	62,4	2,08	9	7	B. Zool. B. Bd. 24
P. b. russicus (BR.)	60,8	59,0	1,8	59,9	3,03	48	32	V. d. S. U.
Familie *Cinclidae:*								
Cinclus c. cinclus (L.)	91,1	84,1	7,0	87,5	8,00	45	33	V. d. S. U.
Cinclus c. medius BR.	92,9	87,9	4,9	90,4	5,50	7	7	V. O. G. B. Bd. 14
Cinclus c. meridionalis BR.	91,8	84,4	7,4	88,1	8,42	—	—	V. O. G. B. Bd. 14
Cinclus c. leucogaster BP.	89,9	84,8	5,1	87,3	5,86	29	—	V. d. S. U.
Cinclus c. aquaticus BCHST.	93,3	85,4	7,9	89,3	8,84	23	16	V. d. S. U.
Cinclus pall. tenuirostris BP.	96,3	93,4	2,9	95,3	3,04	9	7	V. d. S. U.
Cinclus pall. pallasii TEMM.	98,8	98,1	0,7	98,5	0,70	16	14	V. d. S. U.
Familie *Troglodytidae:*								
Troglodytes tr. troglodytes (L.)	47,1	45,6	1,5	46,3	3,24	56	25	V. d. S. U.
Troglodytes tr. dauricus DYB. et TACZ.	51,0	49,0	2,0	50,0	2,00	7	4	V. d. S. U.
Troglodytes tr. tianschanicus SHARPE	48,7	47,4	1,3	47,7	2,72	19	12	V. d. S. U.
Familie *Turdidae:*								
Turdus vis. viscivorus L.	152,0	150,2	1,8	151,1	1,18	60	39	V. d. S. U.
Turdus vis. viscivorus L.	154,5	151,9	2,6	153,2	1,69	14	14	
Turdus pil. pilaris L.	142,4	139,0	3,4	140,2	2,42	13	10	H. d. D. V.
Turdus pil. subpilaris BR.	143,7	143,3	0,4	143,5	0,27	38	33	V. d. S. U.
Turdus philom. philomelos BR.	116,7	115,3	1,4	116,0	1,25	36	26	V. d. S. U.
Turdus i. iliacus L.	116,9	114,4	2,5	115,6	2,16	85	35	V. d. S. U.
Turdus naum. naumanni TEMM.	127,7	125,6	2,1	126,6	1,65	19	11	V. d. S. U.
Turdus rufic. ruficollis PALL.	136,1	132,3	3,8	134,2	2,83	19	9	V. d. S. U.
Turdus rufic. atrogularis JAROCKI	135,8	131,1	4,7	133,4	3,51	100	65	V. d. S. U.
Turdus hortulorum SCL.	114,5	113,9	0,6	114,2	0,52	23	8	V. d. S. U.
Turdus pall. pallidus GM.	126,5	123,1	3,4	124,8	2,72	10	13	V. d. S. U.
Turdus pall. obscurus GM.	124,7	120,0	4,7	122,3	3,84	40	20	V. d. S. U.
Turdus pall. chrysolaus TEMM.	120,4	118,3	2,1	119,3	1,76	8	10	V. d. S. U.
Turdus torquatus alpestris (BR.)	139,9	140,0	—	139,9	0,0	8	3	V. d. S. U.
Turdus torq. amicorum HART.	140,5	135,5	5,0	138,0	3,62	23	8	V. d. S. U.
Turdus mer. pinetorum (BR.), juv.	127,8	125,5	2,3	126,7	1,83	90	43	Zool. Ab. Mus. Dres. Bd. 30

	A	B	C	D	E	n ♂♂	n ♀♀	Lit.-Quelle
Turdus mer. pinetorum (BR.), ad.	131,7	126,3	5,4	129,0	4,18	60	33	Zool. Ab. Mus. Dres. Bd. 30
Monticola sax. saxatilis (L.)	118,9	114,6	4,3	116,7	3,68	42	9	V. d. S. U.
Monticola sol. solitarius (L.)	121,3	117,0	4,3	119,1	3,61	12	3	V. d. S. U.
Oenanthe oen. oenanthe (L.)	94,4	91,7	2,7	93,0	2,92	100	40	V. d. S. U.
Oenanthe oen. oenanthe (L.)	95,7	92,1	3,5	93,9	3,75	71	31	S. Ab. Bay. Ak. Wiss.
Oenanthe hisp. pleschanka (LEPECH.)	92,1	88,4	3,7	90,2	4,12	90	25	V. d. S. U.
Oenanthe finschii barnesi OATES	89,5	85,2	4,3	87,3	4,92	29	6	V. d. S. U.
Oenanthe i. isabellina (TEMM.)	98,2	93,8	4,4	96,0	4,63	24	18	V. d. S. U.
Oenanthe des. atrogularis (BLYTH)	92,7	87,0	5,7	89,8	6,34	36	4	V. d. S. U.
Saxicola torq. rubicola (L.)	67,5	65,7	1,8	66,6	2,55	21	9	B. Zool. B. Bd. 22
Saxicola torq. maura (PALL.)	67,7	67,0	0,7	67,3	0,11	90	30	V. d. S. U.
Saxicola caprata rossorum (HART.)	73,8	72,3	1,4	73,1	2,02	25	11	V. d. S. U.
Saxicola rub. rubetra (L.)	75,9	73,4	2,5	74,6	3,35	150	70	V. d. S. U.
Phoenicurus och. ochruros (GM.)	81,9	80,6	1,3	81,2	1,60	16	5	V. d. S. U.
Phoenicurus och. phoenicuroides (HORSF. et MOORE)	81,5	79,5	2,0	80,9	2,56	35	30	V. d. S. U.
Phoenicurus och. gibraltariensis (GM.)	86,3	82,5	3,8	84,4	4,50	26	9	V. d. S. U.
Phoenicurus ph. phoenicurus (L.)	79,1	77,4	1,6	78,3	2,12	150	70	V. d. S. U.
Luscinia megarh. bährmanni ECK	86,2	83,2	2,9	84,7	3,37	54	7	Av. Mac.
Luscinia m. hafizi SEV.	91,3	88,9	2,4	90,1	2,40	28	13	V. d. S. U.
Luscinia luscinia (L.)	88,8	86,7	2,1	87,7	2,39	70	30	V. d. S. U.
Luscinia call. calliope (PALL.)	74,5	70,5	4,0	72,5	5,51	31	13	V. d. S. U.
Luscinia pectoralis ballioni (SEV.)	72,4	69,7	2,7	71,0	3,80	5	3	V. d. S. U.
Luscinia svec. svecica (L.)	72,8	69,4	3,4	71,1	4,78	76	10	V. d. S. U.
Luscinia svec. occidentalis (ZAR.)	70,9	68,8	2,1	69,8	3,00	66	2	V. d. S. U.
Luscinia svec. cyanecula (MEISN.)	74,5	71,7	2,8	73,1	3,83	28	12	H. d. D. V.
Erithacus r. rubecula (L.)	71,5	70,1	1,4	70,8	1,97	100	23	V. d. S. U.
Erithacus r. rubecula (L.)	72,6	70,3	2,2	71,4	3,13	20	11	Av. Mac.
Erithacus r. rubecula (L.)	72,5	70,3	2,2	71,4	3,12	38	9	Ab. Bay. Ak. Wiss.
Erithacus r. caucasicus BUT.	72,0	70,1	1,9	71,0	2,73	23	7	V. d. S. U.

	A	B	C	D	E	n ♂♂	n ♀♀	Lit.-Quelle
Familie *Sylviidae:*								
Cettia cetti cetti (TEMM.)	62,1	58,7	3,4	60,4	5,62	8	3	V. d. S. U.
Cettia cetti albiventris SEV.	70,1	65,1	5,0	67,6	7,39	5	4	V. d. S. U.
Locustella fluviatilis (WOLF)	73,7	72,0	1,7	72,8	2,33	44	4	V. d. S. U.
Locustella lusc. luscinioides (SAVI)	69,9	66,1	3,8	68,0	5,58	8	4	V. d. S. U.
Locustella naev. straminea SEEB.	58,3	56,8	1,5	57,5	2,60	19	3	V. d. S. U.
Locustella fasciolata (GRAY)	79,2	76,1	3,1	77,6	3,99	?	?	V. d. S. U.
Locustella lanceolata (TEMM.)	55,2	54,1	1,1	54,6	2,01	6	4	V. d. S. U.
Locustella certh. certhiola (PALL.)	66,8	64,0	2,8	65,4	4,58	7	5	V. d. S. U.
Acrocephalus ar. arundinaceus (L.)	96,0	91,1	4,9	93,5	5,24	16	7	V. d. S. U.
Acrocephalus ar. brunnescens (JERDON)	87,5	82,0	5,5	84,7	6,49	10	5	V. d. S. U.
Acrocephalus ar. orientalis (TEM. et SCHLEG.)	85,3	78,5	6,8	81,9	8,30	11	5	V. d. S. U.
Acrocephalus scirp. scirpaceus (HERM.)	67,6	66,3	1,3	66,9	1,94	17	6	V. d. S. U.
Acrocephalus pal. palustris (BECHST.)	66,5	65,2	2,3	65,8	3,49	58	8	V. d. S. U.
Acrocephalus agr. agricola (JERDON)	56,5	54,1	2,4	55,3	4,34	32	8	V. d. S. U.
Acrocephalus dumetorum BLYTH.	60,7	59,7	1,0	60,2	1,66	46	2	V. d. S. U.
Acrocephalus schoenobaenus (L.)	66,1	64,1	2,0	65,1	3,07	50	37	V. d. S. U.
Hippolais icter. icterina (VIEILL.)	79,0	74,4	4,6	76,7	6,00	46	11	V. d. S. U.
Hippolais cal. caligata (LICHT.)	60,1	57,0	3,1	58,5	5,30	32	9	V. d. S. U.
Hippolais cal. rama (SYKES)	60,6	58,7	1,9	59,6	3,18	37	9	V. d. S. U.
Hippolais cal. annectens SUSCHK.	59,5	58,4	1,1	58,9	1,86	20	4	V. d. S. U.
Hippolais pallida elaeica (LINDERM.)	65,2	62,5	2,7	63,8	4,28	20	8	V. d. S. U.
Sylvia n. nisoria (BECHST.)	88,0	86,3	2,7	87,1	2,70	18	6	V. d. S. U.
Sylvia n. merzbacheri SCHAL.	88,0	85,2	2,8	86,6	3,23	18	4	V. d. S. U.
Sylvia bor. borin (BODD.)	78,9	78,6	0,3	78,7	0,38	24	15	V. d. S. U.
Sylvia bor. borin (BODD.)	78,4	78,3	0,1	78,3	0,12	44	36	Vgw. Bd. 27
Sylvia atr. atricapilla (L.)	75,2	74,0	1,2	74,6	1,68	26	12	Av. Mac.
Sylvia melanoc. melanocephala (GM.)	59,4	58,9	0,5	59,2	0,85	40	30	B. Zool. B. Bd. 22
Sylvia com. communis LATH.	72,9	71,3	1,6	72,1	2,28	32	22	Av. Mac.
Sylvia com. icterops MEN.	75,4	72,6	2,8	74,0	3,73	22	11	Av. Mac.
Sylvia com. rubicola STRES.	75,4	72,3	3,1	73,8	4,20	34	7	V. d. S. U.
Sylvia cur. curruca (L.)	66,9	63,9	3,0	65,4	4,56	11	6	V. d. S. U.

	A	B	C	D	E	n ♂♂	n ♀♀	Lit.-Quelle
Sylvia cur. blythi TICEH. et WHISTL.	64,9	63,5	1,4	64,2	2,18	14	7	V. d. S. U.
Sylvia nana nana (HEMP. et EHRENB.)	56,9	56,5	0,4	56,7	0,70	9	9	V. d. S. U.
Phylloscopus coll. collybita (VIEILL.)	59,7	58,7	1,0	59,2	1,67	52	17	Av. Mac.
Phylloscopus coll. collybita (VIEILL.)	59,5	58,8	0,7	59,1	1,16	59	16	J. f. O. Bd. 76
Phylloscopus coll. abietinus (NILS.)	61,9	59,0	2,8	60,5	4,74	59	20	V. d. S. U.
Phylloscopus coll. tristis BLYTH.	60,4	56,7	3,7	58,5	6,32	59	23	V. d. S. U.
Phylloscopus troch. trochilus (L.)	68,4	62,7	5,7	65,6	5,71	70	33	V. d. S. U.
Phylloscopus troch. trochilus (L.)	66,9	62,7	4,2	64,8	6,48	31	15	J. f. O. Bd. 76
Phylloscopus troch. fitis (BECHST.)	68,8	63,9	4,8	66,3	7,33	51	15	J. f. O. Bd. 76
Phylloscopus troch. acredula (L.)	69,4	63,6	5,7	66,5	8,55	48	6	J. f. O. Bd. 76
Phylloscopus troch. acredula (L.)	68,5	62,9	5,6	65,7	8,52	48	21	V. d. S. U.
Phylloscopus sib. sibilatrix (BECHST.)	76,1	71,7	4,4	73,9	5,98	53	12	J. f. O. Bd. 76
Phylloscopus sib. sibilatrix (BECHST.)	75,2	71,8	3,4	73,5	4,62	66	14	V. d. S. U.
Phylloscopus neglectus HUME	52,4	49,5	2,9	50,9	5,63	5	4	V. d. S. U.
Phylloscopus bor. borealis (BLAS.)	67,7	64,1	3,6	65,9	5,46	70	20	V. d. S. U.
Phylloscopus bor. hylebata SWINH.	65,8	64,9	0,9	65,0	1,38	28	8	V. d. S. U.
Phylloscopus bor. xanthodryas (SWINH.)	70,8	67,2	3,6	69,0	5,21	19	5	V. d. S. U.
Phylloscopus troch. nitidus BLYTH.	62,3	58,5	3,8	60,4	6,29	23	4	V. d. S. U.
Phylloscopus tenel. tenellipes SWINH.	61,3	57,2	4,1	59,2	6,90	9	8	V. d. S. U.
Phylloscopus coronatus (TEMM. et SCHL.)	61,1	59,1	2,0	60,1	3,32	20	3	V. d. S. U.
Phylloscopus inorn. humei (BROOKS)	56,5	54,6	1,9	55,5	3,42	17	13	V. d. S. U.
Regulus reg. regulus (L.)	53,0	52,0	1,0	52,5	1,90	82	38	V. d. S. U.
Regulus reg. regulus (L.)	54,2	51,5	2,7	52,8	5,10	49	18	Ab. Bay. Ak. Wiss.
Regulus reg. regulus (L.)	54,8	52,2	2,6	52,2	4,85	18	6	H. d. D. V.
Regulus reg. tristis PLESKE	55,8	53,7	2,1	54,7	3,83	16	6	V. d. S. U.
Regulus reg. japonensis BLAKIST.	55,7	53,0	2,7	54,3	4,96	4	4	V. d. S. U.
Familie *Muscicapidae:*								
Muscicapa str. striata (PALL.)	87,9	86,2	1,7	87,0	1,95	50	50	V. d. S. U.
Muscicapa sib. sibirica GM.	80,0	79,0	1,0	79,5	1,25	9	13	V. d. S. U.
Muscicapa latirostris RAFFL.	70,3	69,0	1,3	69,6	1,87	15	8	V. d. S. U.

	A	B	C	D	E	n ♂♂	n ♀♀	Lit.-Quelle
Ficedula hyp. hypoleuca (PALL.)	79,0	77,3	1,7	78,1	2,16	111	38	V. d. S. U.
Ficedula alb. albicollis (TEMM.)	80,5	79,0	1,5	79,7	1,88	11	5	V. d. S. U.
Ficedula alb. semitorquata (HOM.)	82,0	79,0	3,0	80,5	3,72	14	6	V. d. S. U.
Ficedula parva parva (BECHST.)	67,1	66,7	0,4	66,4	0,60	50	28	V. d. S. U.
Ficedula parva albicilla (PALL.)	68,7	66,6	2,1	67,6	3,10	33	14	V. d. S. U.
Ficedula narc. zanthopygia (HAY.)	71,5	69,5	2,0	70,5	2,83	19	8	V. d. S. U.
Familie *Prunellidae:*								
Prunella mod. modularis (L.)	67,7	66,1	1,6	66,9	2,40	34	14	V. d. S. U.
Prunella mod. obscura (HABL.)	69,0	67,4	1,6	68,2	2,34	34	34	J. f. O. Bd. 112
Prunella mod. meinertz-hageni H. et P.	69,4	67,0	2,4	68,2	3,51	7	3	J. f. O. Bd. 112
Prunella mod. blanfordi (ZAR.)	69,6	67,7	1,9	68,6	2,76	5	7	J. f. O. Bd. 112
Prunella atrog. atrogularis (BRANDT)	72,2	71,0	1,2	71,6	1,67	10	11	V. d. S. U.
Prunella atrog. huttoni (MOORE)	73,1	71,3	1,8	72,2	2,41	41	8	V. d. S. U.
Prunella coll. montana (HABL.)	99,8	95,6	4,2	97,3	4,32	28	11	V. d. S. U.
Prunella coll. rufilata (SEV.)	98,5	96,8	1,7	97,6	1,74	4	5	V. d. S. U.
Prunella himalayana (BLYTH)	92,9	88,0	4,9	90,4	5,42	16	21	V. d. S. U.
Prunella mont. montanella (PALL.)	72,5	69,3	3,2	70,5	4,59	8	12	V. d. S. U.
Prunella mont. badia PORT.	69,1	68,6	0,5	68,9	0,69	7	6	V. d. S. U.
Familie *Motacillidae:*								
Anthus camp. campestris (L.)	87,9	80,3	7,6	84,1	9,03	100	?	V. d. S. U.
Anthus novaeseel. richardi VIEILL.	92,9	89,1	3,8	91,0	4,17	33	18	V. d. S. U.
Anthus triv. trivialis (L.)	87,3	84,1	3,3	85,7	3,73	233	87	V. d. S. U.
Anthus triv. trivialis (L.)	87,9	84,6	3,3	86,4	3,81	60	23	Ab. Bay. Ak. Wiss.
Anthus hod. inopinatus HART. et STEINB.	84,0	81,1	2,9	82,5	3,51	30	9	V. d. S. U.
Anthus prat. pratensis (L.)	79,3	76,3	3,0	77,3	3,88	59	28	V. d. S. U.
Anthus prat. pratensis (L.)	79,3	76,2	3,0	77,7	3,92	59	28	V. d. S. U.
Anthus cerv. rufogularis BR.	86,8	83,8	3,0	85,3	3,59	115	55	V. d. S. U.
Anthus cerv. cervinus (PALL.)	83,3	78,7	4,6	81,0	5,76	25	13	V. d. S. U.
Anthus spinol. coutellii AUDOUIN	85,3	79,5	5,8	82,4	7,0	30	8	V. d. S. U.

	A	B	C	D	E	n ♂♂	n ♀♀	Lit.-Quelle
Anthus spinol. blakistoni SWINH.	87,8	84,7	3,1	86,2	3,59	47	15	V. d. S. U.
Motacilla flava flava L.	81,3	77,7	3,6	79,5	4,52	114	10	V. d. S. U.
Motacilla flava feldegg MICHAH.	80,4	76,3	4,1	78,3	5,27	88	10	V. d. S. U.
Motacilla flava feldegg MICHAH.	81,8	77,8	4,0	79,8	5,01	59	19	Av. Mac.
Motacilla cin. cinerea TUNSTALL	83,5	81,3	2,2	82,4	2,70	27	8	Av. Mac.
Motacilla cin. cinerea TUNSTALL	84,1	81,6	2,5	82,5	3,09	11	11	H. d. D. V.
Motacilla cin. caspica (GM.)	81,3	80,5	0,8	80,9	0,10	49	28	V. d. S. U.
Motacilla citr. citreola PALL.	86,4	79,3	7,1	82,8	8,61	68	28	V. d. S. U.
Motacilla citr. werae (BUT.)	79,2	74,4	4,8	76,8	6,25	49	5	V. d. S. U.
Motacilla alba personata GOULD	92,1	87,5	4,6	89,8	5,12	56	16	V. d. S. U.
Motacilla alba lugens GLOGER	94,6	90,6	4,0	92,6	4,31	19	9	V. d. S. U.
Motacilla alba alba L.	88,2	84,0	4,1	86,1	4,86	83	38	V. d. S. U.
Motacilla alba alba L., ad.	90,5	86,6	3,9	88,5	4,71	35	18	Ab. Bay. Ak. Wiss.
Motacilla alba alba L., ad.	91,3	87,0	4,3	89,1	4,88	20	8	Av. Mac.
Motacilla alba dukhunensis SYKES	88,2	85,0	3,2	86,6	3,75	53	22	V. d. S. U.
Motacilla alba baicalensis SWINH.	91,2	85,5	5,7	88,3	6,52	4	6	V. d. S. U.
Motacilla alba ocularis SWINH.	95,7	89,7	6,0	92,7	6,47	7	4	V. d. S. U.
Familie *Bombycillidae:*								
Bombycilla g. garrulus (L.)	116,8	115,0	1,8	115,9	1,55	100	66	V. d. S. U.
Familie *Laniidae:*								
Lanius exc. excubitor L.	113,8	112,7	1,1	113,2	0,97	40	33	V. d. S. U.
Lanius exc. excubitor L.	113,4	111,7	1,7	112,6	1,70	11	16	U. B.
Lanius exc. homeyeri CAB.	117,2	114,5	2,7	115,9	2,39	50	31	V. d. S. U.
Lanius exc. sibiricus BOGD.	115,0	111,6	3,4	113,3	3,00	8	17	V. d. S. U.
Lanius exc. pallidirostris CASSIN	111,3	107,9	3,4	109,6	3,10	23	24	V. d. S. U.
Lanius exc. mollis EVERSM.	117,9	115,7	2,2	116,8	1,88	14	16	V. d. S. U.
Lanius exc. funereus MENZB.	121,0	116,2	4,8	118,6	4,04	6	4	V. d. S. U.
Lanius m. minor GM.?	121,0	117,7	3,3	119,3	2,76	120	90	V. d. S. U.
Lanius tigrinus DRAPIEZ	83,1	80,1	3,0	81,6	3,67	10	10	V. d. S. U.
Lanius s. niloticus (BP.)	98,7	97,5	1,2	98,1	1,22	11	4	V. d. S. U.
Lanius crist. collurio L.	92,1	91,5	0,6	91,8	0,06	150	125	V. d. S. U.
Lanius crist. kobylini (BUT.)	90,0	88,3	1,7	89,2	1,92	70	30	V. d. S. U.
Lanius crist. isabellinus HEMPR. et EHRBG.	90,4	88,0	2,3	89,2	2,65	92	69	V. d. S. U.
Lanius crist. phoenicuroides (SCHAL.)	90,8	90,4	0,4	90,2	0,48	74	47	V. d. S. U.
Lanius crist. speculigerus TACZ.	95,1	93,3	1,8	94,2	1,91	28	11	ECK briefl.

	A	B	C	D	E	n ♂♂	n ♀♀	Lit.-Quelle
Lanius crist. confusus STEG.	86,5	84,1	2,4	85,3	2,83	25	20	V. d. S. U.
Lanius crist. superciliosus LATH.	86,7	85,0	1,7	85,8	1,98	10	6	V. d. S. U.
Lanius bucephalus TEMM. et SCHL.	85,0	81,7	3,3	83,3	3,96	25	18	V. d. S. U.
Lanius schach erythronotus (VIG.)	96,4	94,3	2,1	95,3	2,20	65	44	V. d. S. U.
Familie *Sturnidae:*								
Sturnus vul. vulgaris L.	128,7	126,7	2,0	127,7	1,57	73	52	V. d. S. U.
Sturnus vul. vulgaris L., juv.	131,5	127,7	3,8	129,6	2,93	85	63	U. B.
Sturnus vul. vulgaris L., juv.	128,3	126,4	1,9	127,3	1,90	51	52	Vgw. Bd. 22
Sturnus vul. vulgaris L., ad.	132,9	129,1	3,8	131,0	2,90	136	107	U. B.
Sturnus vul. vulgaris L., ad.	131,1	127,6	3,5	129,3	2,70	104	51	Vgw. Bd. 22
Sturnus vul. poltaratskyi FINSCH.	129,6	125,4	4,2	127,5	3,29	59	36	V. d. S. U.
Sturnus vul. porphyronotus SHARPE	127,5	124,0	3,5	125,7	2,76	25	16	V. d. S. U.
Sturnus vul. nobilior HUME	126,8	124,8	2,0	125,8	1,58	24	11	V. d. S. U.
Sturnus vul. caucasicus LORENZ	130,1	126,4	3,7	128,2	2,88	36	35	V. d. S. U.
Sturnus vul. purpurascens GOULD	132,7	128,7	4,0	130,2	3,07	21	10	V. d. S. U.
Sturnus sturninus (PALL.)	104,3	103,4	0,9	108,8	0,82	14	13	V. d. S. U.
Sturnus roseus (L.)	128,8	124,5	4,3	126,6	3,39	98	66	V. d. S. U.
Sturnus roseus (L.)	129,3	125,0	4,3	127,1	3,37	43	14	Av. Mac.
Familie *Fringillidae:*								
Coccothraustes c. coccothraustes (L.)	101,2	99,6	1,6	100,4	1,59	133	64	V. d. S. U.
Coccothraustes c. coccothraustes (L.)	103,8	102,7	1,1	103,2	1,06	21	10	ECK briefl.
Coccothraustes c. nigricans BUT.	100,6	99,7	0,8	100,2	0,87	37	17	V. d. S. U.
Coccothraustes c. humii SHARPE	100,9	98,0	2,9	99,4	2,91	10	4	V. d. S. U.
Carduelis chl. chloris (L.), ad.	90,0	87,1	2,9	88,5	3,27	132	95	Orn. Beob. Bd. 43, S. 81
Carduelis chl. chloris (L.), ad.	91,6	88,4	3,2	90,0	3,91	100	100	Falke Bd. 22, S. 92
Carduelis chl. chloris (L.)	85,6	84,0	1,6	84,8	1,88	75	33	V. d. S. U.
Carduelis chl. bilkewitschi (ZAR.)	85,2	83,4	1,8	84,3	2,13	38	25	V. d. S. U.
Carduelis chl. turkestanicus (ZAR.)	87,0	87,0	0,0	87,0	0,00	15	5	V. d. S. U.
Carduelis c. carduelis (L.)	82,5	76,8	5,7	79,6	7,15	109	41	V. d. S. U.
Carduelis c. subulata (GLOG.)	83,0	80,0	3,0	81,5	3,68	6	3	V. d. S. U.
Carduelis c. paropanisi KOLL.	81,4	79,3	2,1	81,8	2,56	22	19	V. d. S. U.

	A	B	C	D	E	n ♂♂	n ♀♀	Lit.-Quelle
Carduelis c. subcaniceps ZAR.	80,4	78,8	1,6	79,6	2,01	20	9	V. d. S. U.
Carduelis spinus (L.)	70,9	69,5	1,4	70,2	1,99	50	50	V. d. S. U.
Carduelis c. cannabina (L.)	79,9	77,7	2,2	78,8	2,79	81	53	V. d. S. U.
Carduelis c. bella (BREHM)	80,8	78,5	2,3	79,6	2,88	44	26	V. d. S. U.
Carduelis fl. brevirostris (MOORE)	75,4	71,7	3,7	73,5	5,03	15	6	V. d. S. U.
Carduelis fl. kirghizorum (SUSCHK.)	74,3	73,2	1,1	73,2	1,49	14	10	V. d. S. U.
Carduelis flammea flammea (L.)	75,7	73,4	2,3	74,5	3,18	48	40	V. d. S. U.
Carduelis flamm. exilipes (COUES)	73,9	71,2	2,7	72,5	3,72	24	8	V. d. S. U.
Carduelis flamm. rostrata (COUES)	79,7	78,8	0,9	79,2	0,11	23	12	SALOMONSEN 1928
Carduelis flamm. hornemanni (HOLBÖLL)	84,0	82,9	1,1	83,4	1,31	8	11	SALOMONSEN 1928
Serinus canaria serinus (L.)	70,7	68,5	2,2	69,6	3,16	8	3	V. d. S. U.
Serinus pusillus (PALL.)	74,6	71,4	3,2	73,0	4,38	64	36	V. d. S. U.
Uragus sib. sibiricus (PALL.)	73,4	71,8	1,6	72,6	2,20			V. d. S. U.
Uragus sib. ussuriensis BUT.	69,0	66,0	3,0	67,5	4,44	19	?	V. d. S. U.
Uragus sib. sanguinolentus (TEMM. et SCHLEGEL)	66,7	63,5	3,2	65,1	4,91	4	4	V. d. S. U.
Bucanetes githagineus mongolicus (SWINH.)	89,8	86,6	3,2	88,2	3,62	25	19	V. d. S. U.
Rhodospiza obsoleta (LICHT.)	85,7	82,1	3,6	83,9	4,29	38	19	V. d. S. U.
Pyrrhula pyrr. pyrrhula (L.)	92,1	89,9	2,2	91,0	2,41	51	42	V. d. S. U.
Pyrrhula pyrr. pyrrhula (L.)	92,6	91,3	1,3	91,9	1,43	66	30	Av. Mac.
Pyrrhula pyrr. germanica BR.	89,2	87,7	1,4	88,5	1,67	101	54	Av. Mac.
Pyrrhula pyrr. minor BR.	83,5	82,0	1,4	82,8	1,77	43	22	Av. Mac.
Pyrrhula pyrr. rossikowi DERJUG. et BIANCHI	89,5	87,0	2,5	88,2	2,83	25	16	V. d. S. U.
Pyrrhula pyrr. cassini BAIRD	92,8	89,2	3,6	91,0	3,96	13	7	V. d. S. U.
Carpodacus rub. rubicilla (GÜLD.)	116,8	109,8	7,0	113,3	6,17	12	9	V. d. S. U.
Carpodacus rub. severtzovi SHARPE	114,0	107,1	6,9	110,5	6,24	9	11	V. d. S. U.
Carpodacus rhod. rhodochlamys (BRANDT)	87,4	86,2	1,2	86,8	1,38	18	20	V. d. S. U.
Carpodacus roseus (PALL.)?	87,8	86,7	1,1	87,2	1,26	23	7	V. d. S. U.
Carpodacus erythrinus erythrinus (PALL.)	82,0	79,7	2,3	80,7	2,85	50	18	V. d. S. U.
Carpodacus erythrinus grebnitzkii STEG.	82,5	80,6	1,9	81,5	2,34	24	17	V. d. S. U.
Carpodacus erythrinus kubanensis LAUBM.	83,7	81,2	2,5	82,4	3,03	76	14	V. d. S. U.
Pinicola en. enucleator (L.)	107,9	105,9	2,0	106,9	1,87	8	7	V. d. S. U.
Pinicola en. stschur PORT.	109,1	107,3	1,8	108,2	1,66	24	26	V. d. S. U.
Pinicola en. pacata BANGS.	106,5	105,8	0,7	106,1	0,65	8	9	V. d. S. U.

	A	B	C	D	E	n ♂♂	n ♀♀	Lit.-Quelle
Pinicola en. kamtschatkensis (DYB.)	107,5	104,9	2,6	106,2	2,33	17	6	V. d. S. U.
Pinicola en. sakhalinensis BUT.	107,1	105,1	2,0	106,1	1,88	6	8	V. d. S. U.
Loxia curv. curvirostra L.	95,6	94,0	1,6	94,8	1,68	13	11	H. d. D. V.
Loxia pytyopsittacus BORKH.	103,5	99,3	4,2	101,4	4,14	37	17	V. d. S. U.
Loxia leucop. bifasciata (BREHM)	91,2	87,6	3,6	89,4	4,02	38	24	V. d. S. U.
Fringilla coel. coelebs L.	86,4	81,2	5,2	83,8	6,20	60	46	V. d. S. U.
Fringilla coel. coelebs L.	89,3	83,5	5,8	86,4	6,71	63	15	U. B.
Fringilla coel. coelebs L.	89,0	83,0	6,0	86,0	7,00	82	24	—
Fringilla coel. hortensis BR.	89,0	82,6	6,4	85,8	7,45	46	10	H. d. D. V.
Fringilla coel. „coelebs L.“	87,2	81,3	5,85	84,2	6,94	391	84	B. z. V. Bd. 13
Fringilla coel. hortensis BR.	89,0	83,6	5,4	86,3	6,26	70	31	B. Zool. B. Bd. 13
Fringilla coel. hortensis BR.	88,4	82,2	6,2	85,3	7,26	33	8	B. Zool. B. Bd. 13
Fringilla c. solomkoi MENZ. et SUSCHK.	87,0	82,4	4,6	84,7	5,43	48	25	V. d. S. U.
Fringilla coel. palmae TRISTR.	87,0	81,2	5,8	84,1	6,90	25	10	Orn. Jb. Bd. 19
F. c. ombriosa HART.	85,0	80,0	5,0	82,5	6,06	26	12	Orn. Jb. Bd. 19
F. c. canariensis VIEILL.	83,0	78,0	5,0	80,5	6,21	31	14	Orn. Jb. Bd. 19
F. c. maderensis SH.	82,5	75,5	7,0	79,0	8,86	73	30	Orn. Jb. Bd. 19
F. c. moreletti PUCH.	82,5	75,0	7,5	78,7	9,52	57	20	Orn. Jb. Bd. 19
Fringilla t. teydea WEBB, BERTH. et MOQU.-T.	102,3	92,4	9,9	97,3	10,1	7	7	ECK briefl.
F. t. polatzeki HART.	97,4	88,3	9,1	92,8	9,8	9	9	ECK briefl.
Fringilla mont. montifringilla L.	90,2	85,5	4,7	87,8	5,35	50	50	V. d. S. U.
Fringilla mont. montifringilla L.	91,7	86,1	5,6	88,9	6,29	16	23	Av. Mac.
Fringilla mont. montifringilla L.	90,3	84,6	5,7	87,4	6,51	23	24	B. z. V. Bd. 13
Emberiza cal. calandra L.	99,8	91,8	7,9	95,8	8,32	69	31	V. d. S. U.
Emberiza cal. calandra L.	102,0	94,0	8,0	98,0	8,16	336		Ne. Br. Bü. Nr. 443
Emberiza cal. calandra L.	102,4	93,5	8,8	97,9	9,07	41	21	—
Emberiza cit. citrinella L.	90,7	86,8	3,9	88,7	4,39	88	35	V. d. S. U.
Emberiza cit. citrinella L.	90,0	85,4	4,6	87,7	5,24	78	14	H. d. D. V.
Emberiza cit. citrinella L.	90,7	85,5	5,2	88,1	5,92	30	9	West. Rußl.
Emberiza cit. erythrogenys BR.	88,7	85,8	2,9	87,2	3,32	169	120	V. d. S. U.
Emberiza cit. erythrogenys BR.	90,6	84,7	5,9	87,6	6,74	34	16	V. d. S. U.
Emberiza leuc. leucocephala GM.	92,1	86,7	5,4	89,4	6,04	119	64	V. d. S. U.
Emberiza melanocephala SCOPOLI	92,3	84,2	8,1	88,2	9,18	48	5	V. d. S. U.
Emberiza rutila PALL.	72,2	69,0	3,2	70,6	4,53	12	6	V. d. S. U.

	A	B	C	D	E	n ♂♂	n ♀♀	Lit.-Quelle
Emberiza bruniceps BRANDT	85,7	79,2	6,5	82,4	7,89	108	24	V. d. S. U.
Emberiza aur. aureola PALL.	76,5	72,6	3,9	74,5	5,23	148	55	V. d. S. U.
Emberiza aur. ornata SCHULPIN.	75,7	71,3	4,4	73,5	5,98	36	12	V. d. S. U.
Emberiza eleg. elegans TEMM.	74,6	68,4	6,2	71,5	8,53	13	10	V. d. S. U.
Emberiza cirlus cirlus L.	81,6	78,3	3,3	79,9	4,12	50	23	V. d. S. U.
Emberiza spodoc. spodocephala PALL.	69,7	67,0	2,7	68,3	3,95	11	5	V. d. S. U.
Emberiza spodoc. melanops BLYTH.	69,7	68,0	1,7	68,8	2,47	33	16	V. d. S. U.
Emberiza spodoc. personata TEMM.	71,6	67,6	3,8	70,2	5,41	13	6	V. d. S. U.
Emberiza hortulana L.	87,8	83,3	4,5	85,5	5,26	125	40	V. d. S. U.
Emberiza hortulana L.	89,4	85,1	4,3	87,2	5,00	38	8	V. d. S. U.
Emberiza buch. buchanani BLYTH.	86,0	81,5	4,5	83,7	5,37	13	5	V. d. S. U.
Emberiza cia par HARTERT	84,6	81,8	2,8	83,2	3,36	46	18	V. d. S. U.
Emberiza cia prageri LAUBM.	84,0	80,4	3,6	82,2	4,37	73	38	V. d. S. U.
Emberiza cia godlewskii TACZAN.	86,2	79,5	6,7	82,8	8,09	10	3	V. d. S. U.
Emberiza r. rustica PALL.	76,9	73,2	3,7	75,0	4,93	100	51	V. d. S. U.
Emberiza cioid. cioides BRANDT	81,5	78,5	3,0	80,0	3,75	49	11	V. d. S. U.
Emberiza pusilla PALL.	71,0	67,8	3,2	69,4	4,61	47	49	V. d. S. U.
Emberiza fuc. fucata PALL.	72,6	69,4	3,2	71,0	4,50	25	12	V. d. S. U.
Emberiza sch. schoeniclus (L.)	79,9	74,6	5,3	77,2	6,86	36	19	H. d. D. V.
Emberiza sch. schoeniclus (L.)	80,8	75,4	5,4	78,1	6,91	10	5	ECK briefl.
Emberiza sch. passerina PALL.	79,4	75,8	3,6	77,6	4,63	17	4	V. d. S. U.
Emberiza sch. pallidior HART.	80,1	76,0	4,1	78,0	4,10	19	10	V. d. S. U.
Emberiza sch. pyrrhuloides PALL.	83,9	78,4	5,5	81,1	6,78	35	21	V. d. S. U.
Calcarius lapp. lapponicus (L.)	91,0	86,0	5,0	88,0	5,68	85	80	V. d. S. U.
Calcarius lapp. coloratus RIDGWAY	97,0	90,1	6,9	93,5	7,37	14	6	V. d. S. U.
Plectrophenax n. nivalis (L.)	108,5	102,7	5,8	105,6	5,49	177	99	V. d. S. U.
Familie *Passeridae:*								
Passer dom. domesticus (L.)	77,2	75,2	2,0	76,2	2,62	189	100	V. d. S. U.
Passer dom. domesticus (L.)	77,8	75,1	2,7	76,5	3,52	650	626	J. f. O. Bd. 94
Passer dom. domesticus (L.)	78,6	76,1	2,5	77,3	3,22	247	249	J. f. O. Bd. 95
Passer dom. domesticus (L.)	79,3	76,8	2,5	78,0	3,18	69	63	J. f. O. Bd. 95
Passer dom. domesticus (L.), ad.	79,3	76,5	2,7	77,9	3,52	132	76	U. B.
Passer dom. domesticus (L.)	82,6	79,6	3,0	81,1	3,68	1655	1443	Vgwelt. Bd. 95
Passer dom. hostilis KL.	76,0	74,0	2,0	75,0	2,67	400	150	SUMMERS-SMITH
Passer dom. biblicus HART.	77,4	75,3	2,1	76,3	2,79	9	11	V. d. S. U.

	A	B	C	D	E	n ♂♂	n ♀♀	Lit.-Quelle
Passer his. transcaspicus TSCH.	78,9	75,5	3,4	77,2	4,40	76	40	V. d. S. U.
Passer ammodendri korejewi Z. et HÄRMS	73,9	72,4	1,5	73,1	2,05	31	14	V. d. S. U.
Passer mon. montanus (L.)	70,3	68,9	1,4	69,6	2,01	158	149	V. d. S. U.
Passer mon. montanus (L.)	72,1	69,6	2,5	70,8	3,52	93	105	U. B.
Passer mon. pallidus ZAR.	71,1	69,6	1,5	70,3	2,13	68	49	V. d. S. U.
Passer mon. transcaucasicus BUT.	67,4	65,9	1,5	66,6	2,25	16	8	V. d. S. U.
Passer mon. saturatus STEJN.	68,7	67,2	1,5	67,9	2,20	10	3	V. d. S. U.
Passer rutilans rutilans (TEMM.)	71,3	68,0	3,3	69,6	4,74	6	6	V. d. S. U.
Passer rutilans rutilans (TEMM.)	72,9	69,9	3,0	71,4	4,20	58	50	ECK briefl.
Petronia pet. intermedia HART.	97,8	95,0	2,8	96,4	2,90	42	14	V. d. S. U.
Petronia pet. exigua (HELLM.)	95,1	94,0	1,1	94,5	1,18	10	5	V. d. S. U.
Montifringilla niv. nivalis (L.)	113,9	112,1	1,8	113,0	1,58	38	24	V. d. S. U.

Größenvergleich der Geschlechtsindizes von den nach Familien geordneten Arten

Alaudidae

Zu dieser Familie gehören die Lerchen. Es sind am Boden lebende Vögel, die sich durch ihr graues oder sandfarbiges Gefieder der Umgebung anpassen. Die Geschlechter unterscheiden sich in der Gefiederfärbung mit einigen Ausnahmen nicht voneinander.

Bei den großen Arten der *Melanocorypha*- und *Alauda*-Gruppe ist der relative Geschlechtsunterschied am größten. Unter den *Eremophila*-Formen ist er bei ***albigula*** (8,0 %) größer als bei der kleinen ***flava*** (5,64 %) und ***brandti*** (5,70 %).

Bei fast gleicher Größe im männlichen Geschlecht ist er bei ***Galerida c. cristata*** und ***meridionalis*** (8,81 und 9,75 %) größer als bei ***tenuirostris*** (6,4 %), ***subtaurica*** (3,45 %) und *iwanowi* (3,90 %).

Kurzzehen-, Stummel- und Heidelerche, die etwas kleiner sind als Feld- und Haubenlerche, haben einen niedrigeren Geschlechtsindex (6,46—7,9 %) als jene. Mit ihnen verglichen ist dieser bei der größeren ***Ammomanes deserti parvirostris*** und ***orientalis*** besonders klein (0,7 und 4,8 %).

Hirundinidae

Die Geschlechter der Schwalben unterscheiden sich nach ihrer Größe nur wenig voneinander. Die relative Sexualdifferenz ist in der ganzen Familie auffallend klein. Teils liegt sie unter 1,0 %, teils darüber bis 3,0 %. Sie ist unabhängig von der Körpergröße; denn bei der kleinen ***Riparia pal. chinensis*** ist sie am größten. Dagegen hat die Felsenschwalbe, die zu den größten Arten in dieser Familie gehört, einen Geschlechtsindex von unter 0,5 %.

Oriolidae

Die Weibchen von dem in Eurasien und Nordwestafrika verbreiteten Pirol sind durchschnittlich ein wenig kleiner als die Männchen. Der relative Geschlechtsunterschied ist bei dem gleichgroßen *Oriolus chinensis diffusus* über eineinhalbmal und bei dem viel kleineren *Oriolus o. kundoo* um das Doppelte größer als bei *oriolus*. Dieser kleine Pirol hat gegenüber den großen Arten eine größere Sexualdifferenz.

Corvidae

Diese Familie setzt sich aus sehr unterschiedlichen Arten zusammen. Unter ihnen befinden sich die größten Vertreter, die zur Ordnung der *Passeriformes* gehören.

Der größte von ihnen ist der Kolkrabe. Von den ihm in der Größe mehr oder weniger nachstehenden Arten ist der relative Geschlechtsunterschied nicht kleiner, sondern größer. Das zeigen Nebelkrähe, Saatkrähe, Dohle, Alpenkrähe, Blauelster, Unglückshäher, Eichelhäher und Elster. Der Geschlechtsindex von *Pica p. pica, germanica* und *fennorum* ist größer als von den mit ihnen verwandten größeren Formen *bactriana* und *leucoptera*. Sie zeigen eine von der Körpergröße unabhängige Sexualdifferenz. Von der kleinsten *(mauritanica)* und größten Elster *(bottanensis)* ist kein ausreichendes Vergleichsmaterial vorhanden.

Nur wenige Arten der Corviden haben einen relativen Geschlechtsunterschied, der 3 % unterschreitet. Zu ihnen gehören Dick- und Dünnschnäbliger Tannenhäher, Alpendohle, mehrere geographische Formen von Unglücks- und Eichelhäher *(Garrulus g. brandtii* und *kryniki)* und von der Blauelster die sibirische Form *pallescens*. Auffallend klein ist der Geschlechtsindex von der über große Gebiete Sibiriens verbreiteten Rabenkrähe *(Corvus c. orientalis)*. Mehr als doppelt so hoch ist dagegen der Sexualindex der westeuropäischen Rabenkrähe *(Corvus c. corone)*.

Paridae und *Aegithalidae*

Die *Parus*-Arten haben eine durchschnittliche Flügellänge, die 80 mm nicht über- und 55 mm nicht unterschreitet. In diese Größenordnung fallen auch die Schwanzmeisen *(Aegithalos caudatus)*.

Der relative Geschlechtsunterschied schwankt bei den Kohlmeisen zwischen 3 und 4 %. Eine Ausnahme macht *mallorcae*, die den unteren Grenzwert nicht erreicht, während *ecki* und *bokharensis* den oberen überschreiten; vorausgesetzt, daß die Bestimmung der Geschlechter richtig erfolgte.

Von Blau- und Lasurmeise ist der relative Geschlechtsunterschied derselbe wie bei der Kohlmeise, trotz des bedeutenden Unterschiedes ihrer Körpergrößen.

Das konnte auch bei den noch kleineren Graumeisen festgestellt werden, doch scheint die Differenzierung der Geschlechter bei Sumpf- und Weidenmeise in ihren Verbreitungsgebieten nicht einheitlich zu sein.

Die Lapplandmeise ist größer als die Tannenmeise. Der relative Geschlechtsindex steht in einem umgekehrten Verhältnis zu ihrer Größe. Bei beiden Arten liegt er unter 3 %.

Die zu den *Aegithalidae* gehörende Schwanzmeise zeigt das gleiche relative Größenverhältnis der Geschlechter wie die größeren Arten Blau- und Kohlmeise.

Certhiidae

Von den beiden Baumläufern ist der Waldbaumläufer durchschnittlich größer als der Gartenbaumläufer, und zwar in beiden Geschlechtern. Der relative Geschlechtsdimorphismus ist viel größer als das unterschiedliche Größenverhältnis zwischen beiden Arten. Der Sexualdimorphismus ist beim Waldbaumläufer größer als bei dem kleineren Gartenbaumläufer. Beide Arten zeigen eine mit ihrer Körpergröße proportionale Höhe des relativen Größenabstandes der Geschlechter. Gerade das Gegenteil zeigt der viel größere, aber nicht mit ihnen verwandte Mauerläufer.

Sittidae

Die Spechtmeise mit ihren transatlantischen Vertretern bildet eine nicht nur arten- und formenreiche, sondern auch durch ihre morphologischen und biologischen Besonderheiten abgeschlossene Vogelgruppe in der umfangreichen Ordnung der ***Passeriformes.***

Die Geschlechter von *Sitta e.* ***europaea,*** einschließlich ***tephronota,*** dem Felsenkleiber, unterscheiden sich nur wenig voneinander. Der relative Geschlechtsindex, der 3 % unterschreitet, ist niedriger als bei den echten Meisen, die kleiner sind und diesen Wert überschreiten.

Timaliidae

Von der Bartmeise wurde eine große Serie vermessen. Der relative Geschlechtsindex beträgt bei ***biarmicus*** und ***turkestanicus*** nur wenig über 2 %, während er bei der über Südosteuropa und große Gebiete der UdSSR verbreiteten ***russicus*** gerade 3 % überschreitet.

Cinclidae

Die Wasseramsel unterscheidet sich morphologisch, vor allem aber durch ihre Nahrungsaufnahme von allen anderen Singvögeln. Die Größe ihrer durchschnittlichen Flügellänge schwankt von 84 bis 94 mm. Die Weibchen sind bedeutend kleiner als die Männchen, was in der hohen relativen Geschlechtsdifferenz zum Ausdruck kommt.

Im Gegensatz dazu ist der Größenunterschied zwischen den Geschlechtern bei den größeren *Cinclus pall. tenuirostris* und *pallasii* viel kleiner.

Troglodytidae

Der Zaunkönig ist über ganz Europa, Vorder-, Mittel- und Ostasien sowie in Nordwestafrika und in den nördlichen Teilen der USA verbreitet. Die von ihm beschriebenen geographischen Formen sind besonders dadurch so zahlreich, daß sie sich auf allen Inseln innerhalb seines großen Verbreitungsgebietes als solche unterscheiden.

Mangels Vergleichsmaterials konnten nur wenige Formen auf ihren relativen Geschlechtsunterschied überprüft werden. Dieser ist im Vergleich zu der kleinen Körpergröße des Vogels bei *T. t.* ***troglodytes*** (über 3 %) verhältnismäßig groß.

Turdidae

In dieser Familie sind Drosseln, Stein- und Wiesenschmätzer, Rotschwänze, Nachtigall, Blau- und Rotkehlchen vereinigt. Die Drosseln sind größer als die anderen genannten Arten, diese folgen in einem beachtlichen Größenabstand. Die kleinste Art ist das Braunkehlchen.

Die relative Größendifferenz der Geschlechter, die bei den meisten Arten der Turdiden unter 3 % liegt, ist unabhängig von ihrer Körpergröße. Bei der großen Misteldrossel beträgt sie nur 1,18 %, dagegen bei der kleineren Weindrossel 2,16 %. Zwischen 3,5 und 4,0 % schwanken die Indizes bei ***Turdus pall. obscurus, Turdus ruf. atrogularis*** und ***Turdus torq. amicorum,*** denen sich Steinrötel und Blaumerle anschließen.

Mit der Größenzunahme der durchschnittlichen Flügellänge im Atersstadium konnte bei der Amsel ein größerer Geschlechtsindex nachgewiesen werden. In ihrem großen Verbreitungsgebiet verschieben sich die relativen Geschlechtsunterschiede anscheinend im Zusammenhang mit der geographischen Variation.

Die relative Sexualdifferenz der Steinschmätzer übertrifft die der meisten Arten der größeren Drosseln. Leider mangelt es an ausreichendem Vergleichsmaterial aus den südlichen Verbreitungsgebieten dieser formenreichen Vogelgruppe.

Im Vergleich der beiden Rotschwanzarten ist die Sexualdifferenz beim Hausrotschwanz größer als beim Gartenrotschwanz. Sie ist auch bei der im Westen verbreiteten Nachtigall größer als bei dem im Osten verbreiteten Sprosser. Am krassesten ist jedoch dieser Unterschied zwischen dem Schwarzkehlchen im Westen und seiner geographischen Form *maura* im Osten.

Sylviidae

Diese Familie ist eine der artenreichsten. Die ihr zugeordneten Arten, die zu ganz verschiedenen Lebensräumen gehören, sind morphologisch mehr oder weniger voneinander geschieden. Sämtliche Arten schwanken hinsichtlich ihrer durchschnittlichen Flügellänge innerhalb einer Variationsbreite von 50 bis 100 mm. Die größte Art ist der Drosselrohrsänger, die kleinste das Goldhähnchen.

Die relative Größendifferenzierung der Geschlechter liegt beim Seidensänger über 5,0 %, bei dem im Osten verbreiteten *albiventris* über 7,0 %. Sie ist bei den *Locustella*-Arten nicht ganz so hoch; sie schwankt bei Schlag- und Feldschwirl zwischen 2,0 und 3,0 %, erreicht aber beim Riesenschwirl einen Wert von fast 4,0 % und einen noch höheren beim Rohrschwirl.

Unter den Rohrsängerarten ist der relative Geschlechtsabstand des Drosselrohrsängers und seiner Subspezies *brunnescens* und *orientalis* am größten; er ist beim Feld- und Sumpfrohrsänger größer als beim Teichrohrsänger.

Dieser relative Geschlechtsunterschied, der bei diesen kleinen Rohrsängern kleiner ist als bei dem großen Drosselrohrsänger, scheint mit der unterschiedlichen Körpergröße einherzugehen.

Ähnlich verhalten sich die Spötter. Die große *Hippolais icterina* hat den größten Geschlechtsindex. Unter den kleinen Buschspöttern der *caligata*-Gruppe ist er kleiner, am kleinsten jedoch bei dem im Osten verbreiteten *annectens*.

Von den Grasmücken ist die Sperbergrasmücke die größte Art. Der relative Geschlechtsunterschied ist nicht bei ihr, sondern bei der kleinen Klappergrasmücke am größten. Bei der Gartengrasmücke sind Männchen und Weibchen durchschnittlich fast gleich groß, bei der Mönchgrasmücke ist der relative Geschlechtsunterschied etwas größer als bei der Dorngrasmücke. Bei den im Südosten verbreiteten Unterarten der Dorngrasmücke *icterops* (3,73 %) und *rubicola* (4,56 %) ist er dagegen viel größer. Andererseits differieren die Geschlechter der östlich der unteren Wolga und in Zentralasien vorkommenden Wüstengrasmücke um weniger als 1,0 % ihrer durchschnittlichen Größe.

Die *Phylloscopus*-Arten sind nach ihrem Aussehen und in ihrer Lebensweise einander sehr ähnliche Vögel. Im Verhältnis zu ihrer kleinen Körpergröße ist der relative Geschlechtsunterschied der meisten Arten auffallend groß. So erreicht *Phylloscopus tr. acredula* einen Wert von über 8,0 %, im Gegensatz dazu hat der kleinere

Weidenlaubsänger einen solchen von unter 2,0 %. So niedrig ist die Größendifferenz nur noch bei dem südöstlich verbreiteten *Phylloscopus bor. hylebata.*

Nach Größenangaben sowjetischer Autoren liegt der relative Größenunterschied zwischen Männchen und Weibchen des Wintergoldhähnchens unter 2,0 %. Von deutschen Brutvögeln haben die Männchen durchschnittlich etwas höhere Flügelmaße, so daß dadurch die Sexualdifferenz größer ist als in ihrem östlichen Verbreitungsgebiet.

Muscicapidae und *Prunellidae*

Die größeren Arten der ersteren Familie haben eine durchschnittliche Flügellänge von etwas über 80 mm, die Arten der letzteren erreichen bis 100 mm.

Von den Fliegenfängern hat die Mehrzahl niedrige relative Geschlechtsunterschiede, die unter 3,0 % liegen bzw. 4,0 % nicht überschreiten. Der niedrigste Wert von unter 1,0 % wurde bei *Muscicapa par. parva* gefunden.

Sowohl die kleineren als auch die größeren Braunellen haben einen teils niedrigen, teils hohen Geschlechtsindex. Von *Prunella m. modularis* ist er kleiner als bei der im Südosten verbreiteten *obscura.* Das umgekehrte Größenverhältnis der Geschlechter zeigen *Prunella m. montanella* und *Prunella m. badia.*

Motacillidae

Sie umfassen zwei Vogelgruppen (Pieper und Stelzen), die einiges gemeinsam haben, die sich aber durch Färbung und Zeichnung ihres Gefieders weitgehend voneinander unterscheiden. In einer trotz der verschiedenen Arten verhältnismäßig geringen Variationsbreite schwankt die durchschnittliche Flügellänge von 76 bis 93 mm.

Die Mehrzahl der Pieper hat einen relativen Größenabstand der Geschlechter, der zwischen 3,0 und 4,0 % schwankt. Höhere Werte konnten festgestellt werden bei *Anthus novaeseelandiae richardi* (4,17 %), bei *cervinus* (5,76 %) und bei *Anthus sp. coutellii* (7,0 %). Alle 3 Arten unterscheiden sich nach der Größe, von denen die erstere Art, welche die größere ist, den niedrigeren, dagegen die kleinere *(coutellii)* den höheren Geschlechtsindex hat.

Der Sexualindex ist beim Brachpieper noch größer; er stellt einen auffallenden Größenunterschied im Vergleich gegenüber Baum- und Wiesenpieper dar.

Der relative Geschlechtsunterschied der Weißen Bachstelze von 3,75 bis 5,12 % ist bei ihren geographischen Formen im Osten größer. Beispiele dafür sind *baicalensis* und *ocularis* (6,52 und 6,47 %).

Bis auf geringe Abweichungen ist der relative Größenunterschied der Geschlechter bei Gelber und Weißer Bachstelze fast gleich *(flava* 4,52 %, *feldegg* 4,27 % und *alba* 4,71 %).

Bei der Gebirgsbachstelze ist die Sexualdifferenz kleiner als bei den vorher genannten Arten. Daß sich dieser Unterschied bei ihren Rassen wandeln kann (vermutlich unter dem Einfluß ihrer geographischen Verbreitung), zeigt *Motacilla c. caspica,* deren Männchen und Weibchen sich nach ihrer durchschnittlichen Größe nur geringfügig unterscheiden. Das andere Extrem wurde bei der Zitronenstelze *(M. citreola)* gefunden; ihr Geschlechtsindex von 8,61 % ist unter den Bachstelzen der höchste.

Bombycillidae

Von den Rassen des Seidenschwanzes konnte nur der in Eurasien vorkommende *Bombycilla g. garrulus* untersucht werden. Die sexuelle Größendifferenzierung ist bei diesem verhältnismäßig größeren Vogel nur gering.

Laniidae

Diese Familie umfaßt eine Vogelgruppe, die nur durch die Würger repräsentiert wird. Sie sind durch gleiche morphologische Merkmale gekennzeichnet und bilden mehrere Verwandtschaftsgruppen mit reicher Rassengliederung. Die verschiedenen Arten unterscheiden sich nach ihrer Größe und nach Färbung und Zeichnung ihres Gefieders. Von den hier behandelten ist der Graue Würger (*L. excubitor funereus*) mit einer durchschnittlichen Flügellänge der Männchen von 121 mm der größte, der kleinste von 85 mm Flügellänge im Durchschnitt ist *L. bucephalus.*

In der *Lanius excubitor*-Gruppe schwankt die relative Geschlechtsdifferenz von 0,97 % bei *excubitor* bis 4,0 % bei dem größeren *funereus.* Die Schwankungen sind mit Rücksicht auf die Vielgestaltigkeit dieser Gruppe nur gering.

In der *Lanius cristatus*-Gruppe unterscheiden sich die Geschlechter von *collurio* und *phoenicuroides* nach ihrer durchschnittlichen Größe fast nicht voneinander. Bemerkenswerter sind von *collurio* die Verschiedenheiten zwischen Männchen und Weibchen in der Färbung des Gefieders. Der kleine *Lanius bucephalus* hat einen hohen Geschlechtsindex (3,96 %).

Sturniidae

Aus dieser umfangreichen Familie konnten nur Rosen-, Grauer und Europäischer Star und einige seiner geographischen Formen auf ihren Sexualdimorphismus untersucht werden. Äußerlich unterscheiden sich die Geschlechter des letzteren in allen Altersstadien durch geringfügige Merkmale in der Struktur und in Färbung und Abnutzungsgrad ihres Gefieders.

Nach Maßangaben aus der Sowjetunion (DEMENTIEW und GLADKOW 1954) hat *Sturnus v. vulgaris* einen relativen Sexualabstand der Größe von 1,57 %, nach einer etwa doppelt so großen Serie von nur alten Männchen und alten Weibchen aus der DDR östlich der Elbe 2,17 %. Höhere Werte von über 3,0 % wurden bei *poltaratskyi* und *purpuraceus,* der niedrigste Wert wurde jedoch bei dem kleineren, im Fernen Osten verbreiteten *Sturnus st. sturninus* gefunden. Der relative Geschlechtsunterschied von *Sturnus roseus* deckt sich mit dem der echten Stare. Die geringen Abweichungen der relativen Werte beruhen auf unbedeutenden Verschiebungen in der durchschnittlichen Flügellänge der Geschlechter.

Fringillidae

Eine der artenreichsten Familien. Die ihr zugeordneten Arten zeigen nicht nur in ihrem Aussehen, sondern auch in ihrer Lebensweise große Verschiedenheiten. Die Geschlechter unterscheiden sich in der Mehrzahl durch die Färbung ihres Gefieders. Was die Größe der einzelnen Arten anbelangt, so haben die größeren eine durchschnittliche Flügellänge von über, die kleineren von unter 100 mm. Nach dieser Größenordnung sind die kleineren Arten gegenüber den größeren in der Überzahl. In der geschlechtlichen Differenzierung konnte keine regelmäßige Größenabhängigkeit von der Körpergröße nachgewiesen werden. Von den größeren Arten kann der relative Geschlechtsunterschied einerseits niedriger, andererseits höher sein. Dies trifft im ersteren Fall für den Hakengimpel und dessen Unterarten zu, im zweiten für den Karmingimpel und die Schneeammer.

Die kleineren Arten, die zu den Gattungen *Carduelis* und *Pyrrhula* gehören, haben niedrige Geschlechtsindizes, mit Ausnahme von *Carduelis c. carduelis* und *C. flammea brevirostris.* Geradezu auffallend ist dagegen der große relative Geschlechtsunterschied der Fringilliden und Emberiziden, ohne Rücksicht auf die unterschiedliche Größe ihrer Arten.

Passeridae

Von den Arten dieser Familie, die in Eurasien vorkommen, nehmen die *Passer*-Arten einen breiten Raum ein. In dieser Untersuchung sind es hauptsächlich Haus- und Feldsperling und einige ihrer Unterarten. Beim Haussperling unterscheiden sich die Geschlechter durch Färbung und Zeichnung ihres Gefieders deutlich, beim Feldsperling sind sie völlig gleich und beim Steinsperling fast gleich. Gegenüber diesen Arten ist der viel größere Schneefink in seinem Aussehen sehr abweichend, während sich die Geschlechter in der Gefiederfärbung nur wenig voneinander unterscheiden.

Der relative Geschlechtsunterschied ist bei Haus- und Feldsperling nach eigenen Untersuchungen im Raum der DDR östlich der Elbe völlig gleich; er ist größer als 3,0 %. Nach Angaben aus der sowjetischen Literatur stimmen beide Arten darin überein, daß ihre Geschlechtsindizes unter 3,0 % liegen; sie betragen beim Haussperling 2,62 % und beim Feldsperling nur 2,05 %. So niedrig sind sie auch bei *Passer d. biblicus* und *Passer m. pallidus,* dagegen sind sie nur ein wenig höher bei *Passer m. transcaucasicus* und *saturatus.* Das Gegenstück dazu bildet der große relative Geschlechtsabstand von *Passer hisp. transcaspicus* (4,40 %) und *Passer r. rutilans* (4,20—4,74 %). Andererseits ist dieser wiederum viel kleiner beim Schneefinken (1,58 %), trotz seiner bedeutenden Überlegenheit in der Körpergröße.

Prozentuale Verteilung der Geschlechtsindizes der Gesamtzahl der untersuchten Arten nach Größenklassen

Von allen in der Tabelle 1 verzeichneten Arten, deren Geschlechtsdimorphismus nach der Flügellänge untersucht wurde, sind die Weibchen durchschnittlich kleiner als die Männchen. Das Gegenteil konnte nicht festgestellt werden.

Der relative Geschlechtsunterschied schwankt innerhalb der Ordnung von 0,0 bis 11,3 %. Unterteilt man dessen Schwankungsbreite in 4 Klassen von je 3 %, so verteilen sich die einzelnen Anteile in gestaffelter Reihenfolge auf Klasse I (bis 3 %), Klasse II (bis 6 %), Klasse III (bis 9 %) und Klasse IV (bis 12 %). Von der Gesamtzahl der in Tab. 1 verzeichneten Arten entfällt ein fast gleichgroßer prozentualer Anteil auf die Klassen I und II, und zwar 40,43 % bzw. 42,60 %. In den beiden höheren Klassen III und IV sind es 14,00 % bzw. 3,00 %. Die überwiegende Mehrzahl, etwa 83 % der Arten (einschließlich ihrer geographischen Formen) aus der Ordnung der *Passeriformes,* hat einen Geschlechtsindex, der unter 6 % liegt.

Wie verteilen sich nun die Anteile der Geschlechtsdifferenzierung nach den Klassen I bis IV auf die einzelnen Familien? Danach ist die Verteilung wie folgt: *Hirundinidae, Oriolidae, Timaliidae, Sittidae, Troglodytidae, Bombycillidae, Sturnidae* (I); *Corvidae, Paridae, Turdidae, Muscicapidae, Laniidae, Passeridae* (I und II); *Certhiidae* (II); *Cinclidae* (II und III); *Sylviidae, Fringillidae* (I, II und III) und *Alaudidae* (II, III und IV). Die Verteilung von 2 bis 3 klassifizierten Größen auf eine einzelne Familie betrifft besonders solche Familien, die sich aus sehr verschiedenen Arten oder Gattungen zusammensetzen.

Besonders hoch ist der relative Geschlechtsindex bei den Ammern, Wasseramseln und Lerchen (bei letzteren bis über 11,0 %), besonders niedrig dagegen bei mehreren Würgerarten, Hakengimpeln, Gimpeln, bei Seidenschwanz, Zwergfliegenfänger, einigen Drosselarten und den Schwalben (bis unter 1,0 %). Von den letzteren Arten lassen sich die Geschlechter nach ihrer Größe im Freien nicht mit Sicherheit unterscheiden.

RENSCH (1950) glaubte nach seinen vergleichenden Untersuchungen an Insekten und einigen Vögeln, daß zwischen der relativen Sexualdifferenz und Körpergröße ein Zusammenhang besteht. Nach dieser Hypothese wurde eine größere Anzahl Vögel aus der Ordnung der *Passeriformes* von mir überprüft. Das Ergebnis fiel negativ aus. Die Größe des relativen Geschlechtsunterschiedes wechselt sowohl bei kleineren wie bei großen Arten, so daß sich eine regelmäßige Größenabhängigkeit von ihrer Körpergröße nicht nachweisen läßt.

Die Veränderungen der relativen Sexualdifferenz an den befiederten Flugorganen im Jugend- und im Altersstadium

Die artbedingt wechselnde Größe der relativen Sexualdifferenz kann sich auch durch intraspezifische Wandlungen während der Altersontogenese verändern. Sind die Geschlechter in ihren Flugorganen proportional, so hat die Schwanzlänge den gleichen relativen Anteil an der relativen Sexualdifferenz wie die Flügellänge. Das konnte bei Nebel-, Saatkrähe und Eichelhäher und anderen Arten (Haus- und Feldsperling, Star und Amsel) im Alterskleid nachgewiesen werden. Sind dagegen die Geschlechter in ihren Flugorganen nicht proportional, wie bei Dohle und Elster, deren Männchen im Alter einen relativ längeren Schwanz als die Weibchen haben, ist die Geschlechtsdifferenzierung in der Schwanzlänge viel größer als in der Flügellänge.

In der ersten Federgeneration ist der relative Geschlechtsabstand oftmals kleiner, selten größer als im Alterskleid. Die Geschlechter sind im jugendlichen Gefieder nicht so stark differenziert wie im späteren Altersstadium. An zwei Beispielen soll dies mit aller Deutlichkeit gezeigt werden, und zwar am Haussperling, *Passer domesticus domesticus* L., und an der Elster, *Pica pica germanica* BR. Die in ihrem Gefieder voll ausgewachsenen Jungsperlinge haben einen Geschlechtsindex in der Flügellänge von 1,452 % und in der Schwanzlänge von 0,739 %, dagegen (in derselben Reihenfolge) im Alter 3,530 % und 3,498 %. Von den einjährigen Elstern sind es in der Flügellänge 4,560 % und in der Schwanzlänge 4,313 %, dagegen von den mehrjährigen 6,110 % und 8,099 %. Das konnte bei beiden Arten nach den Mittelwerten einer großen Anzahl richtig sezierter und vermessener Exemplare nachgewiesen werden.

Wie entsteht nun die größere Sexualdifferenz im Altersstadium? Das geschieht dadurch, daß die Flügel- und Schwanzlänge im Alter bei den größeren Männchen überproportional gegenüber den kleineren Weibchen in der durchschnittlichen Länge zunimmt. Diese Verschiebung in der Proportionalität kann in der Flügel- und Schwanzlänge verschieden sein.

Bei Haussperling und Elster ist die relative Größenzunahme bei den Männchen relativ größer als bei den Weibchen. Die somit größere Sexualdifferenz im Altersstadium hat beim Haussperling in den befiederten Flugorganen den gleichen Geschlechtsindex, der aber bei der Elster von der Schwanzlänge viel größer ist als von der Flügellänge. Ähnliche Veränderungen in der Proportionierung innerhalb der befiederten Flugorgane während der Altersontogenese dürften auch bei anderen Arten zu erwarten sein, wenn sie streng nach Geschlecht und Alter getrennt werden und in ausreichender Anzahl zur Verfügung stehen. Schon ganz geringe, besonders aber einseitige Verschiebungen in der Flügel- oder Schwanzlänge innerhalb der Geschlechter verändern den Geschlechtsindex in seiner Größe mehr oder weniger.

Die Proportionalität der Geschlechter im Skelettbau

Wie sich die Geschlechter in ihrer Proportionalität nach anatomischen und äußeren Meßwerten von den einzelnen Vogelarten zueinander verhalten, scheint wenig bekannt zu sein. Bei jedem Vogel unterliegen die Maße der einzelnen Skelettelemente, Knochenabschnitte, Flügel- und Schwanzlängen der individuellen Variation. So sind unter Verwendung der gleichen Bezugsgröße ihre sich daraus ergebenden Indexwerte bei jedem Individuum verschieden. Eine Übereinstimmung ist daher weder unter ihnen noch unter den Geschlechtern zu erwarten.

Zu einem ganz anderen Ergebnis kommt man jedoch, wenn man den Mittelwert der Bezugsgröße mit denen der einzelnen Körperteile in Beziehung bringt und die gewonnenen Indizes von beiden Geschlechtern miteinander vergleicht. Ein solcher Vergleich wurde an einigen Rabenvögeln vorgenommen. Es sind dies Nebelkrähe, Saatkrähe, Dohle, Elster, Eichelhäher und andere Arten. Die Männchen sind durchschnittlich etwas größer als die Weibchen. Von ihnen ist ein ausreichendes Untersuchungsmaterial vorhanden.

Zur besseren Übersichtlichkeit sind die ausgewerteten Ergebnisse in der Tabelle 2 dargestellt. Sie zeigen eine übereinstimmende Proportionalität der Geschlechter in der Länge ihrer homologen Skeletteile zur Länge des Brustbeines, das in allen Fällen als Bezugsgröße verwendet wurde.

Ein Abweichen oder Herausfallen aus dem Rahmen der Proportionalität der Geschlechter scheint häufiger in den äußeren Flugorganen als im Skelettbau vorzukommen. Sofern der Schwanz dabei in Betracht kommt, kann dessen absolute Länge im Jugend- oder Altersstadium größer sein. Meistens sind es die Männchen, die einen längeren Schwanz haben, es können aber auch die Weibchen sein. Die Indizes der Skeletteile, die die Proportionalität der Geschlechter zum Ausdruck bringen, sind bei Nebel- und Saatkrähe fast gleich. Sie stellen damit unter Beweis, daß sich beide Arten im Skelettbau ihres Rumpfes und in den Extremitäten fast nicht unterscheiden.

Tabelle 2: Intraspezifische Proportionalität der Geschlechter im Skelettbau

1. *Corvus corone cornix* L. und *Corvus c. cornix* x *corone* L. Mittelwerte in mm

				Indizes (in %)
Humerus	17 ♂♂	Stlg./Hu.	56,84/68,14	0,834
Humerus	17 ♀♀	Stlg./Hu.	54,11/65,03	0,832
Ulna	17 ♂♂	Stlg./Ul.	56,84/82,77	0,686
Ulna	17 ♀♀	Stlg./Ul.	54,11/78,44	0,689

Metacarpus	17 ♂♂	Stlg./Met.	56,84/50,43	1,127
Metacarpus	17 ♀♀	Stlg./Met.	54,11/48,22	1,122
S.V.E. (H+U+M)	♂♂	Stlg./S.V.E.	56,84/201,34	0,282
S.V.E. (H+U+M)	♀♀	Stlg./S.V.E.	54,11/191,69	0,282
Femur	86 ♂♂	Stlg./Fem.	56,84/53,99	1,047
Femur	88 ♀♀	Stlg./Fem.	54,11/51,67	1,052
Tibiotarsus	17 ♂♂	Stlg./Tib.	56,84/90,78	0,624
Tibiotarsus	17 ♀♀	Stlg./Tib.	54,11/85,47	0,633
Tarsometatarsus	17 ♂♂	Stlg./Tar.	56,84/59,41	0,956
Tarsometatarsus	17 ♀♀	Stlg./Tar.	54,11/56,37	0,959
S.H.E. (Fem+Tib+Tar)	♂♂	Stlg./S.H.E.	56,84/204,18	0,278
S.H.E. (Fem+Tib+Tar)	♀♀	Stlg./S.H.E.	54,11/193,51	0,279

2. *Corvus frugilegus frugilegus* L. Mittelwerte in mm

				Indizes (in %)
Humerus	20 ♂♂	Stlg./Hu.	55,57/66,95	0,830
Humerus	27 ♀♀	Stlg./Hu.	52,77/63,06	0,836
Ulna	20 ♂♂	Stlg./Ul.	55,57/82,37	0,674
Ulna	27 ♀♀	Stlg./Ul.	52,77/77,57	0,679
Metacarpus	20 ♂♂	Stlg./Met.	55,57/50,35	1,103
Metacarpus	20 ♀♀	Stlg./Met.	52,77/47,28	1,116
S.V.E. (H+U+M)	♂♂	Stlg./S.V.E.	55,57/199,67	0,278
S.V.E. (H+U+M)	♀♀	Stlg./S.V.E.	52,77/188,00	0,280
Femur	19 ♂♂	Stlg./Fem.	55,57/50,68	1,096
Femur	26 ♀♀	Stlg./Fem.	52,77/47,77	1,104
Tibiotarsus	20 ♂♂	Stlg./Tib.	55,57/88,60	0,627
Tibiotarsus	26 ♀♀	Stlg./Tib.	52,77/83,30	0,634
Tarsometatarsus	20 ♂♂	Stlg./Tar.	55,57/56,91	0,976
Tarsometatarsus	27 ♀♀	Stlg./Tar.	52,77/53,55	0,985
S.H.E. (Fem+Tib+Tar)	♂♂	Stlg./S.H.E.	55,57/195,75	0,288
S.H.E. (Fem+Tib+Tar)	♀♀	Stlg./S.H.E.	52,77/184,62	0,285

3. *Corvus monedula turrium* (BR.). Mittelwerte in mm

				Indizes (in %)
Humerus	3 ♂♂	Stlg./Hu.	43,97/47,80	0,919
Humerus	2 ♀♀	Stlg./Hu.	42,40/46,25	0,916
Ulna	3 ♂♂	Stlg./Ul.	43,97/61,33	0,716
Ulna	2 ♀♀	Stlg./Ul.	42,40/58,05	0,730
Metacarpus	3 ♂♂	Stlg./Met.	43,97/37,96	1,158
Metacarpus	2 ♀♀	Stlg./Met.	42,40/35,90	1,181
S.V.E. (H+U+M)	♂♂	Stlg./S.V.E.	43,97/147,09	0,298
S.V.E. (H+U+M)	♀♀	Stlg./S.V.E.	42,40/140,20	0,302
Femur	43 ♂♂	Stlg./Fem.	43,97/38,97	1,129
Femur	40 ♀♀	Stlg./Fem.	42,40/37,45	1,105
Tibiotarsus	3 ♂♂	Stlg./Tib.	43,97/68,93	0,638
Tibiotarsus	2 ♀♀	Stlg./Tib.	42,40/66,15	0,640
Tarsometatarsus	3 ♂♂	Stlg./Tar.	43,97/45,20	0,972
Tarsometatarsus	2 ♀♀	Stlg./Tar.	42,40/44,30	0,957

S.H.E. (Fem+Tib+Tar)	♂♂	Stlg./S.H.E.	43,97/153,10	0,287
S.H.E. (Fem+Tib+Tar)	♀♀	Stlg./S.H.E.	42,40/147,90	0,286

4. *Pica pica germanica* BR. Mittelwerte in mm

				Indizes (in %)
Humerus	64 ♂♂	Stlg./Hu.	40,96/44,24	0,925
Humerus	71 ♀♀	Stlg./Hu.	38,20/41,63	0,917
Ulna	39 ♂♂	Stlg./Ul.	40,96/51,47	0,795
Ulna	39 ♀♀	Stlg./Ul.	38,20/48,17	0,793
Metacarpus	40 ♂♂	Stlg./Met.	40,96/29,85	1,372
Metacarpus	39 ♀♀	Stlg./Met.	38,20/27,92	1,368
S.V.E. (H+U+M)	♂♂	Stlg./S.V.E.	40,96/125,56	0,326
S.V.E. (H+U+M)	♀♀	Stlg./S.V.E.	38,20/117,72	0,324
Femur	102 ♂♂	Stlg./Fem.	40,96/41,62	0,984
Femur	89 ♀♀	Stlg./Fem.	38,20/39,10	0,977
Tibiotarsus	61 ♂♂	Stlg./Tib.	40,96/68,35	0,599
Tibiotarsus	62 ♀♀	Stlg./Tib.	38,20/64,62	0,591
Tarsometatarsus	36 ♂♂	Stlg./Tar.	40,96/48,88	0,837
Tarsometatarsus	36 ♀♀	Stlg./Tar.	38,20/45,61	0,837
S.H.E. (Fem+Tib+Tar)	♂♂	Stlg./S.H.E.	40,96/158,85	0,257
S.H.E. (Fem+Tib+Tar)	♀♀	Stlg./S.H.E.	38,20/149,33	0,255

5. *Garrulus glandarius glandarius* (L.). Mittelwerte in mm

				Indizes (in %)
Humerus	21 ♂♂	Stlg./Hu.	37,12/42,33	0,876
Humerus	21 ♀♀	Stlg./Hu.	35,91/41,20	0,871
Ulna	22 ♂♂	Stlg./Ul.	37,12/50,37	0,736
Ulna	21 ♀♀	Stlg./Ul.	35,91/49,15	0,730
Metacarpus	20 ♂♂	Stlg./Met.	37,12/27,66	0,946
Metacarpus	21 ♀♀	Stlg./Met.	35,91/26,67	0,924
S.V.E. (H+U+M)	♂♂	Stlg./S.V.E.	37,12/120,36	0,308
S.V.E. (H+U+M)	♀♀	Stlg./S.V.E.	35,91/117,02	0,307
Femur	92 ♂♂	Stlg./Fem.	37,12/38,64	0,960
Femur	78 ♀♀	Stlg./Fem.	35,91/37,52	0,959
Tibiotarsus	21 ♂♂	Stlg./Tib.	37,12/61,10	0,607
Tibiotarsus	18 ♀♀	Stlg./Tib.	35,91/59,90	0,600
Tarsometatarsus	21 ♂♂	Stlg./Tar.	37,12/42,71	0,869
Tarsometatarsus	19 ♀♀	Stlg./Tar.	35,91/42,07	0,855
S.H.E. (Fem+Tib+Tar)	♂♂	Stlg./S.H.E.	37,12/142,45	0,260
S.H.E. (Fem+Tib+Tar)	♀♀	Stlg./S.H.E.	35,91/139,84	0,256

6. *Turdus merula pinetorum* (BR.). Mittelwerte in mm

				Indizes (in %)
Humerus	27 ♂♂	Stlg./Hu.	34,69/30,40	1,141
Humerus	27 ♀♀	Stlg./Hu.	33,42/29,96	1,115
Ulna	1 ♂	Stlg./Ul.	34,69/35,70	0,971
Ulna	4 ♀♀	Stlg./Ul.	33,42/34,52	0,968
Metacarpus	1 ♂	Stlg./Met.	34,69/20,80	1,663

Metacarpus	4 ♀♀	Stlg./Met.	33,42/19,80	1,687
S.V.E. (H+U+M)	♂♂	Stlg./S.V.E.	34,69/86,90	0,399
S.V.E. (H+U+M)	♀♀	Stlg./S.V.E.	33,42/82,28	0,404
Femur	36 ♂♂	Stlg./Fem.	34,69/28,94	1,190
Femur	36 ♀♀	Stlg./Fem.	33,42/28,21	1,184
Tibiotarsus	1 ♂	Stlg./Tib.	34,69/48,90	0,709
Tibiotarsus	4 ♀♀	Stlg./Tib.	33,42/46,90	0,712
Tarsometatarsus	1 ♂	Stlg./Tar.	34,69/34,20	1,014
Tarsometatarsus	4 ♀♀	Stlg./Tar.	33,42/32,90	1,015
S.H.E. (Fem+Tib+Tar)	♂♂	Stlg./S.H.E.	34,69/112,04	3,097
S.H.E. (Fem+Tib+Tar)	♀♀	Stlg./S.H.E.	33,42/108,01	3,094

7. ***Sturnus vulgaris vulgaris*** L. Mittelwerte in mm

				Indizes (in %)
Humerus	20 ♂♂	Stlg./Hu.	34,300/27,750	1,236
Humerus	22 ♀♀	Stlg./Hu.	33,600/27,190	1,235
Ulna	20 ♂♂	Stlg./Ul.	34,300/33,116	1,034
Ulna	22 ♀♀	Stlg./Ul.	33,600/32,600	1,030
Metacarpus	20 ♂♂	Stlg./Met.	34,300/20,800	1,649
Metacarpus	22 ♀♀	Stlg./Met.	33,600/20,500	1,639
S.V.E. (H+U+M)	♂♂	Stlg./S.V.E.	34,300/81,770	0,419
S.V.E. (H+U+M)	♀♀	Stlg/S.V.E.	33,600/80,260	0,418
Femur	107 ♂♂	Stlg./Fem.	34,300/25,690	1,335
Femur	80 ♀♀	Stlg./Fem.	33,600/25,330	1,326
Tibiotarsus	19 ♂♂	Stlg./Tib.	34,300/44,640	0,768
Tibiotarsus	22 ♀♀	Stlg./Tib.	33,600/44,230	0,759
Tarsometatarsus	18 ♂♂	Stlg./Tar	34,300/29,420	1,132
Tarsometatarsus	22 ♀♀	Stlg./Tar.	33,600/29,110	1,154
S.H.E. (Fem+Tib+Tar)	♂♂	Stlg./S.H.E.	34,300/99,750	0,343
S.H.E. (Fem+Tib+Tar)	♀♀	Stlg./S.H.E.	33,600/98,670	0,340

8. ***Passer domesticus domesticus*** (L.). Mittelwerte in mm

				Indizes (in %)
Humerus	32 ♂♂	Stlg./Hu.	23,500/18,710	1,256
Humerus	33 ♀♀	Stlg./Hu.	22,660/18,560	1,220
Ulna	32 ♂♂	Stlg./Ul.	23,500/21,475	1,094
Ulna	33 ♀♀	Stlg./Ul.	22,660/20,680	1,095
Metacarpus	32 ♂♂	Stlg./Met.	23,500/12,625	1,862
Metacarpus	33 ♀♀	Stlg./Met.	22,660/12,196	1,858
S.V.E. (H+U+M)	♂♂	Stlg./S.V.E.	23,500/52,819	0,445
S.V.E. (H+U+M)	♀♀	Stlg./S.V.E.	22,660/51,350	0,441
Femur	31 ♂♂	Stlg./Fem.	23,500/18,377	1,278
Femur	30 ♀♀	Stlg./Fem.	22,660/18,317	1,237
Tibiotarsus	31 ♂♂	Stlg./Tib.	23,500/28,955	0,811
Tibiotarsus	32 ♀♀	Stlg./Tib.	22,660/28,782	0,787
Tarsometatarsus	31 ♂♂	Stlg./Tar.	23,500/19,152	1,227
Tarsometatarsus	33 ♀♀	Stlg./Tar.	22,660/18,882	1,200
S.H.E. (Fem+Tib+Tar)	♂♂	Stlg./S.H.E.	23,500/66,503	0,353
S.H.E. (Fem+Tib+Tar)	♀♀	Stlg./S.H.E.	22,660/66,000	0,343

Der Sexualdimorphismus im Skelettbau

Daß die relative Sexualdifferenz der einzelnen Arten sehr verschieden sein kann, zeigt der Geschlechtsindex in der Tabelle 1. Bei seiner Ermittlung fand nur die Flügellänge als Größenmaßstab Berücksichtigung. Ähnliche sexuelle Größenunterschiede wie diese sind auch an anderen Körperteilen vorhanden.

Im Skelettbau unterscheiden sich Weibchen und Männchen durch die im Durchschnitt unterschiedliche Länge ihrer wesentlichen Skelettelemente. Die Frage ist nun, ob diese von den einzelnen Knochenabschnitten innerhalb des Skelettes in ihrer relativen Sexualdifferenz übereinstimmen.

Der relative Geschlechtsunterschied zwischen Weibchen und Männchen im Knochenbau ist nicht nur zwischen den einzelnen Arten, sondern auch intraspezifisch verschieden. Der aus der Länge des Brustbeines von der Spina sternalis bis zum Hinterrand errechnete Geschlechtsindex wird als vergleichender Maßstab angenommen. Ihm sollen die relativen Werte der Geschlechtsindizes von der Länge der Skelettelemente der Extremitäten den Flügel- und Schwanzlängen zum Vergleich gegenübergestellt werden.

Sie liegen bei der Nebelkrähe mit Ausnahme der Ulna fast in derselben Höhe wie die Sternumlänge (4,92 %), sind aber bei Tibia und Tarsometatarsus etwas höher, auch in der Gesamtlänge der Hinterextremität.

Von der ihr im Skelettbau ähnlichen Saatkrähe ist der relative Geschlechtsunterschied in der Brustbeinlänge (5,16 %) und von den Skeletteilen der Vorder- und Hinterextremität größer und einheitlicher als bei der Nebelkrähe.

Die Sexualdifferenz der Brustbeinlänge (6,97 %) der Elster ist größer als bei den beiden vorausgegangenen Arten. Sie übertrifft darin die Skeletteile ihrer Extremitäten und z. T. jene der größeren Saatkrähe. Sie sind bei der Elster wie bei der Saatkrähe untereinander nur wenig verschieden.

Gegenüber diesen Arten ist der relative Geschlechtsunterschied des Eichelhähers sehr unterschiedlich. So ist der Unterschied in der Brustbeinlänge (3,31 %) etwas kleiner als bei den vorgenannten Arten, aber intraspezifisch größer als bei den sonstigen Skeletteilen. Ihr Geschlechtsindex beträgt am Armskelett unter 3,0 % und am Beinskelett sogar unter 2,0 %. Diese relativen Unterschiede zu den Extremitäten konnten auch bei anderen Arten nachgewiesen werden.

Untersucht wurden daraufhin:

1.	*Sturnus v. vulgaris*	S. V. E.	1,76 %	S. H. E.	1,09 %
2.	*Passer d. domesticus*	S. V. E.	2,82 %	S. H. E.	0,75 %
3.	*Passer m. montanus*	S. V. E.	3,37 %	S. H. E.	1,22 %

Alle 3 Arten stimmen darin überein, daß der relative Geschlechtsunterschied bei der Vorderextremität größer ist als bei der Hinterextremität. Dieser Unterschied, der besonders kraß beim Haussperling hervortritt, unterliegt anscheinend größeren interspezifischen Schwankungen. Diese beruhen z. T. darauf, daß die Beinknochen unter den Geschlechtern nicht proportional sind. Das scheint bei kleineren Arten häufiger als bei großen Arten vorzukommen. Obwohl bei solchen Arten keine Einheitlichkeit des relativen Geschlechtsabstandes innerhalb des Skelettes vorhanden ist, kann dieser bei anderen Arten in ihren wesentlichsten Skeletteilen größtenteils übereinstimmen.

Wie sich der Geschlechtsunterschied in seiner relativen Größe von den äußeren und inneren Körperteilen zueinander verhält, bleibt noch festzustellen. Einerseits sind es Flügel- und Schwanzlänge und andererseits die Brustbeinlänge, die für die vergleichenden Untersuchungen die Grundlage bilden. Die Vergleiche beschränken sich zunächst auf wenige Arten, von denen aber ein ausreichendes und sicher nach Geschlecht und Alter bestimmtes Untersuchungsmaterial vorliegt. Von den folgenden Arten bedeuten die Zahlen: Geschlechtsindex der Sternumlänge (Stlg.), der Flügellänge (Flg.) und der absoluten Schwanzlänge (Schwlg.).

		Stlg.	Flg.	Schwlg.
Corvus corone cornix	ad.	4,92	4,35	4,52
Corvus fr. frugilegus	ad.	5,16	5,16	5,43
Corvus m. turrium	ad.	3,48	3,42	
Pica p. germania	ad.	6,97	6,11	
Garrulus gl. glandarius	ad.	3,31	3,19	3,31
Turdus m. merula	ad.	2,89	3,23	3,44
Passer d. domesticus	ad.	3,64	3,53	3,49

Von Dohle und Elster wurden die Indizes bei den Schwanzlängen fortgelassen. Sie stehen in keinem proportionalen Verhältnis zu den Flügellängen. Die alten Männchen haben durchschnittlich längere Schwänze als die Weibchen. Sie sind deshalb mit den übrigen Werten nicht vergleichbar.

Wenn auch die Voraussetzungen für einen oder beide Flugorgane gegeben sind, so ist doch nicht zu erwarten, daß ihre relative Geschlechtsdifferenz in jedem Fall mit der der Brustbeinlänge völlig übereinstimmt.

Die Abweichungen von den Indizes der Sternumlänge sind nur gering; sie schwanken in der Flügellänge von 0,00 bis 0,86 % und in der Schwanzlänge von 0,00 bis 0,55 %. Sie zeigen nur eine teilweise Übereinstimmung, aber eine Annäherung untereinander.

Es scheint demnach ein Zusammenhang in der relativen Sexualdifferenz zwischen den äußeren Flugorganen und der Brustbeinlänge im zentralen Bereich des Skelettsystems vorhanden zu sein.

Tabelle 3: Geschlechtsindex von den einzelnen Skelettelementen

1. *Corvus corone cornix* und *Corvus c. cornix* x *corone* L. Mittelwerte in mm

							Indizes (in %)
Sternumlänge	58 ♂♂:	M	56,84	86 ♀♀:	M	54,11	4,92
Humerus	17 ♂♂:	M	68,14	17 ♀♀:	M	65,03	4,51
Ulna	17 ♂♂:	M	82,77	17 ♀♀:	M	78,44	5,37
Metacarpus	17 ♂♂:	M	50,43	17 ♀♀:	M	48,22	4,48
S.V.E. (H+U+M)	17 ♂♂:	M	201,34	17 ♀♀:	M	191,69	4,91
Femur	86 ♂♂:	M	53,99	88 ♀♀:	M	51,67	4,39
Tibiotarsus	17 ♂♂:	M	90,78	17 ♀♀:	M	85,47	6,02
Tarsometatarsus	17 ♂♂:	M	59,41	17 ♀♀:	M	56,37	5,25
S.H.E. (Fem+Tib+Tar)	17 ♂♂:	M	204,18	17 ♀♀:	M	193,51	5,36

2. *Corvus frugilegus frugilegus* L. Mittelwerte in mm

						Indizes (in %)
Sternumlänge	53 ♂♂:	M 55,57	75 ♀♀:	M 52,77		5,16
Humerus	20 ♂♂:	M 66,95	27 ♀♀:	M 63,06		5,98
Ulna	20 ♂♂:	M 82,37	27 ♀♀:	M 77,57		6,00
Metacarpus	20 ♂♂:	M 50,35	20 ♀♀:	M 47,28		6,28
S.V.E. (H+U+M)	♂♂:	M 199,67	♀♀:	M 188,00		6,02
Femur	19 ♂♂:	M 50,68	26 ♀♀:	M 47,77		6,12
Tibiotarsus	20 ♂♂:	M 88,60	27 ♀♀:	M 83,30		6,16
Tarsometatarsus	20 ♂♂:	M 56,91	27 ♀♀:	M 53,55		6,10
S.H.E. (Fem+Tib+Tar)	♂♂:	M 195,75	♀♀:	M 184,62		5,85

3. *Corvus monedula turrium* (BR.). Mittelwerte in mm

					Indizes (in %)
Sternumlänge	47 ♂♂:	M 43,97	43 ♀♀:	M 42,40	3,63
Humerus	3 ♂♂:	M 47,80	2 ♀♀:	M 46,25	3,30
Ulna	3 ♂♂:	M 61,33	2 ♀♀:	M 58,05	5,49
Metacarpus	3 ♂♂:	M 37,96	2 ♀♀:	M 35,90	5,73
S.V.E. (H+U+M)	♂♂:	M 147,09	♀♀:	M 140,20	4,73
Femur	43 ♂♂:	M 38,97	40 ♀♀:	M 37,45	3,97
Tibiotarsus	3 ♂♂:	M 68,93	2 ♀♀:	M 66,15	4,11
Tarsometatarsus	3 ♂♂:	M 45,20	2 ♀♀:	M 44,30	2,01
S.H.E. (Fem+Tib+Tar)	♂♂:	M 153,10	♀♀:	M 147,90	3,46

4. *Pica pica germanica* BR. Mittelwerte in mm

					Indizes (in %)
Sternumlänge	123 ♂♂:	M 40,96	111 ♀♀:	M 38,20	6,97
Humerus	64 ♂♂:	M 44,24	71 ♀♀:	M 41,63	6,00
Ulna	39 ♂♂:	M 51,47	39 ♀♀:	M 48,17	6,60
Metacarpus	40 ♂♂:	M 29,85	39 ♀♀:	M 27,92	6,69
S.V.E. (H+U+M)	♂♂:	M 125,56	♀♀:	M 117,72	6,44
Femur	102 ♂♂:	M 41,62	89 ♀♀:	M 39,10	6,09
Tibiotarsus	61 ♂♂:	M 68,35	62 ♀♀:	M 64,62	5,61
Tarsometatarsus	36 ♂♂:	M 48,88	36 ♀♀:	M 45,61	6,90
S.H.E. (Fem+Tib+Tar)	♂♂:	M 158,85	♀♀:	M 149,33	6,17

5. *Garrulus glandarius glandarius* (L.). Mittelwerte in mm

					Indizes (in %)
Sternumlänge	82 ♂♂:	M 37,12	97 ♀♀:	M 35,91	3,31
Humerus	21 ♂♂:	M 42,33	21 ♀♀:	M 41,20	2,70
Ulna	22 ♂♂:	M 50,37	21 ♀♀:	M 49,15	2,66
Metacarpus	20 ♂♂:	M 27,66	21 ♀♀:	M 26,67	3,65
S.V.E. (H+U+M)	22 ♂♂:	M 120,36	21 ♀♀:	M 117,02	2,81
Femur	92 ♂♂:	M 38,64	78 ♀♀:	M 37,52	2,91
Tibiotarsus	21 ♂♂:	M 61,10	18 ♀♀:	M 59,90	1,98
Tarsometatarsus	21 ♂♂:	M 42,71	19 ♀♀:	M 42,07	1,50
S.H.E. (Fem+Tib+Tar)	♂♂:	M 142,45	♀♀:	M 139,84	1,84

6. *Turdus merula pinetorum* (BR.). Mittelwerte in mm

						Indizes (in %)
Sternumlänge	60 ♂♂:	M 34,69	36 ♀♀:	M 33,42		3,73
Humerus	27 ♂♂:	M 30,40	27 ♀♀:	M 29,96		1,45
Ulna	1 ♂:	M 35,70	4 ♀♀:	M 34,52		3,36
Metacarpus	1 ♂:	M 20,80	4 ♀♀:	M 19,80		4,92
S.V.E. (H+U+M)	♂♂:	M 86,90	♀♀:	M 82,28		5,46
Femur	36 ♂♂:	M 28,94	36 ♀♀:	M 28,21		2,55
Tibiotarsus	1 ♂:	M 48,90	4 ♀♀:	M 46,90		4,17
Tarsometatarsus	1 ♂:	M 34,20	4 ♀♀:	M 32,90		3,87
S.H.E. (Fem+Tib+Tar)	♂♂:	M 112,04	♀♀:	M 108,01		3,66

7. *Sturnus vulgaris vulgaris* L. Mittelwerte in mm

					Indizes (in %)
Sternumlänge	122 ♂♂:	M 34,30	76 ♀♀:	M 33,60	2,06
Humerus	20 ♂♂:	M 27,75	22 ♀♀:	M 27,19	2,03
Ulna	20 ♂♂:	M 33,16	22 ♀♀:	M 32,60	1,70
Metacarpus	20 ♂♂:	M 20,80	22 ♀♀:	M 20,50	1,45
S.V.E. (H+U+M)	♂♂:	M 81,77	♀♀:	M 80,26	1,86
Femur	107 ♂♂:	M 25,69	80 ♀♀:	M 25,33	1,41
Tibiotarsus	19 ♂♂:	M 44,64	22 ♀♀:	M 44,23	0,922
Tarsometatarsus	18 ♂♂:	M 29,42	22 ♀♀:	M 29,11	1,059
S.H.E. (Fem+Tib+Tar)	♂♂:	M 99,75	♀♀:	M 98,67	1,088

8. *Passer domesticus domesticus* (L.). Mittelwerte in mm

					Indizes (in %)
Sternumlänge	46 ♂♂:	M 23,503	28 ♀♀:	M 22,661	3,648
Humerus	32 ♂♂:	M 18,719	33 ♀♀:	M 18,569	0,804
Ulna	32 ♂♂:	M 21,475	33 ♀♀:	M 20,685	3,747
Metacarpus	32 ♂♂:	M 12,625	33 ♀♀:	M 12,196	3,456
S.V.E. (H+U+M)	♂♂:	M 52,819	♀♀:	M 51,350	2,820
Femur	31 ♂♂:	M 18,377	30 ♀♀:	M 18,317	0,330
Tibiotarsus	31 ♂♂:	M 28,955	32 ♀♀:	M 28,752	0,509
Tarsometatarsus	31 ♂♂:	M 19,152	33 ♀♀:	M 18,882	1,420
S.H.E. (Fem+Tib+Tar)	♂♂:	M 66,503	♀♀:	M 66,000	0,759

Zusammenfassung

Von fast 400 Vögeln (Arten und Unterarten), die den *Passeriformes* zugeordnet sind und in Eurasien vorkommen, wird die Sexualdifferenz (Größendifferenz der Geschlechter) nach der durchschnittlichen Flügellänge erfaßt. Um vergleichbare Zahlen zu erhalten, wird von der Sexualdifferenz und vom Mittelwert der durchschnittlichen Flügellänge der beiden Geschlechter der Geschlechtsindex in Prozent ermittelt. Von den einzelnen Arten ist dieser in der Spalte E der Tabelle 1 angegeben. Seine Größe schwankt von 0,0 bis 11,3 %. Von der Gesamtzahl der untersuchten *Passeriformes* liegt bei 83 % der Geschlechtsindex unter 6 % und bei 14 % zwischen 6 und 9 % und nur bei 3,0 % darüber bis 11,3 %. Der relative Größenunterschied der

Geschlechter ist teils bei den kleineren, teils bei den größeren Arten größer oder kleiner. Eine der Regel entsprechende Abhängigkeit von der Körpergröße ist daher nicht nachweisbar. In der Körpergröße sind nach der durchschnittlichen Flügellänge die Männchen ohne Ausnahme größer als die Weibchen. Die im Alter oftmals größere Sexualdifferenz erklärt sich daraus, daß während des Wechsels der befiederten Flugorgane ihre Länge vom Jugend- ins Altersstadium bei den Männchen überproportional gegenüber den Weibchen zunimmt.

Im Skelettbau unterscheiden sich die Geschlechter durch die im Durchschnitt unterschiedliche Länge ihrer wesentlichsten Skelettelemente. Die Geschlechter zeigen aber eine übereinstimmende Proportionalität in den Beziehungen der durchschnittlichen Länge ihrer homologen Skeletteile zur Sternumlänge (Tab. 2). Der Geschlechtsindex von den einzelnen Skeletteilen ist intraspezifisch nicht einheitlich, sondern schwankt zwischen niedrigen und höheren Werten (Tab. 3). Zwischen Flügel- und Sternumlänge scheint ein Zusammenhang insofern zu bestehen, als die relative Größe ihrer Sexualdifferenz nicht oder nur wenig voneinander abweicht. Dies konnte bei mehreren daraufhin untersuchten Arten festgestellt werden.

Summary

RELATIVE DIFFERENCE IN SIZE BETWEEN SEXES
IN THE ORDER OF PASSERIFORMES

The sexual difference, i. e. difference between size of sexes, of about 400 birds (species and subspecies) belonging to *Passeriformes* and occurring in Eurasia is acquired by the mean length of wings. To make numerical values comparable, the sexual index in per cent is calculated from the sexual difference and from the mean of average length of wings of both sexes. This index is specified for individual species in column E of Table 1. It varies from 0,0 % to 11,3 %. Within the total of *Passeriformes* investigated, 83 % have a sexual index less than 6 %, 14 % an index between 6 % and 9 %, and no more than 3 % have an index between 9 % and 11,3 %. The relative difference between size of sexes is greater or smaller partially for bigger species, partially for smaller ones. Consequently, a standard dependence on body size cannot be stated. Males without exception have a body size, i. e. average wing length, which is bigger than that of females. The often greater sexual difference in age can be declared by the fact that the lenght of feathers of flying organs during changes from youth to age is often growing on males overproportionally relative to females.

As far as the skeleton is concerned, the sexes differ by the different average length of essential skeleton elements. However, the sexes show concordant proportionality in the relations of average lenght of homologous skeleton elements and sternum length (Table 2). The sexual index of single skeleton elements is intraspecifically not uniform but varies between lower and higher values (Table 3). There is probably a correspondence between wing length and sternum length because the relative size of their sexual difference is not at all or hardly deviating. This could be found with various species investigated.

Literatur

AMADON, D., 1959: The significance of sexual differences in size among birds. — Proc. Amer. Philos. Soc., **103**: 531—536.

BÄHRMANN, U., 1960: Wie verhalten sich die mitteldeutschen Krähenmischlinge in der Größe zu ihren Ausgangsrassen, den Raben- und Nebelkrähen? — Anz. Orn. Ges. Bay., **5**: 510—513.

—, 1968: Die Elster. Die Neue Brehm-Bücherei, Nr. 393. Wittenberg Lutherstadt.

—, 1968: Einige morphologische und biometrische Feststellungen an mitteldeutschen Haussperlingen (*Passer domesticus domesticus* L.). — Beitr. z. Vogelkde., **14**: 8–28.

BERNDT, R. u. W. MEISE, 1959 ff.: Naturgeschichte der Vögel, Bde. 1 u. 2. Stuttgart.

BERTHOLD, P., 1964: Über den Fortpflanzungszyklus südwestdeutscher Stare (*Sturnus vulgaris* L.) und über bedingende Faktoren der Brutreife beim Star. — Vogelwarte, **22**: 236–275.

BRÖCKEL, K. v., 1974: Biometrische Untersuchungen zum Geschlechtsdimorphismus der Gartengrasmücke (*Sylvia borin*). — Vogelwarte, **27**: 215–220.

CREUTZ, G., 1973: Greifvögel und Eulen. Leipzig. (p. 144)

DEMENTIEW, G. P. u. N. A. GLADKOW, 1954: Die Vögel der Sowjetunion, Bde. 5 u. 6. Moskau (russ.).

ECK, S. u. B. GEIDEL, 1971: Notizen über deutsche und schwedische Schwarzdrosseln (*Turdus merula*). — Zool. Abh. Mus. Tierk. Dresden, **30**, Nr. 14: 161–171.

FOLLOWS, G., 1969: Weight and measurement of Corn Buntings. — Ringers' Bull., **3**, Nr. 5: 11–12.

GÖRNITZ, R., 1922: Die geographische Variation des Formenkreises *Emberiza calandra*. — Verh. Orn. Ges. Bay., **15**: 134–146.

GRIMM, H., 1954: Biometrische Bemerkungen über mitteldeutsche und westdeutsche Sperlingspopulationen. — J. Orn., **95**: 306–318.

GLUTZ von BLOTZHEIM, U. et al., 1966 ff.: Handbuch der Vögel Mitteleuropas, Bde. 1–5. Frankfurt/M.

GRISCOM, L., 1937: A monographic study of the Red Crossbill. — Proc. Boston Soc. Nat. Hist., **41**: 77–209.

HAENSEL, J., 1967: Statistische Untersuchungen an Buchfinken (*Fringilla coelebs*), Bergfinken (*Fringilla montifringilla*) und Feldlerchen (*Alauda arvensis*). — Beitr. z. Vogelkde., **13**: 1–27.

HARTERT, E., 1903: Die Vögel der paläarktischenFauna, Bd. 1. Berlin.

— u. F. STEINBACHER, 1932–38: Die Vögel der paläarktischen Fauna, Erg.-Bd. Berlin.

HEINROTH, O. u. M., 1926-31: Die Vögel Mitteleuropas in allen Lebens- und Entwicklungsstufen photographisch aufgenommen und in ihrem Seelenleben bei der Aufzucht vom Ei ab beobachtet. 4 Bde., Berlin. Bd. 1 Neudruck **1966**.

HILGERT, C., 1908: Katalog der Collection von Erlanger, Berlin.

JOHANSEN, H., 1944: Die Vogelfauna Westsibiriens II. — J. Orn., **92**: 145–204.

JORDANS, A. v., 1923: Versuch einer Monographie des Formenkreises *Sturnus vulgaris* L. nebst Untersuchungen über die Formenkreislehre, ihren Inhalt und ihre Bedeutung für den Verwandtschaftsbegriff und die Abstammungstheorie. — Arch. Naturgesch., Abt. A, Heft 3: 1–147.

—, 1970: Die westpalaearktischen Rassen des Formenkreises *Parus major*. — Zool. Abh. Mus. Tierk. Dresden., **31**, Nr. 11: 205–225.

KLEINER, A. (KEVE), 1935–38: Systematische Studien über die Corviden des Karpaten-Beckens, nebst einer Revision ihrer Rassenkreise. — Aquila, **42–45**: 114–140; ibidem: Aquila, **46–49**: 159–224 (1939–42).

LÖHRL, H. und R. BÖHRINGER, 1957: Untersuchungen an einer südwestdeutschen Population des Haussperlings (*Passer d. domesticus*). — J. Orn., **98**: 229–240.

MAUERSBERGER, G., 1971: Über die östlichen Formen von *Prunella modularis* (L.). — J. Orn., **112**: 438–450.

MEINERTZHAGEN, R., 1926: Introduction to a review of the Genus *Corvus*. — Nov. Zool., **33**: 57–121.

MESTER, H., 1971: Die Vogelwelt der Pityusen. — Bonn. zool. Beitr., **22**: 28–89.

NIETHAMMER, G., 1937: Handbuch der deutschen Vogelkunde, Bd. 1. Leipzig.

—, 1953: Gewicht und Flügellänge beim Haussperling (*Passer d. domesticus*). — J. Orn., **94**: 282–289.

—, 1962: Zur Variabilität rheinischer Buchfinkenpopulationen. — Bonn. zool. Beitr., **13**: 209—215.

PIECHOCKI, R., 1954: Statistische Feststellungen an 80 000 Sperlingen. — J. Orn., **95**: 297—305.

PORTENKO, L. A., 1955: Übersicht der palaearktischen Beutelmeisen-Formen *Remiz pendulinus* (L.) und ihre taxonomische Bewertung. — Trudy Zool. Inst. Ak. Nauk SSSR, **18**: 459—492.

PRILL, H., 1975: Flügellänge und Flügelform beim Grünfink in Abhängigkeit von Alter und Geschlecht. — Falke, **22**: 92—94.

RENSCH, B., 1940: Die ganzheitliche Auswirkung der Größenauslese am Vogelskelett. — J. Orn., **88**: 373—388.

—, 1950: Die Abhängigkeit der relativen Sexualdifferenz von der Körpergröße. — Bonn. zool. Beitr., **1**: 58—59.

RICHTER, H., 1958: Untersuchungen in einer Aaskrähenpopulation in Mittelmecklenburg. — Abh. Ber. Mus. Tierk. Dresden, **23**: 219—240.

SACHTLEBEN, H., 1922: Vögel. In: Beiträge zur Natur- und Kulturgeschichte Lithauens und angrenzender Gebiete. — Abh. math.-phys. Kl. Bayer. Akad. Wiss., Suppl.-Bd. (p. 201).

SALOMONSEN, F., 1928: Die geographische Variation des *Phylloscopus trochilus* (L.). — J. Orn., **76**: 452—461.

—, 1928: Bemerkungen über die Verbreitung der *Carduelis linaria* Gruppe und ihre Variationen. — Vidensk. Medd. Dansk naturh. Foren., **86**: 123—202.

SCHERNER, E. R., 1974: Untersuchungen zur popularen Variabilität des Haussperlings *(Passer domesticus)*. — Vogelwelt, **95**: 41—60.

SCHLEGEL, R., 1920: Die sächsischen Spechtmeisen und Baumläufer. — Verh. Orn. Ges. Bay., **14**: 189—198.

SPITZER, G., 1973: Zur Verbreitung der Formen von *Panurus biarmicus* in der Westpaläarktis. — Bonn. zool. Beitr., **24**: 291—301.

STRESEMANN, E., 1919: Beiträge zur Zoogeographie der paläarktischen Region, Heft 1. München.

—, 1920: Avifauna Macedonica. München.

—, 1922: Über den sexuellen Größendimorphismus bei *Cinclus cinclus* ... — Orn. Monatsber., **30**: 60.

— u. H. SACHTLEBEN, 1919: Über die europäischen Mattkopfmeisen (Gruppe *Parus atricapillus*). — Verh. Orn. Ges. Bay., **14**: 228—267.

STORER, R. W., 1966: Sexual Dimorphism and Food Habits in three North American Accipiters. — Auk, **83**: 413—436.

SUMMERS-SMITH, D., 1963: The House Sparrow. London (Neudruck 1967).

SUTTER, E., 1946: Die Flügellänge junger und mehrjähriger Grünfinken und Gartenrötel. — Orn. Beobachter, **43**: 81—85.

SVENSSON, L.: Identification Guide to European Passerines. Stockholm.

THANNER, R. v., 1908: Ein Sammelausflug nach La Palma, Hierro und Fuerteventura. — Orn. Jb., **19**: 198—215 (pp. 205—206).

TISCHLER, F., 1941: Die Vögel Ostpreußens und seiner Nachbargebiete. Königsberg u. Berlin.

VAURIE, C., 1950: Notes on some Asiatic Titmice. — Amer. Mus. Nov., Nr. 1459, 66 S.

—, 1954: Systematic Notes on Palearctic Birds. Nr. 4, The Choughs *(Pyrrhocorax)*. — Amer. Mus. Nov., Nr. 1658, 7 S.

—, 1959: The Birds of the Palearctic Fauna. *Passeriformes*. London.

VOOUS, K. H., 1949: Distributional History of Eurasian Bullfinches, Genus *Pyrrhula*. — Condor, **51**: 52—81.

WITHERBY, H. F., 1938: The Handbook of British Birds, Vol. 1. London.

Anschrift des Autors:

Dr. U. Bährmann, DDR — 7812 Lauchhammer-Mitte, Seewaldstraße 18

ZOOLOGISCHE ABHANDLUNGEN

STAATLICHES MUSEUM FÜR TIERKUNDE IN DRESDEN

Bd. 34 Ausgegeben: 25. März 1976 Nr. 2

Partielle Pigmentlosigkeit bei Bufo viridis viridis

(Amphibia, Anura, Bufonidae)

Mit 1 Abbildung

WOLF-EBERHARD ENGELMANN und FRITZ JÜRGEN OBST
Leipzig Dresden

Am 4. Juni 1971 sammelte F. J. OBST im Teichgebiet von Deutschbaselitz bei Kamenz (Bezirk Dresden) Wechselkröten, unter denen sich ein farblich abweichendes Exemplar befand (heute in der Herpetologischen Sammlung des Staatlichen Museums für Tierkunde in Dresden, MTKD D 5469). Da im besammelten Biotop neben *Bufo v. viridis* auch *Bufo b. bufo* lebt, erschien zur Deutung des aberranten Exemplars die Möglichkeit gegeben, daß es sich entweder um eine abnorme *Bufo viridis* oder um einen Bastard beider Arten handeln könne.

Die Klärung dieser Frage wurde durch morphologischen Vergleich sowie durch Vergleich der Blutserum-Proteine erreicht.

Die Kröte mißt KRL 68 mm (♂, Geschlecht durch Sektion ermittelt). Beide Hoden waren normal entwickelt und normal groß. Die sekundären Geschlechtsmerkmale hingegen waren undeutlicher: die Brunftschwielen sind nur schwach angedeutet und die für *Bufo-viridis*-Männchen charakteristischen rauhen Warzen der Dorsalseite sind ebenfalls nur minimal entwickelt.

Habituell reiht sich die Kröte gut in Serien von *Bufo viridis* ein. Auffällig sind lediglich die sehr kleinen und undeutlich abgesetzten Parotiden. Noch auffälliger sind die Abweichungen hinsichtlich der Zeichnung und Färbung des Tieres. Die Zeichnung der Dorsalregion des Rumpfes sowie der dorsalen Seite der Extremitäten besteht aus kleinen, unscharf begrenzten Flecken. Typische *Bufo-viridis*-Männchen unseres Raumes tragen zumindest auf dem Kopf und den Extremitäten scharf begrenzte Fleckenzeichnung. Das vorliegende Exemplar zeigt zusätzlich zu den oben erwähnten Zeichnungsbild unregelmäßig geformte größere Flecken, die im Leben bräunlich erschienen. Diese Flecken verteilen sich regellos über den Rücken, die Flanken und Extremitäten. Auf der Bauchseite treten sie zahlreicher, aber feiner auf und verschmelzen zu einer netzartigen Marmorierung, so daß der Eindruck einer für *Bufo viridis* untypischen Bauchzeichnung entsteht, die aber ähnlich mitunter bei *Bufo bufo* beobachtet werden kann. Am Präparat des Tieres erwiesen sich diese Flecken jedoch als durchscheinend fleischfarbene Hautpartien, in denen jegliche Pigmentierung fehlte. Das Auge des Tieres erschien im Leben einfarbig dunkel. Die für *Bufo viridis* charakteristische golden-grüne Irisfarbe war total ausgefallen.

Die disk-elektrophoretische Untersuchung der Blutserum-Proteine ergab ein Spektrum, das dem Normalbild der Wechselkröte entspricht. Serologisch war der Bastardcharakter des Tieres folglich auszuschließen. Wir gelangten zu dem Schluß, daß es sich um eine *Bufo viridis* mit partieller Pigmentlosigkeit, kombiniert mit subnormaler sexueller Merkmalsausbildung, handeln muß.

Abb. 1. *Bufo v. viridis*, ♂, von Deutschbaselitz, Kreis Kamenz, Bezirk Dresden. Beachte die pigmentlose Iris und die pigmentlosen Partien des Rückens und der Extremitäten. Foto: F. J. Obst

Zusammenfassung

Der Naturfund einer aberranten *Bufo* mit auffälliger Zeichnung und Färbung sowie schwacher Ausprägung der männlichen sekundären Geschlechtsmerkmale wird berichtet. Durch morphologischen und serologischen Vergleich (Blutserumproteine) wurde ermittelt, daß es sich um eine partiell pigmentlose *Bufo v. viridis* handelt und nicht etwa um einen Bastard dieser Art mit *Bufo b. bufo*, wie ursprünglich in Erwägung gezogen wurde.

Summary

PARTIAL ABSENCE OF PIGMENTS AT BUFO VIRIDIS VIRIDIS

Natural occurrence of an aberrant *Bufo* with evident marking and colour and with faint secondary male sexual characters is notified. Morphological and serological comparison (serum proteins) made visible that this is a partially pigmentless *Bufo v. viridis* and not a hybrid of this species with *Bufo b. bufo* as supposed originally.

Literatur

ENGELMANN, W. E. und KABISCH, K., 1973: Das Serumproteinmuster von *Bufo bufo* (L.) und *Bufo viridis* LAURENTI im Polyacrylamid-Gel. *(Amphibia, Anura, Bufonidae).* — Zool. Abh. Mus. Tierk. Dresden, **32**, Nr. 20, S. 313–315.

FLINDT, R. und HEMMER, H., 1967: Nachweis natürlicher Bastardierung von *Bufo viridis* und *Bufo calamita.* — Zool. Anz., **178**, S. 419–429.

FLINDT, R. und HEMMER, H., 1968: Über die Merkmalsvariation von Kreuzkröten (*Bufo calamita* Laur.) und Wechselkröten (*Bufo viridis* Laur.) im Rhein-Main-Gebiet. – Mz. Naturw. Arch., **7**, S. 279–284.

FREYTAG, G. E., 1956: Weitere Naturfunde albinotischer Amphibien. – Zool. Garten (N. F.), **21**, S. 383–385.

KABISCH, K. und ENGELMANN, W. E., 1973: Disk-elektrophoretische Untersuchungen der Serumproteine von Krötenbastarden (*Bufo viridis* Laur. ♀ x *Bufo calamita* Laur. ♂). – Zool. Anz., **190**, S. 17–21.

LAU, D., 1974: Farbanomalie bei Erdkröten, *Bufo bufo* (L.). – Zool. Garten (N. F.), **44**, S. 249–252.

WEISS, I. und ZIEMANN, Ch., 1959: Erwachsene Bastarde einheimischer Kröten. – Wiss. Z. Univ. Halle, Math.-Nat. R., **8**, S. 795–798.

Anschriften der Autoren:

Dr. W.-E. Engelmann, Zoologischer Garten Leipzig, DDR – 701 Leipzig, Dr.-Kurt-Fischer-Straße 29

Dipl.-Biol. F. J. Obst, Staatl. Museum für Tierkunde, DDR – 801 Dresden, Augustusstraße 2

ZOOLOGISCHE ABHANDLUNGEN

STAATLICHES MUSEUM FÜR TIERKUNDE IN DRESDEN

Bd. 34 | Ausgegeben: 25. März 1976 | Nr. 3

Über den Holotypus von Platemys novae guineae MEYER, 1874

(Reptilia, Chelonia)

Mit 4 Abbildungen

FRITZ JÜRGEN OBST

Dresden

In seiner verdienstvollen Monographie der australo-papuanischen Süßwasserschildkröten berichtete GOODE (1967), daß der Holotypus der von ihm dem Genus *Elseya* zugeordneten *Platemys novae guineae* MEYER in Berlin (gemeint ist das Zoologische Museum und Institut für Spezielle Zoologie der Humboldt-Universität zu Berlin) nicht bekannt sei (l. c., p. 134).

Der Holotypus dieser bemerkenswerten Schildkröte befindet sich seit seiner Signierung in der Herpetologischen Sammlung des Staatlichen Museums für Tierkunde in Dresden (katalogisiert unter MTKD D 8222, Dr. A. B. MEYER leg. 1873). Als Fundort vermerkt ist Passim, Neuguinea, was somit als terra typica dieser Spezies zu gelten hat. Dieser Fakt war bereits BOULENGER (1888a) bekannt, wie GOODE auch zitierte. In seiner Originalbeschreibung unterließ es MEYER (1874) leider, den Fundort seines Stückes exakt mitzuteilen.

Im „Verzeichnis der Typen des Staatlichen Museums für Tierkunde in Dresden, 1. Teil: Fische, Amphibien und Reptilien" verzeichnete SCHÜZ (1929) bereits den Besitz dieses Stückes samt der genauen Fundortangabe. Glücklicherweise überdauerte dieser zugleich einzige Schildkröten-Typus unserer Sammlung das vernichtende Bombardement Dresdens vom 13. Februar 1945. Im Oktober 1973 wurde er aus den Resten der alten Sammlung in die inzwischen neu aufgebaute Herpetologische Sammlung übernommen und erhielt bei dieser Gelegenheit seine neue Katalognummer MTKD D 8222, während er vorher die Nr. 47 der alten Sammlung trug. Damit wird anhand der alten Nummer zugleich ersichtlich, daß die Neuguinea-Ausbeute der Forschungsreisen A. B. MEYERS vor fast genau 100 Jahren den Grundstock der Herpetologischen Sammlung des Dresdener Museums gebildet hatte. MEYER, der in den Jahren 1874 bis 1904 als verdienstvoller Direktor des damaligen Königlich-Sächsischen Zoologischen und Ethnographischen Museums wirkte, sah sich der Sicherung seiner Priorität halber jedoch gezwungen, seine herpetologischen Neufunde in Berlin zu publizieren, wo er sie mit Unterstützung durch WILHELM PETERS in der Sitzung der Königlichen Akademie der Wissenschaften am 12. Februar 1874 vorlegte. Die Typen seiner Neubeschreibungen jedoch verblieben vorerst alle in seinem Besitz und gelangten kurze Zeit darauf durch den Verkauf wieder in „sein" Museum. Die Eintragung in den alten Katalog erfolgte 1879. Eine eigene Zeitschrift des Dresdener Zoologischen Museums gelang A. B. MEYER erst im Jahre 1886 ins Leben zu rufen.

Abb. 1. Carapax von *Platemys novae guineae* MEYER, 1874;
Holotypus, MTKD D 8222, leg. Dr. A. B. MEYER 1873, Passim, Neuguinea.

Abb. 2. Plastron des gleichen Stückes wie in Abb. 1.

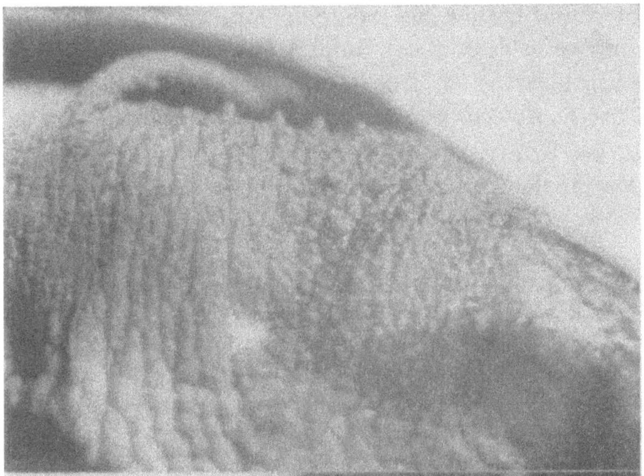

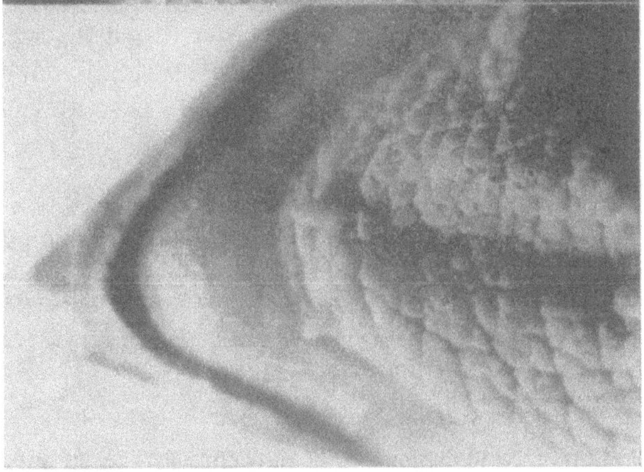

Abb. 3 (oben)
Dorsale Halspartie
Abb. 4 (unten)
Kinn mit Barteln
Beide Abbildungen: gleiches Stück wie in Abb. 1.

Der Holotypus zu *Platemys novae guineae* MEYER ist nach SIEBENROCK (1912) und DE ROY (1913) ein juveniles ♀.

Zur Ergänzung der knappen Diagnose MEYERS und der Übersicht GOODES folgen hier die Maße:

Carapaxlänge	112 mm	
Max. Carapaxbreite	88 mm	(in Höhe des 2. bis 3. Vertebrale bzw. des 7. bis 8. Marginale gelegen)
Panzerhöhe	36 mm	
Plastronlänge	95 mm	
Max. Plastronbreite	44 mm	(in Höhe der Pectoral-Abdominalnaht)
Schädellänge	31 mm	
Schädelbreite	20 mm	
Intergulare Länge	15 mm	
Intergulare Breite	6 mm	

Als auffälliges individuelles Merkmal besitzt das Exemplar eine symmetrisch auftretende Verdopplung beziehungsweise Teilung des Gularia-Paares.

Im Gegensatz zu der Bemerkung in MEYERS Diagnose besitzt das Tier deutliche Reihen von Hauttuberkeln in der kopfwärts gelegenen dorsalen Halspartie.

Der Erhaltungszustand des Stückes ist befriedigend, wenn auch einige Hornschilder der Panzerbedeckung (4.–7. Marginale rechts) verlorengegangen sind. Alle Hornschilder sind sehr dünn und lösen sich bei Entnahme des Stückes aus dem Alkohol weitgehend ab.

Abschließend sei Herrn Dipl.-Ing. INGO PAULER, Wien, für seine Hilfe bei der Literaturbeschaffung herzlichst gedankt!

Zusammenfassung

Das Vorhandensein des von GOODE vermißten Holotypus zu *Platemys novae guineae* MEYER, 1874 in der Herpetologischen Sammlung des Staatlichen Museums für Tierkunde in Dresden wird mitgeteilt. Maße und Ergänzungen zur Diagnose sowie Daten zur musealen Geschichte des Exemplares ergänzen den Bericht.

Summary

ON THE HOLOTYPE OF PLATEMYS NOVAE GUINEAE MEYER, 1874

The existence of the holotype of *Platemys novae guineae* MEYER, 1874, missed by GOODE in the Herpetological collection of Staatliches Museum fuer Tierkunde of Dresden is notified. Dimensions and annexes to the original description and data on museum history of the specimen complete the report.

Literatur

BOULENGER, G. A., 1888a: On the Chelyoid chelonians of New Guinea. – Ann. Mus. Civ. Stor. nat. Giacomo Doria, Genova, Ser. 2a, **6**, S. 449–452.

GOODE, J., 1967: Freshwater Tortoises of Australia and New Guinea (in the family *Chelidae*). – Melbourne, Victoria, 154 S.

MEYER, A. B., 1874: Übersicht der von mir auf Neu-Guinea und den Inseln Jobi, Mysore und Mafoor im Jahre 1873 gesammelten Amphibien. – Monatsber. Kgl. Akad. Wiss. Berlin, Sitzung vom 12. 2. 1874, S. 1–17.

ROY, N. DE, 1913: Dimorphismus bei *Emydura novae-guineae* (Meyer). – Zool. Anz., **42**, S. 2–7.

SCHÜZ, E., 1929: Verzeichnis der Typen des Staatlichen Museums für Tierkunde in Dresden. 1. Teil: Fische, Amphibien und Reptilien. – Abh. Ber. Mus. Tierkunde u. Völkerkunde Dresden, **17**, S. 1–13.

SIEBENROCK, F., 1912: Über den Dimorphismus bei *Emydura novae-guineae* (Meyer). – Zool. Anz., **40**, S. 301–304.

WERMUTH, H. und MERTENS, R., 1961: Schildkröten – Krokodile – Brückenechsen. – Jena, 422 S.

Anschrift des Autors:

Dipl.-Biol. F. J. Obst, Staatliches Museum für Tierkunde,
DDR – 801 Dresden, Augustusstraße 2

ZOOLOGISCHE ABHANDLUNGEN
STAATLICHES MUSEUM FÜR TIERKUNDE IN DRESDEN

Bd. 34 Ausgegeben: 25. März 1976 Nr. 4

Die Würfelnatter bei Meißen — ein erloschenes Vorkommen

(Reptilia, Ophidia, Colubridae)

Mit 2 Abbildungen

FRITZ JÜRGEN OBST
Dresden

Das Vorkommen der Würfelnatter, *Natrix tessellata tessellata* (LAURENTI, 1768), bei Meißen in Sachsen hat seit seinem Bekanntwerden Eingang in die allgemeine faunistische und in die speziell herpetologische Literatur gefunden. Es wurde bis in die jüngste Zeit zitiert (STRESEMANN [WERMUTH] 1955, FROMMHOLD 1959, MERTENS u. WERMUTH 1960), obwohl es seit langem an Unterlagen über den Sachverhalt fehlt.

Die Originalmitteilung des Fundes geht auf eine Zeitungsnotiz (o. V. 1892a) zurück, die sofort von einer größeren Tageszeitung übernommen wurde (o. V. 1892b). Das Verdienst, diese Notizen in die wissenschaftliche Literatur eingeführt zu haben, gebührt FICKEL (1893) mit seiner Bibliographie zur sächsischen Tierwelt. Hier entdeckte sie auch GEISENHEYNER (1898), der durch die Bekanntgabe seiner Recherchen zum Objekt im „Zoologischen Garten" letztlich die Voraussetzung schuf, daß dieser Fakt zum „Stammwissen" der Faunisten wurde. Der letzte Zoologe, der eigene Nachforschungen über den Sachverhalt anstellte, war ZIMMERMANN (1910, 1922). Er räumte bereits ein, trotz seiner Bemühungen keine Würfelnattern bei Meißen gesehen zu haben, sondern hatte nur Mitteilungen von Gewährsleuten zur Verfügung. Da in jüngster Zeit von unberufener Seite phantastische Berichte über ein angebliches Verlagern des Vorkommens der Würfelnatter vom ursprünglichen Platz im Elbtal in die Seitentäler der links- und rechtselbischen Zuflüsse lanciert wurden (PIETZSCH 1969, 1970), führten die Mitarbeiter der Herpetologischen Sammlung des Staatlichen Museums für Tierkunde in Dresden in den Jahren 1970—1974 mehrere Exkursionen zur Überprüfung des Sachverhaltes durch. Dabei wurden sie durch verschiedene Mitglieder der Dresdener Fachgruppe für Herpetologie und Terrarienkunde des Kulturbundes der DDR unterstützt. Die — um es sofort zu sagen, leider negativen — Ergebnisse der Exkursionen sowie das Resultat der Literaturstudien werden hier mitgeteilt.

Der ursprüngliche Fundort der Würfelnatter bei Meißen liegt in unmittelbarer Nähe der Stadt, rechtselbisch etwa einen Kilometer elbabwärts von der Meißener Straßenbrücke über den Strom am Rand des Stadtteils Cölln. Er umfaßt das Gelände des Winterhafens und der Mündung des Niederauer Dorfbachs in die Elbe. Der Elbstrom wird an dieser Stelle durch die Barriere des Bocksberges (169 m) stark nach Westen abgelenkt. Der exakt südexponierte, zur Elbe führende Hang des Bocksberges ist in seinen flußnahen Lagen ein altes, gutes Rebengelände mit der Bezeichnung „Katzensprung" von etwa 700 m Ost-West-Ausdehnung. An seinem Westende wird er durch

Abb. 1. Blick vom Winterhafen auf Meißen.

die an der Elbe gelegene Ausflugsgaststätte „Knorre“ begrenzt. Die Situation für die Würfelnatter war hier ideal und entsprach ganz dem Bild, welches die Lebensräume der Schlange im südlichen Mitteleuropa und Südeuropa zeigen. Im Ruhigwasser des Hafens sowie des Mündungsstaues des Niederauer Dorfbaches kann sich das Wasser stark erwärmen. Hier gab es und gibt es reichlich Fischbrut und Kleinfischbestand als Nahrungsbasis. Der Südhang des „Katzensprunges“ hingegen liefert mit den Trockenmauern der Rebenterrassen günstige Sonnenplätze, Eiablagemöglichkeiten mit hoher Zeitigungschance und Winterquartiere. Hier sammelte der Meißener Modelleur A. THIEL seit 1883 Würfelnattern. 1892 übergab er zwei Exemplare dem naturwissenschaftlichen Verein „Isis“, der sie nach Frankfurt/M. an das Naturmuseum und Forschungsinstitut Senckenberg vermittelte. Dort haben sie O. BOETTGER und L. GEISENHEYNER vorgelegen. Die vermutlich noch heute in der Sammlung des Senckenbergmuseums befindlichen Exemplare stellen die einzigen existierenden Belege des Vorkommens dar. BOETTGER und GEISENHEYNER waren zugleich die ersten und letzten Zoologen, denen Würfelnattern aus Meißen vorgelegen haben. THIEL konnte in den darauffolgenden Jahren 1894 und 1896 weitere Würfelnattern sammeln, darunter auch ein trächtiges ♀ (GEISENHEYNER 1898). Bereits 10 Jahre später gelang es ZIMMERMANN (1910) nicht mehr, trotz seiner großen Erfahrungen als Feldzoologe selbst Würfelnattern im genannten Gebiet zu sichten. Das Staatliche Museum für Tierkunde in Dresden als die dem Fundort nächstgelegene zoologische Forschungsstätte besaß in seiner Herpetologischen Sammlung ein Exemplar der Würfelnatter, das vermutlich der Meißener Population entstammte. Es trug die Nr. 1043 des alten Kataloges, gesammelt bereits 1879, Fundort „Dresden“. Leider wurde das Exemplar während des 2. Weltkrieges mit vernichtet. Es ist sicherlich dem damals geringen Interesse an der Lokalfauna zuzuschreiben,

Abb. 2. Ursprünglicher Fundort der Würfelnatter bei Meißen, heutiger Zustand. In der Bildmitte der Winterhafen mit dem Zufluß des Niederauer Dorfbaches von rechts und die von Pappeln gesäumte Straße, die das Hafengelände vom Bocksberg trennt. Ganz rechts am Hang Rebkulturen.

daß keine weiteren Belege für das Vorkommen der Würfelnatter in das Dresdener Museum gelangten, obwohl die Bedeutung der Verbreitungsinsel „Elbtal bei Meißen" für faunistische und floristische Besonderheiten allgemein bekannt war. Zugleich darf dieser Umstand aber auch so gewertet werden, daß die Population wahrscheinlich niemals sehr individuenreich und ihr Wohngebiet kaum ausgedehnter als oben beschrieben war.

Das Schicksal der Würfelnatter wurde sicherlich durch die zunehmende Wasservergiftung der Elbe besiegelt. Der Strom selbst und noch mehr der einmündende Bach erlitten eine immer stärkere Abwasserbelastung durch die Stadt und ihre Industrie. Einzelne „Giftschübe" mit anschließendem Fischsterben in bestimmten Gewässerabschnitten konnten der Würfelnatter als Endverbraucher in einer Nahrungskette mit hoher Treffsicherheit für beinahe alle Individuen der Population den Garaus machen, wenn sie in die Monate Mai—August fielen. Bekanntlich vermögen sich die Würfelnattern regelrecht mit Fischen zu füllen, wenn sie unter günstigen Wetterbedingungen in ihrer Hauptaktivität leben. Bereits beeinträchtigte Fische werden dann mit Sicherheit Opfer der Schlangen, die damit die Giftstoffe akkumulieren. In den Jahren um 1940 erfolgte zudem noch der Bau einer Autostraße, die nunmehr das Elbufer bzw. das Hafen- und Grabengebiet von den Weinbergshängen trennte. Durch die Geländeveränderungen sowie durch den Verkehr auf der Straße sanken die Lebenschancen für die Schlangen weiter. Die Population dürfte damals endgültig zusammengebrochen sein, wenn es nicht bereits längst vorher erfolgt war. Heute leben in diesem Terrain vor allem beträchtliche Mengen von Wanderratten, die ihrerseits eine Gewähr dafür bieten, daß dort bestimmt keine Würfelnattern mehr vorkommen.

Die Verlagerung des Vorkommens in vor allem linkselbische Täler von Elbzuflüssen, wie sie PIETZSCH (1970) beobachtet haben will, ist schon infolge der dort herrschenden ökologischen Situation absurd. Es handelt sich um Täler mit dichtem Laubwaldbestand, deren schnellfließende Kaltwasserläufe (Forellengewässer) absolut ungeeignet als Lebensräume für die Würfelnatter sind. In ihren Ursprungsgebieten auf der Hochebene, die zum Sächsischen Hügelland zu rechnen ist, herrschen wesentlich rauhere Klimaverhältnisse als im begünstigten Elbtal. Es ist von vornherein logisch, daß eine Tierart am nördlichsten Punkt ihres Areals nur an günstigsten Plätzen siedeln kann. Die Mitteilungen PIETZSCHS beruhen bestenfalls auf Verwechslungen, wenn nicht auf Erfindungen.

Zahlreiche Gespräche mit Dresdener und Meißener Naturfreunden, Entomologen, Ornithologen, Lehrern usw. brachten zutage, daß viele von der Würfelnatter wußten, einige Ältere sie vermutlich noch gesehen haben, daß aber niemand Bild- oder gar Sammlungsbelege oder exakte Hinweise über noch existierende Vorkommen im Meißener Raum beibringen konnte. Es darf daher mit höchster Wahrscheinlichkeit das Erlöschen der Population festgestellt werden.

Noch ein Wort zur tiergeographischen Einordnung des ehemaligen Meißener Vorkommens. Dieser Fundpunkt war außer seiner nördlichen Lage zugleich deutlich von den nächsten Fundstellen im Einzugsgebiet der Elbe isoliert. Diese liegen etwa 100 km (dem Stromverlauf nach gemessen) elbaufwärts bei Ústí, ČSSR (FLASAR u. FLASAROVÁ 1975). Die Sicherheit des Vorkommens ist weitere 50 km elbaufwärts im Mündungsbereich der Moldau bei Melnik allerdings noch größer (ROTTER 1957). An der Eger sind bei Kadań vermutlich sichere Vorkommen durch mehrere Beobachter festgestellt worden (FLASAR u. FLASAROVÁ 1975). Größere Vorkommen der Würfelnatter an der Moldau bei Prag und vor allem an der Berounka, einem Nebenfluß der Moldau, teilte ROTTER (1957) mit, mit dem sie auch der Verfasser dieser Nachricht besuchte und Belegexemplare sammeln konnte. Dieses Gebiet der Würfelnatter in Zentralböhmen (ČSSR) liegt nur wenig südlicher als die Vorkommen der Würfelnatter im Mosel-Lahn-Rhein-Nahe-Gebiet, wo heute bei Ems/Lahn der nördlichste Punkt des Areals der Art existieren dürfte (MERTENS 1947). Eine kontinuierliche Verbreitung der Würfelnatter zwischen Meißen und Melnik bzw. Prag, wie sie GEISENHEYNER (1898) vermutet hat, ließ sich niemals nachweisen. Die Entstehung der Meißener Population als Neubesiedlung von Böhmen her lehnte bereits dieser Autor als Deutungsmöglichkeit ab. MERTENS (1947) sieht in den Vorkommen der Würfelnatter wie auch der Äskulapnatter, *Elaphe l. longissima* (LAURENTI, 1768), im nördlichen Teil Mitteleuropas Reliktvorkommen eines größeren pleistozänen Areals. Diese Auffassung hat durch die zahlreichen Erfahrungen paläozoologischer Forschung der letzten Zeit, z. B. MLYNARSKI (1961a u. b), ihre Bestätigung erfahren. Die Kenntnis dieser Zusammenhänge macht den Wert des erloschenen Vorkommens der Würfelnatter bei Meißen um so deutlicher und den Verlust für die zoologische Forschung offenkundig.

Abschließend danke ich Herrn Prof. Dr. PETERS, Berlin, der mir das Manuskript PIETZSCH (1970) überließ und zur Überprüfung des Sachverhaltes anregte, sowie Herrn Dipl.-Biol. W. HEBIG, Dresden, der mich bei der Beschaffung schwer zugänglicher Literatur unterstützte.

Zusammenfassung

Das nördlichste Vorkommen der Würfelnatter, *Natrix t. tessellata* (LAURENTI), bei Meißen an der Elbe wird als erloschen betrachtet. Die Population ist vermutlich Umwelteinflüssen (Wasservergiftung, Geländeveränderungen) erlegen. Es wird ein

Überblick zu den Originalmitteilungen und Belegen des erloschenen Vorkommens sowie eine Einschätzung seiner tiergeographischen Bedeutung gegeben. Spektakuläre Falschmeldungen über angeblich noch existierende, räumlich vom einstigen Vorkommen getrennte Vorkommen der Würfelnatter im Gebiet Meißen werden durch die Einschätzung der ökologischen Situation und das negative Ergebnis eigener Exkursionen widerlegt.

Summary

THE TESSELLATED WATER SNAKE NEAR MEISSEN,
A NO MORE EXISTING OCCURRENCE

The northernmost occurrence of the Tessellated Water Snake — *Natrix t. tessellata* (LAURENTI) — near Meissen on the river Elbe is regarded as no more existing. The population probably succumbed to environmental influences (water pollution, terrain changes). The report contains a survey of original notes and evidences of the no more existing occurrence and an estimation of its zoogeographic significance. Spectacular false reports on allegedly still occurring Tessellated Water Snakes separated from the original place of occurrence in the Meissen region are refuted by reflection on ecological conditions and the result of own excursions.

Literatur

FICKEL, J., 1893: Die Literatur über die Tierwelt des Königreichs Sachsen. Dresden, Programm des Wettiner Gymnasiums, 44 S.

FLASAR, I. u. M. FLASAROVÁ, 1975: Die Wirbeltierfauna Nordwestböhmens (severozápadní Čechy). Die bisherigen Ergebnisse ihrer Erforschung. — Zool. Abh. Mus. Tierk. Dresden, **33**, Supplement.

FRITSCH, A., 1872: Die Wirbeltiere Böhmens. — Arch. naturw. Landdurchf. Böhmen (Prag), **2**.

FROMMHOLD, E., 1959: Wir bestimmen die Lurche und Kriechtiere Mitteleuropas. Radebeul, 218 S.

GEISENHEYNER, L., 1898: Zum Kapitel „Hausratte und Würfelnatter". — Zool. Garten, **39**, S. 1—4.

MERTENS, R., 1947: Die Lurche und Kriechtiere des Rhein-Main-Gebietes. — Frankfurt/M., Senckenberg-Buch 16, 144 S.

MERTENS, R. u. H. WERMUTH, 1960: Die Amphibien und Reptilien Europas (Dritte Liste, nach dem Stand vom 1. 1. 1960). Frankfurt/M., Senckenberg-Buch 38, 264 S.

MLYNARSKI, M., 1961 a: Serpents pliocènes et pléstocènes de la Pologne avec la revue critique des Colubridés fossiles. — Folia Quarternaria, Krakow, **4**, S. 1—45.

—, 1961 b: Faune quaternaire de serpents *(Colubridae)* de Giebultów pres Cracovie, Pologne. — Folia Quarternaria, Krakow, **6**, S. 1—9.

PIETZSCH, E., 1969: Angeln, Beobachten, Auswerten. — Deutscher Angelsport, **21**, H. 7, S. 150+155.

PIETZSCH, E., 1970: Die Würfelnatter im Elbtal bei Meißen. Manuskript, 50 S.

ROTTER, J., 1957: Příspěvek k poznáni plazí fauny Prahy a okoli (Reptilia). — Musejní Zprávy Pražského Kraje, Praha, **2**, S. 113—116.

STRESEMANN, E. (WERMUTH, H.), 1955: Exkursionsfauna von Deutschland, Pars Reptilia. Berlin. S. 98—110.

ZIMMERMANN, R., 1910: Über das Vorkommen der Würfelnatter im Königreich Sachsen. — Wochenschr. f. Aquar.- u. Terrarienkde., Beilage Lacerta, **7**, S. 8.

ZIMMERMANN, R., 1922: Ein Beitrag zur Lurch- und Kriechtierfauna des ehemaligen Königreichs Sachsen. – Arch. f. Naturgesch., Berlin, **88** (A), S. 245–267.

o. V., 1892a: Die Würfelnatter *(Tropidonotus tessellatus)* wiederholt am Katzensprung bei Meißen gefangen. Meißner Tageblatt, Nr. 231, S. 5b, vom 4. 10. 1892.

o. V., 1892b: Die Würfelnatter *(Tropidonotus tessellatus)* wiederholt am Katzensprung bei Meißen gefangen. Dresdener Anzeiger, Nr. 279, S. 4, vom 5. 10. 1892.

Anschrift des Autors:

Dipl.-Biol. F. J. Obst, Staatliches Museum für Tierkunde,
DDR — 801 Dresden, Augustusstraße 2

III-4-9-1637-1 105-34-76

ZOOLOGISCHE ABHANDLUNGEN
STAATLICHES MUSEUM FÜR TIERKUNDE IN DRESDEN
Bd. 34 Ausgegeben: 25. Juni 1976 Nr. 5

Die Vögel der Banggai-Inseln, insbesondere Pelengs

(Aves)

Mit 2 Karten und 1 Farbtafel

SIEGFRIED ECK
Dresden

I.

Die Wallacea ist zoologisch intensiv bearbeitet worden. Die Vögel von Sulawesi (Celebes) unterzog in neuerer Zeit STRESEMANN (1939—41) einem sorgfältigen Studium, für die Maluku (Molukken) gab VAN BEMMEL (1948; cf. auch VAN BEMMEL und VOOUS 1953) eine Übersicht, in welcher die Sula-Inseln mit eingeschlossen waren. Was jedoch den Banggai-Archipel betrifft, so liegt bis heute nur die vergleichend-zoogeographische Betrachtung von MEYER und WIGLESWORTH aus dem Jahre 1896 vor, die ausschließlich auf den so gut wie datenlosen Bälgen aufbaute, welche die Sammler C. W. CURSHAMS zwischen V und VIII 1895 erbeuteten. Dieses Sammeln auf Peleng (Peling) und Banggai[1] erfolgte auf Veranlassung A. B. MEYERS. Die Ausbeute gelangte zu einem kleinen Teil von Dresden aus nach Tring an ROTHSCHILDS Museum (jetzt in New York). Zwei Bälge von *Loriculus stigmatus ruber* gingen im Tausch an das Museum Leiden (briefl. Mitt. von Dr. MEES) und mehrere Einzelstücke wurden an Händler abgegeben, so daß über diesen Weg einige Bälge auch in das Berliner Museum kamen. Der weitaus größte Teil aber verblieb in Dresden. Dieser Grundstock erfuhr eine Erweiterung durch eine größere Anzahl von Bälgen, die J. J. MENDEN zwischen dem 3. VII. und 5. IX. 1938 auf Peleng zusammenbrachte und an O. NEUMANN lieferte, aus dessen Nachlaß sie das Dresdener Museum erwarb. Dieses Material wurde zwar teilweise bereits von NEUMANN bearbeitet, doch kamen nur die Neubeschreibungen zur Veröffentlichung. Wenige Bälge leitete NEUMANN an das Museum of Comparative Zoology in Cambridge/Mass. weiter, und direkt von MENDEN erhielt auch das Museum Bogor Balgmaterial von Peleng. Meiner Bearbeitung lagen insgesamt 300 Bälge von Peleng zugrunde, zuzüglich 102 CURSHAMscher Bälge von Banggai (VI 1895 bei Soasio gesammelt), letztere in 40 Spezies, deren 5 auf Peleng noch nicht nachgewiesen wurden. Neues Material von Banggai liegt nicht vor. Aus diesen Umständen ergibt es sich, abermals eine Übersicht über die Vogelformen von Peleng und Banggai zu schaffen, schon der Frage wegen, ob sich die Ansicht von MEYER und WIGLESWORTH (l. c.) bestätigen läßt, wonach die Vögel der Banggai-Inseln zu denen der Sula-Inseln engere Beziehungen hätten als zu denen der Insel Sulawesi. CURSHAM brachte 1895 Vertreter von 48 Spezies zusammen, während MENDEN 1938 60 Spezies nachwies. Von den heute für Peleng bekannten 73 Spezies wurden 34 von beiden Sammlern erbeutet, von den anderen 39 Spezies sammelte 13 nur CURSHAM und 26 nur MENDEN. Beide arbeiteten ungefähr zur gleichen Jahreszeit. Damit wird offenbar, daß ein abermaliges Sammeln weitere Neuigkeiten

[1] Den Namen Banggai führen: der gesamte Archipel, die zweitgrößte Insel, eine Ortschaft auf dieser Insel, eine Ortschaft auf Peleng und ein Gebiet auf der Osthalbinsel von Sulawesi (Celebes). Hier wird Banggai stets für die gleichnamige Insel gebraucht. — Die Sprache der Einwohner von Peleng usw. ist Banggaiisch.

erbringen wird, deren Bedeutung für die Klärung der intraspezifischen Struktur etlicher Formenkreise wie der zoogeographischen Zusammenhänge nicht unwichtig ist. Mit dem Hinweis auf die Unvollständigkeit der faunistischen Inventarliste ist es aber auch ausgesprochen, daß wir zur Zeit noch Betrachtungen darüber, wie sich die auf den Banggai-Inseln brütenden Vögel in Nahrung und Raum teilen, zurückstellen müssen. Zudem wäre es mir ohnehin versagt, etwas aus eigener Anschauung mitzuteilen, da mir die dortigen Gegebenheiten nicht bekannt sind.

Einige Vögel wurden auf Banggai, nicht aber auf Peleng gesammelt, wo mit ihrem Vorkommen zu rechnen ist. Dies betrifft *Nycticorax (nycticorax) caledonicus* (cf. auch WHITE 1973), *Haliaeëtus leucogaster, Columba vitiensis mendeni* (Flügel des einen Exemplars 220 mm! – mit 5 Paratypen von Taliabu verglichen), *Culicicapa helianthea helianthea* und *Artamus monachus monachus.* Auf der kleinen Insel Banggai kommen also zwei Artamiden vor. – Unklar ist die Verbreitung von *Corvus enca unicolor,* zu dessen zwei bekannten Bälgen nichts hinzugekommen ist. Diese stammen angeblich von Banggai und wurden 1900 durch das Tring Museum von dem Händler RENESSE VAN DUIVENBODE (auf Ternate) erworben (HARTERT 1910, p. 125).

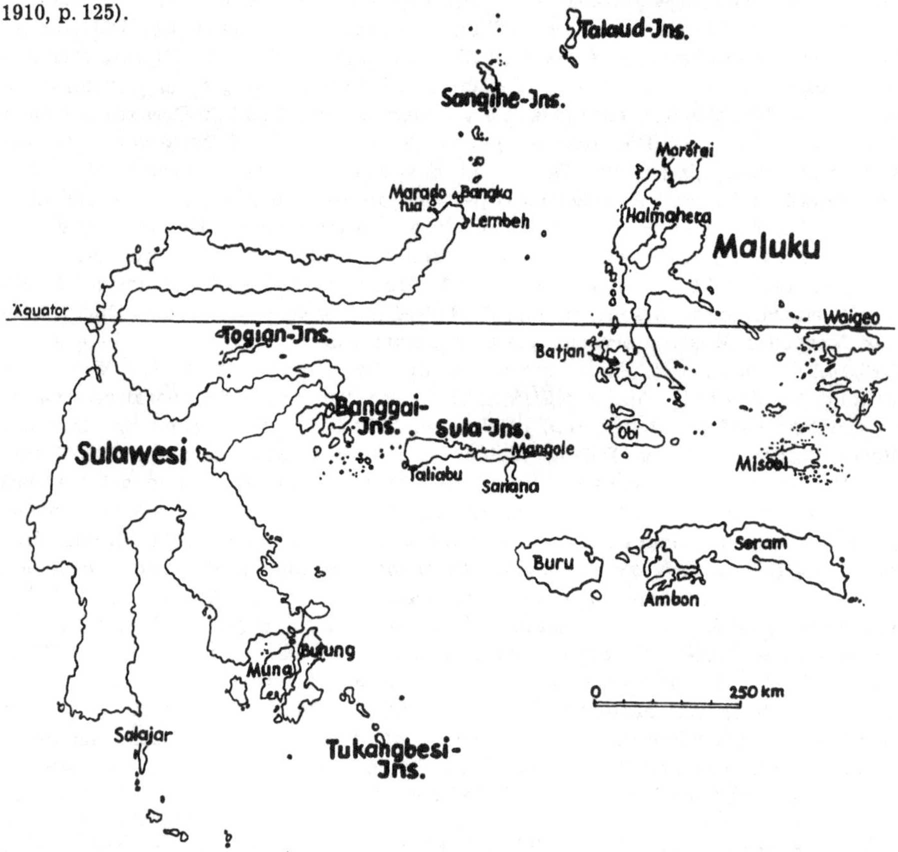

Abb. 1. Die geographische Lage der Banggai-Inseln. Es sind nur diejenigen Lokalitäten eingetragen, auf die im Text Bezug genommen wird. Für Manado tua steht versehentlich Marado tua. Orig. E. Meißner

Folgende Sammler, die auf Peleng und Banggai in den letzten neunzig Jahren tätig waren, sind mir bekannt geworden:

H. KÜHN sammelte 1884–85 Schmetterlinge in „Banggaja" (RIBBE 1889), doch findet sich bei MEYER und WIGLESWORTH (1898, p. 8) der Hinweis, daß nur die Insel Banggai besucht wurde.

C. W. CURSHAMS einheimische Jäger sammelten zwischen V und VIII 1895 an der Banggai gegenüberliegenden Küsten Pelengs, im VI 1895 bei Soasio auf Banggai Vögel. Auf Peleng wurden der Sammlung auch einige Säugetiere einverleibt (z. B. *Phalanger ursinus* ssp.).

H. C. RAVEN widmete sich im V 1918 auf Peleng dem Sammeln von Säugetieren (cf. SHAMEL).

W. KAUDERN betrieb seine ethnographischen Studien im II 1920 auf Peleng (Ortschaft Bulagi). Ein von ihm im Banggai-Archipel gesammelter Fisch trägt den Namen *Pterapogon kauderni* KOUMANS, 1933 (= *Enoplosus white* LACEP.).

Der Missionar J. D. VAN DEN BERGH sammelte auf Ost-Peleng von 1932 bis Anfang 1939 Schmetterlinge (cf. NIEUWENHUIS).

J. J. MENDEN sammelte zwischen dem 3. VII. und 5. IX. 1938 auf Peleng Vögel und Säugetiere. Er wurde als Deutscher 1940 interniert und ist 1942 auf einem Gefangenentransport nach Japan umgekommen.

II.

Peleng ist mit 2325 km² die größte Insel des vor der Osthalbinsel von Sulawesi gelegenen, durch die bis 920 m tiefe Peleng-Straße getrennten Banggai-Archipels. Die geographische Lage wird von LAURIE und HILL (1954, p. 153) mit 1° 25′ südl. Br. und 123° 10′ östl. L. angegeben. Die Insel zeigt stark eingeschnittene Küsten,

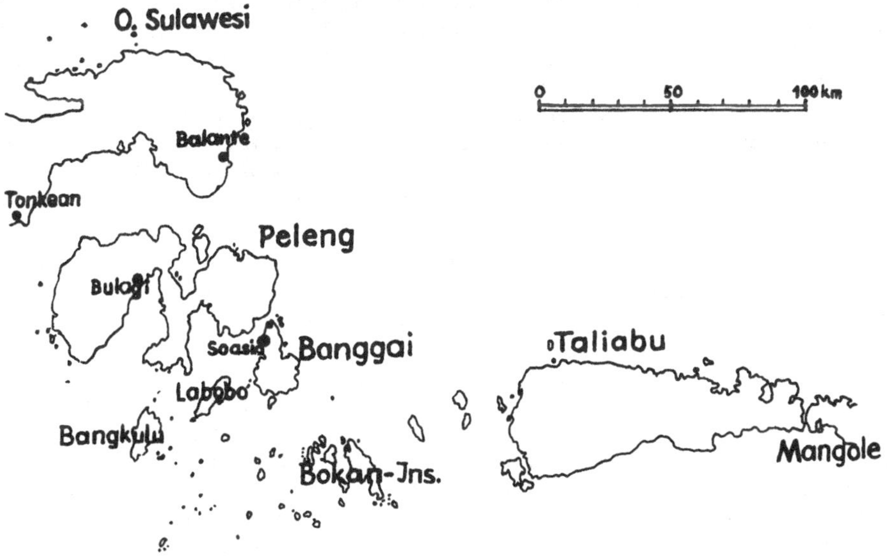

Abb. 2. Die Banggai-Inseln. Eingetragen sind die wichtigsten Fundorte zwischen Ost-Sulawesi und Taliabu. Orig. E. Meißner

so daß von einem West-, Zentral- und Ostteil gesprochen werden kann, wobei diese Küsten, wie überall im indo-australischen Gebiet, zu den im Aufbau befindlichen gehören (VALENTIN 1954, Karte 2). Die zweitgrößte Insel ist mit 265 km² Banggai, gefolgt von Bangkulu mit 125 km² und Labobo mit 80 km². Hinzu kommen zahlreiche kleine Inseln, deren namhafteste Bangkalan im Norden ist, und die Bokan-Inseln, die zu den Sula-Inseln überleiten. Der Banggai-Archipel hat eine Gesamtfläche von 3164 km² und liegt zwischen 1° 8′ und 2° 15′ südl. Br. sowie 122° 44′ und 124° 8′ östl. L. (VAN VUUREN 1920, p. 282). Der Missionar J. D. VAN DEN BERGH stellte auf Ost-Peleng rotes Gestein und Quarz, auch Braunkohle fest. Die rote lehmige Erde fand er vermengt mit verwitterten Korallenresten, doch trifft er nicht das Richtige, wenn er die Inseln überhaupt als „koraaleilanden" bezeichnet (zit. bei NIEUWENHUIS). Der Banggai-Archipel hat wie Sulawesi und die Maluku Korallenküsten (zoogene Küsten), im Gegensatz etwa zu Kalimantan mit seinen Mangroveküsten (phytogene Küsten). Die Entstehungszeit dieses Archipels dürfte etwa gleichzeitig mit der von Teilen des Ostarmes von Sulawesi im Miocän (Jung-Tertiär) anzusetzen sein (UMBGROVE 1932).

A. B. MEYER hat auf seinen Reisen Peleng nur vom Schiff aus gesehen (MEYER und WIGLESWORTH 1896, p. 6) und fand die Küste bewaldet und gebirgig, nach DE CLERQ mit Berghöhen bis etwa 460 m. VAN DEN BERGH gibt für Ost-Peleng etwa 500 m, für West-Peleng den höchsten Berg mit 900 m an. Auf der Karte 7 des 1938 erschienenen „Atlas van Tropisch Nederland" sieht man Peleng noch mit reicher Vegetation bedeckt. Im Jahre 1938 sammelte auch MENDEN auf dieser Insel! Wie es heute dort aussieht, entzieht sich meiner Kenntnis. Die immergrüne tropische Vegetation scheint im allgemeinen von niederem Wuchs zu sein, denn VAN DEN BERGH betont extra „damarboomen en waringins met hier en daar een enkele ijzerhoutboom".

Die mittlere Tagestemperatur dieser äquatornahen Insel beträgt rund 30 °C. Nachts kühlt es sich kaum ab. In der warmen Zeit (X bis XII) zeigt das Thermometer bis 33°, in der Regenzeit beträgt die niedrigste Mittagstemperatur 23°. Die Angaben über die Dauer der Regenzeit sind nicht einheitlich. So stellte VAN DEN BERGH für zwei Jahre fest, daß sie mit Unterbrechungen von I bis X währt. Den kurzen Rest des Jahres herrscht die Trockenzeit. Nach anderen Hinweisen regnet es von XII bis III/IV, danach gibt es eine Trockenzeit bis VI, von VI bis IX/X regnet es wieder, während es die restliche Zeit des Jahres trocken ist.

III.

Um bei der Aufzählung der einzelnen Bälge möglichst viel Platz zu sparen, wird bei den von CURSHAM eingesandten Bälgen, die durch die Inventar-Nr. „C 14..." kenntlich sind, auf die stets gleichen Sammeldaten verzichtet. Wie oben bereits festgehalten, wurden diese Bälge sämtlich zwischen V und VIII 1895 auf Peleng (an der Küste gegenüber Banggai) und im VI 1895 bei Soasio auf Banggai gesammelt. Werden Geschlecht und Alter genannt, so wurde dies aus dem Balgvergleich geschlossen, denn solche Angaben finden sich auf den Etiketten nicht, ebensowenig über die Färbung der Horn- und nackten Hautteile. All diese Vermerke tragen aber die Etiketten der hervorragend präparierten Bälge MENDENS, so daß sich diese Mitteilungen hier ausschließlich auf dessen Bälge beziehen: I = Iris, A = Augenrand, S = Schnabel, F = Füße. Diese zwischen VII und IX 1938 gesammelten Vögel sind an der Inventar-Nr. „C 44...", „C 45..." oder „C 46..." zu erkennen.

Die mitgeteilten Maße (in mm) sind von mir genommen, die Flügellänge nach der Maximum-Methode (Methode KLEINSCHMIDT), die Flügelspitze von der Spitze der Außenfahne der 1. Armschwinge bis zur Spitze der Handschwingen am zusammengelegten Flügel. Die Zählung der Hand- und Armschwingen beginnt jeweils am Carpalgelenk! — Die Schwanzlänge wurde mit dem Stechzirkel vom Austritt des zentralen Steuerfederpaares aus der Haut bis zum Schwanzende ermittelt.

IV.

Bei aller Sorgfalt, die man der Absicherung des Begriffs der Biologischen Art heute angedeihen läßt, ist nicht zu übersehen, daß es die Superspezies ist, deren man sich in zunehmendem Maße in der ornithologischen Verwandtschaftsforschung bedient. Unter den superspezifischen Begriffen, die seit der Jahrhundertwende neben der jeweiligen Spezies-Konzeption als unentbehrlich betrachtet wurden, hat vor dem „Artenkreis" (RENSCH 1928, p. 224 = „Superspezies", MAYR 1931, p. 2), dem „soortcomplex" (TOXOPEUS 1930, p. 42) und dem „Genus geographicum" (RENSCH 1931, p. 464) der „Formenkreis" sensu KLEINSCHMIDT (1900, p. 135) die Priorität. Es ist freilich nicht der zeitliche Vorsprung in der Begriffsbildung, der hier den Ausschlag gibt, die behandelten Peleng-Formen im Gefüge ihres (soweit erkennbaren) Formenkreises zu behandeln, sondern der wissenschaftliche Anspruch des Formenkreisbegriffs. Indem dieser „lediglich eine h e u t i g e, s i c h e r e T a t s a c h e feststellt und keine stammesgeschichtliche oder erdgeschichtliche T h e o r i e mitenthält oder an eine solche gebunden ist" (KLEINSCHMIDT 1912, p. 3, Fußn. 2), nimmt es nicht wunder, daß dem „Formenkreis" die wissenschaftliche Legitimität in der Anerkennung und Anwendung durch seinerzeit führende Zoologen zuteil wurde. KLEINSCHMIDT versuchte auch, von seinen Formenkreisstudien ausgehend, einer Antwort auf die Frage nach der Entstehung der Formenkreise näherzukommen. Daß seine Aussagen darüber (wie die anderer auch) hypothetisch waren, ist naheliegend. Und er hat sie später selbst hier und da eingeschränkt. Dazu bemerkt PEUS (1970) treffend: „KLEINSCHMIDT hat ebensowenig wie die heutigen Zoologen gewußt, wie die Arten entstanden sind, und er hat das, gewissenhaft wie er war, auch nicht behauptet." Bei dem wissenschaftlichen Gewicht der Formenkreis-Konzeption und aus Achtung vor dem Ethos KLEINSCHMIDTscher Forschungsarbeit ist es geboten, KLEINSCHMIDT nicht d i e Gedankengänge zum Vorwurf zu machen, die im zeitlichen Wandel wissenschaftlicher Einsichten keinen Bestand hatten. Dem teilweisen Irrtum ist noch niemand entgangen. Was RENSCH (1929) beispielsweise über die Entstehung der Rassen schrieb — es stieß späterhin auf Ablehnung — wurde von STRESEMANN (1929) in seiner Rezension von RENSCHS Buch in den Ornithologischen Monatsberichten, 37, pp. 155—156, noch unterstrichen, nämlich „daß die Abstammungslehre mit der Annahme der Vererbung erworbener Eigenschaften arbeiten muß". RENSCH selbst spricht jetzt (1972, p. 73) von seiner „Jugendschrift", in der er „auf die Möglichkeit lamarckistischer Deutungen geschlossen" habe. Das lag aber damals „in der Luft" (vgl. KOESTLER 1971) und niemand wird RENSCH einen Vorwurf daraus machen.

Auf welch solider Grundlage KLEINSCHMIDTS Resultate über die Formenkreisgrenzen beruhen, belegen die heutigen Superspezies-Studien auf eklatante Weise. Das klingt etwa bei WOLTERS (1973, p. 35) an, wenn dieser sagt: „In ihrem Umfang entsprechen die Superspezies oft den KLEINSCHMIDTschen Formenkreisen oder Realgattungen (obwohl deren Begriffsinhalt ein ganz anderer ist) ..." Die Kri-

tik müßte es sich zur Aufgabe machen, zu klären, warum Formenkreis und Superspezies in ihrer äußeren Umgrenzung wie internen Gliederung so weitgehend übereinstimmen!
Die scharf geschiedenen Komponenten des Formenkreises sind die Rassensektoren (KLEINSCHMIDT 1940) und die der Superspezies die Allospezies (AMADON 1966). Es erübrigt sich, hier die verschiedenen nomenklatorischen Verfahren zu erörtern, mittels derer man den jeweiligen Sachverhalt ausdrücken kann. Wichtiger ist der Hinweis auf die Unterschiede beider Konzeptionen. Während der Formenkreis im Extrem einförmig sein kann und im übrigen schwach oder auch stark differenzierte Formen umfaßt, also als taxonomische Grundeinheit vereinigt, was zusammengehört, wird mit der Superspezies noch zusammengefaßt, was bereits in (Allo-) Spezies auseinandergebrochen ist. Wenn MAYR (1967, p. 396) schreibt: „Die Arten einer Superspezies bilden eine taxonomische oder phylogenetische Einheit und sind die Abkömmlinge einer einzigen Ahnenpopulation", dann gilt dies für die Sektoren eines Formenkreises gleichfalls. Nur bestehen Bedenken, ob das Merkmalsgefüge des Rassensektors (oder der Allospezies) durch die Fortsetzung des bei der Subspeziesdifferenzierung eingeschlagenen Wegs tatsächlich erreicht werden kann. Meines Wissens sind Überlegungen in dieser Richtung erstmalig von PEUS (1950, p. 317) angestellt worden. „Evolutiver Trend zum Divergieren" und „Zerfallsdifferenzierung" sind also wohl verschiedene Betrachtungsweisen evolutiver Vorgänge.

V.

Megapodius freycinet perrufus NEUMANN, 1939

Megapodius nicobariensis perrufus. Bull. Brit. Orn. Cl., 59, p. 104. Terra typica: Peleng.
Peleng: 3 Bälge.
C 45 338 (Typus), ♂, 8. VIII.; C 45 339 (Paratypus), ♀, 7. VIII.; C 45 340 (Paratypus), ♀, 15. VIII.; Ebene. — I. braun, A. braun (bei C 45 338 grauschwarz), S. braun, F. rot.

Die Großfußhühner von Peleng sind mehr rötlichbraun, die der Sula-Inseln (*bernsteinii* SCHLEG.) mehr olivbraun getönt. Beide sind ober- und unterseits braun. Von Banggai liegt kein Belegstück vor, doch war VALENTYN 1726 (zit. bei STRESEMANN 1914, p. 43) dieser Vogel von dort bekannt (sofern wirklich die Insel gemeint ist).

Diese im wesentlichen braunen Hühner haben im Westen ihres großen Verbreitungsgebietes vielfach einen leicht grauen Hinterhals und stets, wie auch im Osten, einen grauen Bauch und graue Brust. Diese Färbung wird bei den östlichen Populationen zur ausgeprägten Ultraventralfärbung, indem das Grau der Unterseite nicht nur auf den Hinterhals, sondern auch auf den Oberrücken übergreift. Sie erreicht ihr Extrem bei der ssp. *freycinet* von den Nord-Maluku, bei welcher Ober- und Unterseite düster schwärzlichgrau sind. Auffallend verdunkelte Formen der Nord-Maluku sind auch *Eurystomus orientalis azureus* und *Alisterus amboinensis hypophonius. M. f. freycinet* ist der Gegensatz zu *M. f. bernsteinii* von den Sula-Inseln, dessen Färbung (ober- und unterseits braun) in Ultradorsalfärbung umgeschlagen ist. Die hinsichtlich der Färbung reiche Bildung von Populationsgruppen läßt letztlich also nur zwei Tendenzen erkennen, deren eine (Ultradorsalfärbung) für die westlichen und deren andere (Ultraventralfärbung) für die östlichen Populationen charakteristisch ist. Im Osten fällt *M. f. tenimberensis* SCL. von den Tanimbar-Inseln durch stark aufgehellten Bauch heraus, hat aber dennoch einen (manchmal schwer erkennbaren) grauen Oberrücken.

Rallus torquatus simillimus NEUMANN, 1939

Rallus torquatus simillimus. Bull. Brit. Orn. Cl., 59, p. 105. Terra typica: Peleng.

Peleng: 5 Bälge.
C 45 463 (Typus ?, s. Anm.), ♂, 13. VIII.; C 45 464 (Paratypus), ♂, 6. VIII.; C 45 465 (Paratypus), ♂, 21. VIII.; C 45 466 (Paratypus), ♀, 9. VIII.; C 45 467 (Paratypus), ♀, 15. VIII.; Ebene. — I. weinrot (bei C 45 464 braun), S. schwarz (bei C 45 463—64 braun), F. braun (bei C 45 464 und C 45 466 grauschwarz).

Anmerkung: In der Originalbeschreibung vermerkte NEUMANN als Typus ein ♂ vom 17. VIII., das sich jedoch nicht mehr fand. Hingegen schrieb NEUMANN selbst auf das hier unter C 45 463 geführte Stück „Type of...". Leider erwies es sich aber auch, daß NEUMANN in dieser Hinsicht nicht besonders sorgfältig verfuhr. Nun heißt es, daß in Zweifelsfällen nicht die Originalbeschreibung, sondern der Typus selbst den Ausschlag zu geben habe. Sollte sich besagtes ♂ vom 17. VIII. 1938 nirgends mehr finden lassen, so müßte das hier genannte Exemplar des Dresdener Museums als Typus anzusehen sein.

Es ist anzunehmen, daß die Banggai- und Sula-Populationen von Sulawesi her eingewandert sind. Die Sula-Subspezies *sulcirostris* WALL., von der in der Dresdener Sammlung ein von DOHERTY auf Mangole gesammeltes ♀ liegt, ist oberseits etwas weniger rötlich als *simillimus* und soll nach NEUMANN kleiner sein. Die beiden Subspezies von Sulawesi weichen in der Färbung der Oberseite (olivbraun) deutlich ab, scheinen aber in Südost-Sulawesi (ssp. *remigialis*) von gleicher Größe wie *simillimus* und in Nord-Sulawesi (ssp. *celebensis*) kleiner zu sein, annähernd wie *sulcirostris* (cf. STRESEMANN 1941, p. 29).

Gymnocrex rosenbergii (SCHLEGEL, 1866)

Rallina rosenbergii. Nederl. Tijdschr. Dierk., 3, p. 212. Terra typica: Kema, Sulawesi.

Peleng: 3 Bälge.
C 45 460, ♂, 6. VIII., 200 m; C 45 461, ♂ juv., 6. VIII., 200 m. — I. hellbraun, A. rot, S. und F. grün. C 45 462, ♀ ad. (s. Anm.), 22. VIII., Ebene. I. braun, A. rosa, S. grün, F. gelbgrün.

Anmerkung: NEUMANN bezeichnete dieses Ex. als „juv.", offensichtlich infolge der sämtlich wachsenden Schwingen. Eine synchrone Schwingenmauser ist jedoch vielen Rallen eigen (cf. STRESEMANN u. STRESEMANN 1966, p. 141). Ich halte den Vogel für adult.

G. rosenbergii ist bis heute nur von Sulawesi und dort nach HEINRICH (STRESEMANN 1941, pp. 34—35) als überaus selten bekannt. Der Vergleich dieser drei Bälge mit einem Jungvogel des Dresdener Museums (C 16 261) und einem Altvogel des Berliner Museums (31 896) von Sulawesi ergibt, daß die Vögel von Peleng etwas heller, oberseits weniger intensiv mahagonibraun, unterseits eher schiefergrau als schwarzgrau sind. Ob sich darin ein Subspeziesunterschied zeigt, kann hier noch nicht entschieden werden, zumal BLASIUS (1897, p. 387) unter drei Exemplaren von Sulawesi (1 ♂, 2 ♀) das ♂ insgesamt heller, unterseits grauer fand. Ein Unterschied zwischen den Populationen könnte aber in der Färbung der Iris und des häutigen Augenrandes bestehen. Angaben für Sulawesi: I. rotbraun, rot, A. graublau; für Peleng: I. hellbraun, braun, A. rot, rosa. Die Fußfärbung wurde auf Peleng im VIII. als grün, auf Sulawesi im I. ebenso bezeichnet, während bei BLASIUS im XII. „graubraun" vermerkt wurde. Ob als Ursache jahreszeitliche oder individuelle Reifeunterschiede in Betracht kommen, muß vorerst offenbleiben.

NEUMANN beabsichtigte, die Vögel von Peleng subspezifisch abzutrennen und hatte dafür auch einen Namen vorgesehen, der aber m. W. nicht veröffentlicht wurde. Das Verwandtschaftsverhältnis zwischen *G. rosenbergii* und *G. plumbeiventris* (Maluku bis New Ireland, Neuguinea und Aru-Inseln) bedarf noch eingehender Klärung.

Turnix maculosa kinneari NEUMANN, 1939

Turnix sylvatica kinneari. Bull. Brit. Orn. Cl., 59, p. 91. Terra typica: Peleng.
Peleng: 4 Bälge.
Paratypen. C 45 468, ♀, 23. VII. – S. und F. gelb; C 45 469, ♀, 8. VIII. – S. und F. gelbgrün; C 45 470, ♂, 28. VII. – S. und F. gelbgrün; C 45 471, ♂, 27. VII. – S. graubraun, F. graugrün; Ebene. – I. grau, S. und F. s. bei den einzelnen Exemplaren.

STRESEMANN (1930, p. 644; 1941, p. 61), PETERS (1934, p. 144) und NEUMANN trennen die *maculosa*-Formen nicht spezifisch von *T. sylvatica.* Anderer Ansicht sind RENSCH (1931, p. 476), MAYR (1938, p. 1; 1944, p. 145; 1949, pp. 2–3), VAN BEMMEL (1948, p. 389) und vor allem SUTTER (1955), dem sich MEISE (1962, p. 112), VOOUS (1962, p. 83) u. a. anschließen. Das schroffe Gegenüber von *sylvatica-* und *maculosa-*Formen im Gebiet der Kleinen Sunda-Inseln beweist an sich noch keine Formenkreisverschiedenheit. Auch Querzeichnung bei dunklerer und Längszeichnung bei hellerer Färbung sind eine verbreitete intraspezifische Erscheinung, desgleichen die Verschmälerung von Schwanzfedern, die eine Verlängerung erfahren haben. Selbst das Nebeneinandervorkommen auf Mindanao (*T. sylvatica masaaki* HACH. in nur einem Stück bekannt und *T. maculosa celestinoi* MC GREGOR) gibt noch nicht den letzten Ausschlag, doch muß man trotz allem den Ausführungen SUTTERS zustimmen, wenn er die engeren Beziehungen zwischen *T. maculosa* und *T. tanki* hervorhebt!

Die Einwanderung auf Peleng erfolgte von Osten.

Charadrius leschenaultii LESSON, 1826

Charadrius Leschaultii. Dict. Sci. Nat., ed. Levrault, 42, p. 36. Terra typica: Pondichéry, Indien.

Das einzige Belegstück für Peleng, C 14 552, wurde 1921 an UMLAUFF verkauft. MEYER und WIGLESWORTH (1896, p. 20) schrieben darüber: „Ein Ex. in nicht fertigem Hochzeitskleide, jedenfalls auf dem Zuge zurückgeblieben, um den Sommer in den Winterquartieren der Art zuzubringen." Auf Sulawesi und den Maluku oft registrierter Gast.

Tringa hypoleucos hypoleucos LINNAEUS, 1758

Tringa Hypoleucos. Syst. Nat., ed. X, p. 149. Terra typica: Schweden.
Peleng: 2 Bälge.
C 45 447, ♂, 16. VIII.; C 45 448, ♀, 6. VIII.; Ebene. – I. und S. braun, F. des ♂ graublau, des ♀ graugrün.

Der Flußuferläufer ist in diesen Breiten ein häufiger Wintergast. Es sei in diesem Zusammenhang an die interessanten Beobachtungen von SPENNEMANN (1929, pp. 210–212) auf Djawa erinnert. Allerdings scheinen Beobachtungen während des Nordsommers nicht so häufig zu sein. Die einzigen bekannten tropischen Brutplätze befinden sich in Ostafrika. Der Zug führt diesen Vogel bis über den südlichen Wendekreis hinaus. Gleiches ist von der nordamerikanischen Rasse *T. h. macularia* L. bekannt, die gelegentlich bis Argentinien zieht.

Stiltia isabella (VIEILLOT, 1816)

Glareola isabella. Analyse, 1816, p. 69. Terra typica: „Australasie".
Peleng: 1 Balg.
C 14 600, (juv.).

Im Raum der Großen Sundainseln ist diese australische Brachschwalbe nur Wintergast (STRESEMANN 1941, p. 100). Eine Verbreitungskarte für diesen Vogel findet sich in „Emu", 73 (1973), p. 63.

Sterna sumatrana sumatrana RAFFLES, 1822

Sterna Sumatrana. Trans. Linn. Soc. London, 13, pt. 2, p. 329. Terra typica: Sumatra (Sumatera).
Peleng: 2 Bälge.
C 45 458–59, ♂ und ♀, 22. VIII.; Ebene. – I. braun, S. und F. schwarz.

S. sumatrana ist eine marine Seeschwalbe, deren Brüten auf den Banggai-Inseln ebensowenig erwiesen ist wie an den Küsten Sulawesis.

Nycticorax (nycticorax) caledonicus ssp.

Banggai: 1 Balg.
C 14 748.

AMADON (1942), der von Sulawesi nur 1 Ex. sah, hält aufgrund der wechselnden Ansichten von MEYER und WIGLESWORTH die Populationen der Sulawesi-Region für Mischlinge zwischen *manillensis* und *hilli* (cf. auch WHITE 1973). Der Typus von *Nycticorax minahassae* (C 16 258) ist in der Dresdener Sammlung nicht mehr vorhanden. Er hatte einen schiefergrauen (!) Rücken, war also entweder abnorm gefärbt oder vielleicht ein Hybrid zwischen *N. caledonicus* und *N. nycticorax*. Den mir vorliegenden 3 Altvögeln von Sulawesi sowie dem Ex. von Banggai fehlt oberseits die weinrötliche Nuance, welche die Vögel aus Queensland, Neuguinea usw. zeigen. Sie sind vielmehr gelbbraun, doch vermag VAN BEMMEL (1948, p. 398) 2 sulawesische Bälge des Leidener Museums nicht von „true *hilli*" zu unterscheiden. Ich möchte annehmen, daß auf Sulawesi und Banggai eine separate Subspezies wohnt. Ein Ex. von der Insel Manado tua (C 12 109) ist allerdings so dunkel, daß es an *manillensis* erinnert.

Butorides striatus banggaiensis ssp. n.

Holotypus: Staatliches Museum für Tierkunde Dresden, Nr. C 46814, ♂, 16. VIII. 1938, Ebene. – I., A. und F. gelb, S. schwarz.
Peleng: 5 Bälge.
C 46810–11, ♀♀ juv., 4. VIII., A. und F. gelbgrün; 12. VIII., F. graugrün; C 46812–13, ♀♀, 2. VIII., A. und F. gelbgrün; 6. VIII., A. grün, F. gelb; C 46 814 (Typus); Ebene. – I. gelb, S. schwarz (bei C 46 811 schwarzgrün).

Die Population von Peleng ist intermediär zwischen den Populationen Sulawesis (*javanicus*) und der Maluku (*moluccanum, papuensis*). Von den Sula-Inseln ist dieser Reiher nicht bekannt.

Die alten Vögel von Peleng sind im Nacken fast so grau wie die sulawesischen, haben hellere Halsseiten und heben sich namentlich unterseits (besonders auf dem Kropf) durch ein warmes Braun bis Gelbbraun ab, das bei den Reihern der Maluku bedeutend intensiver und bis in den Nacken ausgedehnt ist. Sulawesische Vögel sind gegenüber denen von Peleng ausgesprochen „kalt" gefärbt. Dies gilt gleichfalls für das Jugendkleid, in dem sich beide Formen ebenfalls deutlich unterscheiden.

Nach mehreren Autoren liegt die obere Grenze der Flügellänge in Sulawesi bei 178 mm (die von mir ermittelten Maße dortiger Vögel ordnen sich glatt ein), während auf Morotai (VAN BEMMEL 1948, p. 397), also bei *papuensis*, bis 190 mm gefunden wurden. Die 3 Altvögel von Peleng haben Flügellängen von 177 mm (♂, Typus), 176 mm und 190 mm (♀♀). Das große ♀ entspricht in seinem Färbungscharakter vollkommen den anderen und gehört keineswegs zu *connectens* (Serie im Berliner Museum gesehen) oder *amurensis*. Es zeigt auch mit 59 mm Schnabellänge (ab Stirnbefiederung) kein ungewöhnliches Maß. Gegen einen Vertreter der nördlichen Rassen spräche nicht zuletzt die Jahreszeit. Die beiden anderen Altvögel haben Schnabellängen von ca. 58 mm (♀) und 55 mm (♂). Die Maße der jungen Vögel sind: Flügel 165, 172 mm; Schnabel 55, 63 mm. Trotz der Schwierigkeiten, die mit der Beurteilung der Populationen des *B. striatus* zwischen Asien und Australien verbunden sind (cf. vor allem HOOGERWERF 1965), erscheint es mir gerechtfertigt, den Mangrovereiher von Peleng subspezifisch zu sondern.

In den Formenkreis *B. striatus* muß auch *B. virescens* mit einbezogen werden, wie das früher bei HARTERT schon geschehen ist, aber nicht, wie bei MAYR und SHORT (1970, p. 7 und p. 30) unter *B. [virescens]*, da bei LINNAEUS *Ardea striata* als 14., *A. virescens* als 15. Spezies rangieren. — Dieser Formenkreis ist mit Ausnahme Europas über alle Erdteile verbreitet.

Aviceda madagascariensis celebensis (SCHLEGEL, 1873)

Baza celebensis. Mus. P. B., Rev. Ois. Proie, 1873, p. 135. Terra typica: Celebes (Sulawesi) und Sula-Inseln.

Peleng: 5 Bälge.
C 45 124, ♀, 5. VIII., Ebene. — I. hellbraun, S. grauschwarz; C 45 660, ♀, 17. VII., 200 m — I. gelb, S. schwarz; C 45 661, ♀ ?, 2. VIII., Ebene — I. gelbbraun, S. schwarz; C 45 125, ♂, 17. VII., 200 m — I. gelb. S. schwarz; C 45 662, ♂, 3. IX., 300 m — I. gelbbraun, S. schieferblau. — I. und S. s. o., F. elfenbeinweiß.

Banggai: 1 Balg.
C 14 625.

Mit MEISE (1962, p. 225) werden hier die *jerdoni*-Formen dem Formenkreis *A. madagascariensis* zugeordnet. Die auch auf den Sula-Inseln lebende Subspezies *celebensis* dürfte von Sulawesi aus auf die Banggai-Inseln gelangt sein. Von den Maluku an ostwärts werden die *jerdoni*-Formen durch die *subcristata*-Formen ersetzt.

Pernis apivorus celebensis WALLACE, 1868

Pernis cristatus var. *celebensis*. Ibis, 1868, p. 17. Terra typica: Celebes (Sulawesi).

Peleng: 1 Balg.
C 14 500.

MAYR (1939) hat zuerst durch diesen Formenkreis einen Schnitt geführt, doch sind in der Folgezeit (STRESEMANN 1940, VON JORDANS und J. STEINBACHER 1942, MEINERTZHAGEN 1954, VAURIE und AMADON 1962, MEISE 1962) sehr unterschiedliche Standpunkte vertreten worden.

Haliastur indus ambiguus (BRÜGGEMANN, 1876)

Haliaetus indus ambiguus. Abh. naturw. Ver. Bremen, 5, p. 45. Terra typica: Nord-Celebes (Nord-Sulawesi); Syn. *Haliastur indus permistus* NEUMANN, 1939. Bull. Brit. Orn. Cl., 59, p. 105. Terra typica: Peleng.

Peleng: 3 Bälge.

C 14 501; C 45 658–59 (Paratypen von *permistus*), ♀♀, 11. und 10. VII., Ebene. – I. braun, A. gelb, S. elfenbeingelb, F. gelb.

NEUMANN beschrieb anhand von 2 ♂ und 6 ♀ von Peleng *H. i. permistus*, der in der Größe dem westlichen *ambiguus*, in Färbung und Zeichnung dem östlichen *girrenera* (Fehlen dunkler Schaftstreifen auf der Brust) gleiche. Eines dieser acht Peleng-Exemplare, ein ♂, zeigte andeutungsweise Schaftstreifen, die übrigens sowohl auf Sulawesi als auf den angrenzenden Inseln (Talaud-Inseln, Bangka, Muna, Butung, Tukangbesi-Inseln) fehlen können.

Der von CURSHAM eingesandte Peleng-Balg (C 14 501) hat eine zeichnungslos weiße Brust. Dennoch sei hier, STRESEMANN (1940, p. 479) folgend, *permistus* zu *ambiguus* gestellt. Die dunklen Schaftstreifen des Brustgefieders nehmen nach Osten zu ab und fehlen bereits auf den Maluku gänzlich. Sehr wahrscheinlich erfolgte die Besiedlung Pelengs von Sulawesi aus.

Accipiter rhodogaster sulaensis (SCHLEGEL, 1866)

Nisus sulaensis. Vog. Ned. Ind., Valkv., p. 26, 64. Terra typica: Sula Besi (Sanana).

Peleng: 1 Balg.
C 14 502, (♀).
Banggai: 2 Bälge.
C 14 626, (♂ juv.), mausernd; C 14 627, (♂).

Zum Vergleich dienten mir drei Bälge (1 ♂, 2 ♀) von Nord-Sulawesi (ssp. *rhodogaster*). Von den Sula-Inseln sah ich kein Stück. Deshalb habe ich auch den Ausführungen von MEYER und WIGLESWORTH (1896, p. 7), wonach den Banggai-Archipel möglicherweise eine zwischen *rhodogaster* und *sulaensis* vermittelnde Form bewohnt, nur die Maße hinzuzufügen. Die Autoren vermerkten für das ♀ von Peleng 187 mm Flügellänge. Indes sind am linken Flügel nur 183 mm zu ermitteln, während sich der rechte Flügel nicht exakt vermessen läßt.

		Flügel	Flügelspitze	Schwanz
C 14502		183	52	133
C 14626		mausernd		(113)
C 14627		160	45	116
Nord-Sulawesi:	6722 (♀)	209	61	148
	6723 (♀)	206	62	147
	C 10789 (♂)	mausernd		118

WATTEL (1973) diskutiert die Banggai-Populationen nicht, deren Beziehungen fraglos nach den Sula-Inseln enger sind als nach Sulawesi.

Die Verwandtschaftsverhältnisse zu anderen *Accipiter*-Spezies, die hier nicht behandelt werden können, sind bei WATTEL (l. c.) dargestellt.

Haliaeëtus leucogaster leucogaster (GMELIN, 1788)

Falco leucogaster. Syst. Nat., 1, pt. 1 ,p. 257. Terra typica: New South Wales (nach MATHEWS).

Banggai: 1 Balg.
C 14 618.

Diese Rasse ist im Gegensatz zu der auch im Alter dunklen Salomonenrasse *sanfordi* MAYR weitverbreitet und wird sowohl an den Meeresküsten als auch an Binnengewässern angetroffen.

Icthyophaga nana nana (BLYTH, 1842)

Ichthyaetus nanus. J. As. Soc. Beng., 11, p. 202. Terra typica: Malaiische Halbinsel.
Peleng: 1 Balg.
C 14 497. Flügellänge 405, Schwanzlänge 211 mm.

Dieser Fischadler ist auf Peleng von Westen her eingewandert.

Spilornis rufipectus sulaensis (SCHLEGEL, 1866)

Circaetus sulaensis. Vog. Ned. Ind., Valkv., p. 38. Terra typica: Sula Besi (Sanana).
Peleng: 12 Bälge.
C 14498, ad., Iris –, Fl. 310, Schw. 213; C 14499, ad., Iris –, Fl. 320, Schw. 225; C 45126, ♂ juv., 2. IX., Iris –, Fl. 325, Schw. 231; C 45 127, ♂ juv., 22. VII., Iris braun, Fl. 313, Schw. 226; C 45 663, ♀ juv., 18. VII., Iris gelb!, Fl. 321, Schw. 230; C 45 664, ♂ juv., 22. VII., Iris braun, Fl. 296, Schw. 208; C 45665, ♀ ad., 10. VII., Iris gelb, Fl. 323, Schw. 225+; C 45 666, ♀ ad., 11. VII., Iris gelb, Fl. 314, Schw. 229+; C 45 667, ♂ ad., 9. VII., Iris gelb, Fl. 295, Schw. 200+, Mauser; C 45668, ♂ ad., 11. VII., Iris gelb, Fl. 302, Schw. 213+; C 45 669, ♂ ad., 12. VII., Iris gelb, Fl. 304, Schw. 216+; C 45 670, ♂ ad., 14. VII., Iris gelb, Fl. 306+, Schw. 218+. F. gelb.
Banggai: 5 Bälge.
C 14 620, ad., Fl. 309, Schw. 216; C 14 621, ad., Fl. 319, Schw. 216; C 14 622, ad., Fl. (316), Schw. –; C 14 623, juv., Fl. 320, Schw. –; C 14 624, juv., Fl. 314, Schw. 229.
Taliabu: 2 Bälge.
C 45 674, ♀ ad., 24. IX., Iris gelb, Fl. 287, Schw. 198+; C 45 675, ♀ juv., 17. X., Iris braun, Fl. 294, Schw. (200), F. gelb.

Trotzdem STRESEMANN (1959) die Bearbeitung der Gattung *Spilornis* durch MEISE (1939) für verfehlt hält, kommt doch auch er zu keinem definitiven Schluß (cf. AMADON 1964, p. 4). Ob es nun der Wirklichkeit entspricht, *S. rufipectus* von anderen *Spilornis*-Formen als Formenkreis zu sondern, sei dahingestellt.

Von *S. r. sulaensis* lagen mir insgesamt 19 Bälge vor. Für die ssp. *rufipectus* (Sulawesi, Salajar, Muna, Butung) teilen übereinstimmend STRESEMANN (1940, p. 474) sowie VAN BEMMEL und VOOUS (1951, p. 78) mit, daß die Irisfärbung junger und alter Vögel gelb sei. Dies ist auch bei den mir vorliegenden Altvögeln von Peleng und Taliabu *(sulaensis)* der Fall, nicht hingegen bei drei Jungvögeln von Peleng (♂) und Taliabu (♀), deren Iris MENDEN als „braun" bezeichnete. Nur bei einem jungen ♀ von Peleng (C 45 663) fand sich der Vermerk „gelb". Wie STRESEMANN (1959, p. 210) bereits ausführte, sind die Jungvögel von *S. rufipectus* unterseits immer hell („weißlich"). Die Extreme der Jugendfärbung fand ich bei einem ♀ von Taliabu (C 45 675), das in das Alterskleid mauserte, mit weißem Bauch und bei einem Vogel von Banggai (C 14 623) mit unterseits, besonders am Kropf, kräftiger brauner Zeichnung.

Sehr wahrscheinlich gehören die Vögel des Banggai-Archipels mit denen von Sanana und Taliabu zur gleichen Subspezies. Der einzige Altvogel von Taliabu, den ich untersuchen konnte, zeigt auf der Unterseite der Handschwingen sehr schmale Bänder, die bei den Peleng-Vögeln deutlich breiter sind, ohne die Ausmaße zu erreichen, die sich bei Sulawesi-Vögeln finden. MEYER und WIGLESWORTH (1896, p. 7) scheinen ein gleiches festgestellt zu haben. Die Beziehungen der Banggai-Populationen sind zu denen der Sula-Inseln am engsten.

Pandion haliaetus melvillensis MATHEWS, 1912

Pandion haliaetus melvillensis. Austr. Av. Rec., 1, p. 34. Terra typica: Melville-Insel, Northern Territory/Australien.
Peleng: 1 Balg.
C 45 646, 27. VII. – I. braun, S. schieferblau, F. elfenbeinweiß.

Ein Balg von Banggai (C 14 619) wurde 1921 an UMLAUFF verkauft. MEYER und WIGLESWORTH (1896, p. 8) gaben seine Flügellänge mit 430 mm an. Der vorliegende, von MENDEN gesammelte Vogel, den O. NEUMANN aufgrund der Flügellänge von 416 mm (O. N. gemessen) für ein ♂ hielt, dürfte wegen seiner Augenfarbe als Jungvogel anzusehen sein. Die braune Zeichnung des Kropfschilds ist spärlich und längsbetont. Zwei Exemplare von Lembeh und Mantehage (vor Nord-Sulawesi) sind ebenfalls klein. VAN BEMMEL und VOOUS (1951, p. 82) stellen die Vögel des Sulawesi-Raumes zu oben genannter Subspezies.

Falco tinnunculus occidentalis (MEYER und WIGLESWORTH, 1896)

Tinnunculus moluccensis occidentalis. Abh. Ber. Mus. Dresden, 6, Nr. 2, p. 8. Terra typica: Tanggari, Minahassa/Nord-Sulawesi.

Peleng: 6 Bälge.

	Flügel	Schwanz	Index
C 14 503	231	151+	65,4
C 44 774, ♂, 2. VIII.	225	148+	65,8
C 44 775, ♂, 16. VIII.	224	142·	63,3
C 44 776, ♂, 5. IX.	230	149	64,8
C 45 655, ♂, 5. IX.	225	147	65,3
o. Nr., ♂, 15. VII.	220	138+	62,7

I. braun, A. gelb, S. schieferblau, F. gelb.

Die von den palaearktischen Turmfalken durch eine große Verbreitungslücke getrennten indoaustralischen Inselformen („*Falco moluccensis*") unterzog MAYR (1941, pp. 45—47) einem gründlichen Vergleich. Er schreibt: „Vögel von den Celebes vorgelagerten Inseln sind nicht typische *occidentalis*", wobei die Peleng-Population nicht erwähnt wird. Nur anhand größeren Vergleichsmaterials als es mir vorgelegen hat, ließe sich entscheiden, ob die Peleng-Vögel mit den Sulawesi-Vögeln übereinstimmen oder, wie es mir scheint, etwas heller sind. In den Maßen wie Maßverhältnissen besteht wohl keine Differenz. Der Unterschied zwischen *occidentalis* und *javensis* ist gut zu sehen. Über diese Falken vgl. auch die Mitteilungen von SIEBERS (1930, pp. 234—241).

Cacomantis variolosus virescens (BRÜGGEMANN, 1876)

Cuculus virescens. Abh. Naturf. Ver. Bremen, 5, p. 59. Terra typica: Celebes (Sulawesi).

Peleng: 3 Bälge.

C 45 648, ♀ juv., 28. VII. — S. braun, F. gelbgrün; C 45 649, ♂ ad., 24. VII. — S. grauschwarz, F. graugrün; C 45 650, ♂ ad., 5. IX. — S. schwarz, F. gelb. — I. braun, S. und F. s. o.

Diese Subspezies bewohnt Nord- und Ost-Sulawesi, Peleng und Banggai. Auf Taliabu lebt *C. v. aeruginosus* SALVAD. Ein Jung- und ein Altvogel letzterer Subspezies in der Dresdener Sammlung sind deutlich dunkler als die Peleng-Vögel, an deren westlicher Provenienz kein Zweifel besteht. Von Taliabu liegt noch ein großes und helles Exemplar dieser Art (mit gelber Iris!) vor, das zur ssp. *variolosus* (VIG. u. HORSF.) gehört, also ein Gast aus dem australischen Raum ist (cf. HARTERT 1925, STRESEMANN 1940, VAN BEMMEL und VOOUS 1951).

Chalcites malayanus jungei STRESEMANN, 1938

Chalcites malayanus jungei. Orn. Monatsber., 46, p. 148. Terra typica: Oeroe am Westfuß des Latimodjong-Gebirges, Sulawesi.
Peleng: 1 Balg.
C 45 647, ♀, 29. VII., Ebene. – I. rotbraun, A. rot, S. und F. schwarz.

Wenn die Peleng-Vögel wirklich zu *jungei* gehören, was nach 1 Ex. schwer zu beurteilen ist, dann hat diese (offensichtlich) im Norden und Osten von Sulawesi fehlende Subspezies eine zerrissene Verbreitung. Gewiß ist aber die Peleng-Population westlicher Herkunft.

Eudynamis melanorhyncha melanorhyncha S. MÜLLER, 1843

Eudynamis melanorhyncha. Verh. Natuurl. Gesch. Land-en Volkenk., p. 176. Terra typica: Gorontalo und Tondano/Sulawesi.
Peleng: 1 Balg.
C 14 560, distale Handschwingen wachsend; schwarzes Ex. mit grünlich-blauem Schimmer.

Dieser Schwarzschnabel-Koel bewohnt Sulawesi, Muna, die Togian-Inseln, Peleng und, als *facialis* WALL. (Proc. Zool. Soc. London, 1862, p. 339), die Sula-Inseln. Letztere Subspezies erkennt VAN BEMMEL (1948, p. 367) unter Vorbehalt an. 2 ♂ und 2 ♀ von Taliabu (1938 von MENDEN gesammelt) im Dresdener Museum liegen in ihren Flügelmaßen sämtlich unter den von STRESEMANN für Sulawesi-Vögel angegebenen Maßen. Bemerkenswert sind die rund um den Schnabel verstreuten weißen Federn bei einem der ♂ von Taliabu (C 45 823, 11. X. 1938). Das Auftreten albinistischer Federn am Kopf (und anderen Körperpartien) stellte WALLACE bereits um 1860 bei den Sula-Vögeln fest!
Sowohl PETERS (1940) als auch MEISE (1962, p. 301) vereinigen *E. melanorhyncha* mit *E. scolopacea* (cf. auch SIEBERS 1930, pp. 275–277). Die geographische Vikarianz beider ist eine vollkommene. Dennoch erscheint die Konspezifität nicht über alle Zweifel erhaben. Nach den Sektionsbefunden an *melanorhyncha*-Stücken von Sulawesi und Muna durch HEINRICH, ELBERT und DE HAAN (cf. STRESEMANN 1940, p. 455; VAN BEMMEL und VOOUS 1951, pp. 73–74) können weibliche Schwarzschnabel-Koels sowohl ein braungemustertes als auch ein schwarzglänzendes, dem des ♂ gleichendes Kleid tragen, während bei *E. scolopacea* die Weibchen offenbar nie schwarz sind. Hinzu kommen abweichende Schnabel- und Fußfärbung sowie stark unterschiedliche Flügelform. *E. scolopacea* ist spitzflügliger, und zwar in China wie auf Djawa oder in Queensland usw. (HS 9>5, 8 meist am längsten), während *E. melanorhyncha* rundflügliger ist (HS 9<4, 8<6). Allerdings habe ich nicht so viele *melanorhyncha* untersucht, um etwas über die relativen Größenverhältnisse sagen zu können. Es war mir zunächst nur aufgefallen, daß Exemplare beider Spezies mit gleicher Flügellänge unterschiedliche Flügelform haben, ohne daß die rundflügligen eine erheblichere Schwanzlänge zeigen.

Centropus bengalensis sarasinorum STRESEMANN, 1912

Centropus bengalensis sarasinorum. Novit. Zool., 19, p. 338. Terra typica: Kalidupa, Tukangbesi-Inseln.
Peleng: 4 Bälge.
C 45 651, ♀, 14. VII.; C 45 652, ♀, 5. IX.; C 45 653, ♂, 4. IX.; C 45 654, ♂, 28. VII. – I. braun oder rotbraun, S. schwarz, F. schwarz (bei C 45 651 grauschwarz).

Diese auf Sulawesi und umliegenden Inseln verbreitete Rasse ist nordöstlich bis zur Insel Sanana (Sula Besi) vorgedrungen (VAN BEMMEL 1948, p. 365), war aber bislang von Peleng noch nicht bekannt. HOOGERWERF (1964, pp. 121–122) teilte Maße der Rassen *javanensis* und *sarasinorum* mit, in die sich die von Peleng vorliegenden Exemplare gut einordnen lassen. Unter den Männchen und Weibchen befindet sich je ein Exemplar mit grell hervorstechenden hellen Federschäften des Oberrückens und der Flügeldecken und je ein stark verdunkeltes ohne diese Kontrastfärbung. Der Geschlechtsunterschied in den Dimensionen ist bekanntlich erheblich. Die Männchen sind sehr viel kleiner.

Treron pompadora griseicauda WALLACE, 1863

Treron griseicauda. Proc. Zool. Soc. London, 1862, p. 344. Terra typica: Makassar.
Peleng: 2 Bälge.
C 14 608, (♂); C 14 609, (♀).
Banggai: 2 Bälge.
C 14 734, (♂); C 14 735, (♀).

Diese 4 Bälge konnte ich mit einer Reihe von Sulawesi und diesem nördlich vorgelagerten Inselchen stammenden Vögeln sowie mit 4 ♂ von Taliabu vergleichen. Sie gehören sämtlich, wie früher schon von anderen Autoren (z. B. MEISE 1930, p. 186) hervorgehoben wurde, derselben Subspezies an, die östlich bis Sanana verbreitet ist. Dies überrascht insofern, als diese auf den Banggai-Inseln fraglos von Sulawesi her eingewanderte Taube auf zahlreichen Inseln und Inselgruppen der Sulawesi-Region verschiedene Subspezies gezeitigt hat. Erst 1951 wurde von Butung *T. p. dehaani* VOOUS beschrieben.

Leucotreron subgularis subgularis (MEYER und WIGLESWORTH, 1896)

Ptilinopus subgularis. Abh. Ber. Mus. Dresden, 6, Nr. 2, p. 19. Terra typica: Peleng.
Peleng: 1 Balg.
C 44 903, ♂, 25. VIII. – I. braun, S. gelb, F. rotbraun. Der Typus und ein Paratypus von Peleng sind nicht mehr vorhanden.
Banggai: 3 Bälge.
Paratypen. C 14 736–37; C 14 739. Ein vierter Paratypus (C 14 738) wurde 1909 an das Museum in Manila abgegeben.

Bei der Sulawesi-Form *epia* OBERHOLSER sind die Iris hellrot und die Füße weinrot gefärbt (STRESEMANN 1941, p. 54). Die nur von Mangole bekannte ssp. *mangoliensis* (ROTHSCH.) vermag ich lediglich nach der Originalbeschreibung (Bull. Brit. Orn. Club, Nr. 51, p. 34) und der Darstellung von RIPLEY (1941, p. 350) zu beurteilen. Danach mag die ssp. *subgularis* eine Mittelstellung zwischen *mangoliensis* und *epia* einnehmen. Der Balg von Peleng hat einen deutlich helleren Kinnfleck als die Bälge von Banggai, auch zeigt der Rücken einen leichten Zug ins Gelbliche.

Ptilinopus melanospila pelingensis HARTERT, 1898

Ptilinopus chrysorrhous pelingensis. Novit. Zool., 5, p. 135. Terra typica: Peleng.
Peleng: 8 Bälge.
C 14 611, (♂); C 14 613–14, (♂, ♀); C 44 909–13, ♀, 17. VII.; ♀, 17. VII.; ♂, 20. VII.; ♂ juv., 17. VII.; ♂, 17. VII. – I. und A. gelbgrün, S. grün, F. rot. Unter den Vergleichsstücken von Taliabu (2 ♂, 2 ♀) befand sich ein ♀ (C 44 918) mit brauner Iris.
Banggai: 3 Bälge.
C 14 744, (♂); C 14 746–47, (♀ ♀).

Zwischen Palawan, Sulawesi, Djawa, Alor und Seram werden 10 äußerlich nicht allzu stark differierende Subspezies unterschieden. Von der östlichsten, *chrysorrhoa* (SALVAD), die Seram und die Sula-Inseln bewohnt, unterscheidet sich *pelin-*

gensis nur durch geringere Größe. Nordsulawesische Vögel, deren ich 11 ♂ und 4 ♀ untersuchte, sind mit der ssp. *chrysorrhoa* von gleicher Größe, heben sich aber durch deutlich größeren schwarzen Genickfleck von dieser und *pelingensis* ab.

Ducula luctuosa (TEMMINCK, 1825)

Columba luctuosa. Pl. col., 42, p. 247. Terra typica: Nord-Celebes (Nord-Sulawesi).
Peleng: 6 Bälge.
C 14 601, Fl. 246, Schw. ca. 134; C 14 602, Fl. 246, Schw. 129; C 44 888, ♂, 15. VII., Fl. 230, Schw. 125; C 44 889, ♂, 12. VII., Fl. 236, Schw. ca. 121; C 44 890, ♂, 10. VII., Fl. 236, Schw. 125; C 45 446, ♀, 9. VII., Fl. 240, Schw. ca. 132; — I. braun, S. gelb, F. schieferblau.
Banggai: 2 Bälge.
C 14 729, Fl. 240, Schw. 127+; C 14 730, Fl. 234, Schw. ca. 130.

Diese Fruchttaube ist auf die Sulawesi-Region beschränkt (Verbreitung siehe bei VAN BEMMEL und VOOUS 1951, p. 101). Mit obigen Vögeln verglich ich das übrige Material des Dresdener Museums (Sulawesi 8 Ex., Mantehage 1 Ex., Bangka/Sulawesi 2 Ex., Mangole 2 Ex., Taliabu 4 Ex.), was zu dem Eindruck führte, daß die Vögel von Sulawesi relativ langschwänzig und die der Sula-Inseln deutlich kleiner als die des Banggai-Archipels sind, wobei Geschlechtsunterschiede offensichtlich nicht mitspielen (vgl. die Maße bei STRESEMANN 1941, p. 58 sowie bei VAN BEMMEL und VOOUS l. c.). Die Flügel/Schwanz-Maße der Exemplare von den Sula-Inseln sind: Mangole 230+/124, 224/124, Taliabu 231/125+, 225/123, 222/118, 231+/124 mm.

Die Schwanzform kann sowohl gerundet als auch ausgebuchtet sein. Der von STRESEMANN vermutete Geschlechtsunterschied im gänzlichen Fehlen einer schwarzen Schwanzendbinde beim ♀ besteht nicht.

Die Besiedlung des Banggai-Archipels dürfte von Sulawesi aus erfolgt sein.

Die Verwandtschaftsbeziehungen zwischen den verschiedenen vikariierenden schwarz-weißen Fruchttauben können hier nicht erörtert werden.

Ducula aenea intercedens ssp. n.

Holotypus: Staatliches Museum für Tierkunde Dresden, C 45 254, Peleng, ♂, 8. VII. 1938. — I. braun, S. blaugrün, F. rot; leg. J. J. MENDEN.
Peleng: 5 Bälge.
C 14 604; C 45 254 (Typus); Paratypen: C 45 255, ♂, 10. VII. — A. violett; C 45 639—40, ♀♀, 19. und 15. VII. — I. braun, S. schieferblau, F. rot.
Banggai: 2 Bälge.
C 14 731; C 14 733.

Der Name *intercedens* deutet die überleitende Stellung der Populationen des Banggai-Archipels an. Unter den Subspezies mit braunem Nackenfleck haben diejenigen von Sulawesi (*paulina* BP. im Norden und *pallidinucha* MAYR im Südosten einschließlich der fraglichen *pulchella* [WALDEN] von den Togian-Inseln) einen deutlich hellen, die der Banggai-Inseln (*intercedens*) und der Sula-Inseln (*sulana* SIEBERS) einen dunkleren Nackenfleck. Auf diesen Unterschied zwischen den Vögeln von Sulawesi und der Sula-Inseln, die zudem kleiner sind, wiesen schon SCHLEGEL (cf. J. Orn., 30, p. 125) und SIEBERS (1929, p. 153) hin. Da die Vögel von Peleng und Banggai in der Größe (Flügellänge) mit *paulina* von Nord-Sulawesi übereinstimmen, halte ich es für gerechtfertigt, die Populationen der Banggai-Inseln nomenklatorisch hervorzuheben. Dies geschieht namentlich im Hinblick auf das theoretische Interesse, das solche Fälle beanspruchen, insbesondere bei Insel-Verbreitung.

Die beiden Bälge von Banggai haben tiefbraune Unterschwanzdecken, die bei denen von Peleng heller sind. Jahreszeitliche Unterschiede sind ausgeschlossen. Ob sich dahinter mehr verbirgt, entzieht sich meiner Beurteilung.

Den Balg C 14 604 habe ich nicht als Paratypus bezeichnet. Sein heller Nackenfleck schließt es nicht aus, daß der Vogel unter Umständen nicht von Peleng, sondern von Tonkean/Ost-Sulawesi stammt. Das Gegenstück ist ein Vogel von Tonkean (C 14479) mit reichlich dunklem Nackenfleck. Allerdings ist ein Ex. von Balante/Ost-Sulawesi dem von Tonkean vergleichbar, hat aber einen extrem kupferfarbigen Rücken. Vielleicht zählen diese ostsulawesischen Vögel zu *intercedens*. Die Terra typica von *paulina* ist Menado/Nord-Sulawesi (cf. MAYR 1944, p. 148). Bei den von CURSHAM eingesandten Bälgen bin ich sonst nicht auf Verwechslungen von Fundorten gestoßen. Der Fall bei *Nectarinia sericea*, in dem dies STRESEMANN mutmaßte, ist nicht ganz sicher.

Zur Orientierung über die Größenverhältnisse seien im folgenden die Flügellängen des untersuchten Materials angeführt:

sulana (Mangole, Taliabu): 210 (♂), 215 (♂), 204 (♀), 210+ (♀), 215 (♀), 216 (♀). 204–216 mm.

intercedens (Peleng, Banggai): 224 (♂), 224 (♂), 220 (♀), 221 (♀), 231, 233, 240. 220 bis 240 mm.

paulina (Nord-Sulawesi, Manado tua, Mantehage, Bangka), sämtlich ohne Geschlechtsangaben, doch sollen ohnehin diesbezüglich keine Differenzen bestehen: 212, 218, 220, 220, 222, 222, 223, 223, 224, 224, 226, 235. Die beiden Bälge von Ost-Sulawesi haben 218 und 235 mm Flügellänge. 215–235 mm.

Columba vitiensis mendeni NEUMANN, 1939

Columba vitiensis mendeni. Bull. Brit. Orn. Club, 59, p. 90. Terra typica: Taliabu.
Banggai: 1 Balg.
C 14 740.

In RIPLEYS Bearbeitung (1941) der 1939 von MENDEN beim Dorfe Bumbulan/Nord-Sulawesi gesammelten Vögel war diese Taube nicht aufgeführt, doch hatte sie offensichtlich CONOVER von diesem Sammler erhalten (STRESEMANN 1941, pp. 42–43). Wie eingangs schon bemerkt wurde, spricht das niedrige Flügelmaß dafür, daß der (von NEUMANN nicht berücksichtigte) Banggai-Vogel zu *mendeni* gehört. Wie sich dazu der von Nord-Sulawesi bekannt gewordene Vogel verhält, weiß ich nicht.

Macropygia manadensis sulaensis (FORBES und ROBINSON, 1900)

Turacoena menadensis subsp. *sulaensis.* Bull. Liverpool Mus., 2, p. 135. Terra typica: Sula-Inseln.
Peleng: 4 Bälge.
C 14 607; C 45 251–53, 3 ♀, 20. VII.; 7. VIII.; 5. VIII. — I. weinrot, S. und F. schwarz.

Wenn die Vögel von Butung und Muna vor Südost-Sulawesi, die VAN BEMMEL und VOOUS 1951, p. 95, als *elberti* RENSCH anerkennen, nur größenmäßig von der ssp. *manadensis* differenziert sein sollen, fände dies nach dem Material des Dresdener Museums keine Stütze. 14 Bälge aus Nord-Sulawesi einschließlich der kleinen vorgelagerten Inseln Lembeh, Bangka, Mantehage und Manado tua und 1 Balg aus Süd-Sulawesi (♂, 197 mm Flügellänge) haben folgende Flügelmaße: 185, 191, 194, 194, 197, 198, 199, 201, 201, 202, 202, 202, 203, 204, 207 mm. 10 *elberti* haben nach VAN BEMMEL und VOOUS 192–200,5 mm Flügellänge.

Die ssp. *sulaensis* schien RENSCH nur nach der auf einem einzigen Balg basierenden Originalbeschreibung zu kennen. Er hebt hervor, daß *sulaensis* nicht nur kleiner, sondern auch dunkler sei und im grünen Schiller des Violetts entbehre. RENSCH stützt sich sodann auf HARTERT (1903, p. 35), wenn er bemerkt, daß die Flügellänge von *sulaensis* 180–185 mm betrage. Dieser HARTERTschen Angabe lagen sieben Vögel von den Sula-Inseln und einer von Peleng zugrunde, und es ist klar, daß die Variationsbreite dieser stattlichen Taube nicht nur 5 mm betragen kann! Die Geschlechter sind größenmäßig nicht verschieden, was bereits HARTERT (l. c.) auffiel.

Zu den 4 Bälgen von Peleng kommen in der Dresdener Sammlung 3 ♀ von Taliabu. Die Flügellängen von Peleng: 185, 185, 186, 196 mm; von Taliabu: 175 (erstes Großgefieder), 189, 194 mm. Wenn das Maximum der Flügellänge auf Sulawesi 210 mm betragen sollte (HARTERT), würde das einen für solch großen Vogel sehr geringen Abstand bedeuten. Die Schillerfärbung ist bei allen, mit dem Licht besehen, grün, und wenn man die Vögel gegen das Licht hält, violett. Vielleicht zeichnen sich die Stücke von Peleng noch dadurch aus, daß sie im Vergleich mit den hier genannten Exemplaren eine weniger ausgedehnte weiße Stirn haben.

Zusammenfassend: Es handelt sich also allenfalls um einen sehr geringfügigen Subspeziesunterschied zwischen den Sulawesi- und den Peleng-Populationen. Außer auf Sulawesi, Butung, Muna, den Sula-Inseln und Peleng kommt diese Taube noch auf den Togian-Inseln vor.

Macropygia amboinensis albicapilla BONAPARTE, 1854

Macropygia albicapilla. Compt. Rend. Ac. Sci., Paris, 39, p. 1111. Terra typica: Celebes (Sulawesi).

Peleng: 5 Bälge.
C 14 615 (♂); C 14 616–17 (♀♀); C 45 250, ♂, 16. VII. – I. rot, A. blau, S. braun, F. rot; C 45 636, ♂ juv., 8. VII. – I. graubraun, S. braun, F. braun.

Banggai: 3 Bälge.
C 14 741–43 (♂, ♀ juv., juv.).

Es ist gewiß richtig, die Vögel von Peleng zur gleichen Subspezies zu stellen wie die von Nord-Sulawesi, die ich hier vergleichen konnte. Das alte ♂ von Banggai hingegen ist unterseits deutlich heller und auch im Farbton der Oberseite etwas abweichend. Es tendiert zu *M. a. sedecima* von Taliabu, von welcher mir 5 Paratypen vorlagen, darunter allerdings nur ein altes ♂.

Im übrigen verdient hervorgehoben zu werden, daß die Vögel der kleinen Nord-Sulawesi vorgelagerten Inseln eventuell konstant abweichen. 2 ♂ von Bangka haben eine auffallend kräftige Brustbänderung, je 1 ♂ von Lembeh und Mantehage fallen durch sehr dünne Bänderung heraus.

Über den gesamten Formenkreis informierte MAYR (1944, pp. 148–149, 191).

Chalcophaps indica nana NEUMANN, 1941

Chalcophaps indica nana. Zool. Mededel., 23, p. 110. Terra typica: Peleng.

Peleng: 7 Bälge.
C 14 610, (♂); C 44 682 (Typus), ♂, 8. VIII.; C 44 717 (Paratypus), ♂, 6. VIII.; C 45 248 (Paratypus), ♂, 4. VIII.; C 44 772, ♀, 4. VIII.; C 45 246–47, ♀♀, 6. VIII.; Ebene. – I. braun, S. rotbraun (bei C 44 682 orangerot), F. violett (bei C 45 248 und C 44 772, ♂ und ♀, rotbraun).

Die angeführten ♂ haben folgende Flügellängen: 135, 131, 132, 145 mm. NEUMANN teilte mit: 130—142 mm. Das Typus-Exemplar fällt durch seinen intensiven Blauton im Rückengefieder auf, wie ich ihn nur noch bei je einem Ex. von Kalimantan und Batjan (Museum Berlin) fand. Die beiden Paratypen hingegen lassen im grünen Rückengefieder einen deutlichen Goldton erkennen.

Der Wunsch nach einer Revision dieses Formenkreises wurde wiederholt geäußert. In der Dresdener Sammlung befinden sich außer den Bälgen von Peleng noch 19 weitere verschiedener Subspezies folgender Herkunft (ohne sämtliche Fundorte einzeln zu nennen): Sri Lanka, Cebu, Talaud-Inseln, Sangihe, Nordwest-Kalimantan, Nord- und Ost-Sulawesi, Maluku, Banda-Inseln, Timor, Tanimbar-Inseln, Nordost-Australien.

Loriculus stigmatus ruber MEYER und WIGLESWORTH, 1896

Loriculus sclateri ruber. Abh. Ber. Mus. Dresden, 6, Nr. 2, p. 9. Terra typica: Banggai.

Peleng: 6 Bälge.
C 14 518; C 14 521; C 45 480—83, 4 ♀, 8. VII.; 14. VII.; 14. VII.; 19. VII. — I. braun, S. schwarz, F. goldgelb.

Banggai: 3 Bälge.
Paratypen. C 14 638—39; C 14 641. Das Typus-Ex. existiert nicht mehr. Zwei weitere Paratypen befinden sich im Museum Leiden (Dr. MEES briefl.).

Man sieht auf den ersten Blick, daß *ruber* näher bei *sclateri* von den Sula-Inseln als bei *stigmatus* von Sulawesi steht. Dem Vergleich dienten 9 Ex. *sclateri,* von denen 5 von MENDEN auf Taliabu gesammelt wurden. Die Taliabu-Vögel haben übereinstimmend eine ausgedehnte goldgelbe Oberschnabelbasis (Färbung am lebenden Vogel ist auf den Etiketten leider nicht vermerkt). — Das Verhältnis zu den teilweise rotschnäbligen *philippinus*-Formen sei hier nicht erörtert. *L. s. catamene* von Sangihe ist eine typische Randform mit eigenem Charakter.

Ein Hinweis auf die Irisfärbung ist angebracht. Bei *stigmatus* (Sulawesi) scheint das ♂ eine gelbe, das ♀ eine braune Iris zu haben, während der Sachverhalt bei *croconotus* von Muna und Butung nicht so eindeutig ist (cf. VAN BEMMEL und VOOUS 1951, p. 70 unter ssp. *stigmatus).* Die ♀ von Peleng hatten übereinstimmend eine braune Iris, während diese bei 5 ♂ von Taliabu *(sclateri)* in vier Fällen grau und in einem Fall goldgelb war. Letzteres Ex. hat keine rotbraune, sondern eine grüne Stirn.

Tanygnathus sumatranus incognitus ssp. n.

Holotypus: Staatliches Museum für Tierkunde Dresden, C 45 484, Peleng, ♂ subadult, 10. VII. 1938, Ebene. — I. braun, A. graugrün, S. orangerot, F. graugrün; leg. J. J. MENDEN.

Peleng: 7 Bälge.
C 14 505, (♂ ad.); C 14 507, (♀ juv.); C 45 484 (Typus); Paratypen: C 45 485, ♀, 8. VII. — I. „brons" (bronzefarben), A. graugrün; C 45 486, ♀, 9. VII. — I. graubraun, A. elfenbeinweiß (?), S. elfenbeinweiß; C 45 487, ♀, 10. VII. — I. braun, A. graublau, S. elfenbeinweiß; C 45 488, ♀, 9. VII. — I. graubraun, S. elfenbeinweiß; Ebene. — F. graugrün (bei C 45 487 graublau).
3 Bälge (C 14 504, C 14 506, C 14 508) wurden 1921 an UMLAUFF verkauft.

Banggai: 1 Balg.
C 14 630, (♀).

Die 5 von MENDEN auf Peleng gesammelten Vögel waren durchweg dunkeläugig (braun, bronzefarben, graubraun), im Gegensatz zu den bisher bekannten helläugigen (hellgelb, weißgelb) Populationen anderer Provenienz. Die Etikettenvermerke von mir gesehener Exemplare wie auch die Literaturangaben (WALLACE 1862, p. 336; FINSCH 1868, p. 359; SALVADORI 1891, p. 431; BLASIUS 1897, p. 280; MEYER und WIGLESWORTH 1898 (I), p. 141; STRESEMANN 1940, p. 440; VAN BEMMEL und VOOUS 1951, p. 68) belegen dies eindeutig. Geschlechts-, Alters- und jahreszeitliche Unterschiede kommen hier nicht in Betracht. Daß auch die jungen Vögel von Sulawesi hellgelbe Augen haben, ist wichtig, da MENDEN auf Peleng keine adulten Vögel erlangte. Bemerkenswert ist der Hinweis von FINSCH (l. c.), wonach der Londoner Zoologische Garten einen braunäugigen Vogel besaß (offenbar aber unbekannter Herkunft). Es ist nicht auszuschließen, daß dieser von den Banggai-Inseln stammte.

Es gibt wohl kein stichhaltiges Argument, demzufolge die sicher ermittelte Irisfärbung als Subspeziesunterschied auszuschließen sei, sofern eben erwiesen ist, daß Geschlecht, Alter usw. als Ursache ausscheiden (vgl. *Gymnocrex rosenbergii, Leucotreron subgularis, Anthreptes malacensis, Dicrurus hottentottus, Aplonis mysolensis).*

Färbungs- und Größenunterschiede gegenüber Vögeln von Sulawesi scheinen nicht zu bestehen. Flügelmaße von *T. s. incognitus:* ♂ 200 (Typus), 207, ♀ 198, 201, 201, 202, 204 (Banggai), 205 mm.

Verbreitung: Peleng und sicherlich Banggai. Die Vögel der noch östlicheren, das Verbreitungsgebiet des Formenkreises begrenzenden Sula-Inseln sind wieder helläugig.

Prioniturus platurus ssp.

Peleng: 7 Bälge.
C 14 511, (♀); C 45 479, ♀, 24. VIII.; C 14 509 (♂ juv.); C 14 512, (♂); C 14 513, (♂); C 45 636, ♂, 24. VIII.; 300 m. – I. braun, S. elfenbeinweiß, F. graublau. Ein ♂ vom 22. VIII. (Flügel 171 mm), 400 m, befindet sich im Berliner Museum.

Banggai: 1 Balg.
C 14 631, (♀).

Die Banggai-Populationen sind von denen Sulawesis (aber vielleicht mit Ausnahme des Ostens) verschieden. Diese östlichen Randpopulationen haben kürzere „rackets“ und sind kleiner sowie von hellerer Färbung, sehr ähnlich *P. p. talautensis* HART., der aber größer und insbesondere auf den Flügeln noch heller ist. Auf der kleinen Insel Lembeh wiederum wurden zwei adulte ♂ gesammelt, die weder zur Talaud- noch zur Peleng-Population passen. Die Vögel von Muna (diejenigen von Butung nicht) sind gegenüber sulawesischen kleiner, werden aber von VAN BEMMEL und VOOUS (1951, p. 68 ff.) zur ssp. *platurus* (von Sulawesi) gestellt. MEYER und WIGLESWORTH (1898, pp. 135–136) haben zuerst die subtilen geographischen Unterschiede erkannt und beschrieben. Obgleich das damals vorgelegene Material heute nicht mehr vollzählig ist, reicht es doch zur Bestätigung des damals Festgestellten aus. Die zwei von MENDEN gesammelten Bälge fügen sich zwanglos ein.

Ich sehe davon ab, die Peleng-Population dieses Papageis subspezifisch abzutrennen. Es genügt, hier auf die Tatsache des Bestehens geringfügiger Unterschiede hinzuweisen. Die Maße sind nördlich von Sulawesi mindestens gleich groß wie (Lembeh) oder größer (Siau, Talaud-Inseln) als auf der Hauptinsel; östlich (Banggai-Archipel) und südlich (Muna) sind sie kleiner. Außerdem ist die Färbung auf den nördlichen und östlichen Inseln heller.

Flügelmaße von Bälgen des Dresdener Museums (vgl. bei STRESEMANN 1940, p. 442 sowie VAN BEMMEL und VOOUS 1951, p. 69):

Banggai: ♀ 165; Peleng: ♀ 162, 166; ♂ 168, 168, 172, 174; Lembeh: ♂ 175, 183; Siau: ♀ 180+, 188; Talaud-Inseln: ♀ 168, 175; ♂ (170), 186; Indrulaman/Süd-Sulawesi: ♂ 183; Tonkean/Ost-Sulawesi: ♂ 168; Nord-Sulawesi: 167+, 171, 175+, 176, (177), 185; ♂ 174, 177, 178, 178, 179, 179, 179, 180, 183, 189 mm.

Prioniturus flavicans CASSIN, 1853

Prioniturus flavicans. Proc. Acad. Nat. Sci. Philad., 6, p. 373. Terra typica: Celebes (Sulawesi).

Keine Bälge.

STRESEMANN (1940, p. 443) gab den Hinweis, daß MENDEN diesen Papagei auf Peleng gesammelt habe. Vermutlich sah er entsprechendes Balgmaterial in der Collectio O. NEUMANN.

Alisterus amboinensis versicolor NEUMANN, 1939

Alisterus amboinensis versicolor. Bull. Brit. Orn. Cl., 59, p. 106. Terra typica: Peleng.

Peleng: 7 Bälge.

C 14 514; C 14 758; C 45 494 (Typus), ♂, 8. VIII.; C 45 495 (Paratypus), ♂, 8. VIII. — I. orangerot, A. schwarz, S. und F. schwarz. C 45 497, wohl ♂, 21. VIII., möglicherweise ist bei den Angaben zur Färbung ein Irrtum unterlaufen (sicher hinsichtlich der Schnabelfärbung), auch findet sich zwischen Oberrücken und Hinterhals kein grünes Band; C 45 496, ♀ juv., 24. VIII.; C 45 498, ♀, 21. VIII. — I. braun, A. schwarz bzw. grauschwarz, S. und F. schwarz. 400 m.

Die zugespitzten und mehr oder weniger ausgedehnt hellrot gesäumten Schwanzfedern sind ein Jugendmerkmal, während die Frage nach dem Geschlechtsunterschied noch immer nicht endgültig beantwortet zu sein scheint. Für *versicolor* dürfte zutreffen, daß die ♀ ein grünes Band zwischen dem roten Hinterhals und blauen Oberrücken tragen. Zudem ist ihr Schnabel schwarz, die Iris nicht orangerot, sondern braun[2]. Diese Merkmale scheinen auch für *sulaensis* (RCHW.) zuzutreffen, wie ein ♀ von Taliabu belegt. Diese Rasse ist oberseits ausgedehnter, doch blasser grün. Auch die rote Färbung ist weniger intensiv. *A. a. versicolor* stellt den westlichsten Vorposten des gesamten Formenkreises dar und hat seine engsten Beziehungen zu den Rassen *sulaensis* und *buruensis*.

Die drei Spezies der Gattung *Alisterus* (als solche werden sie heute getrennt) faßte NEUMANN (1926) zu einem Formenkreis mit fünf „Formengruppen" zusammen. Nachdem es sich herausstellte, daß im Weyland-Gebirge (Neuguinea) *A. a. dorsalis* und *A. chloropterus wilhelminae* zusammen angetroffen wurden (HARTERT et al. 1936, MAYR 1937), trennte man sie spezifisch. Wenn man schon die geographischen Fakten und eine nicht genauer bekannte geringfügige Sympatrie so gewichtig findet, sollte man am wenigsten das Verbreitungsmuster gering einschätzen, das dem Formenkreis sensu NEUMANN zugrundeliegt. So wenig vikariierende Formen stets konspezifisch sind, so wenig müssen einander überlappende Diskrepanzformen artverschieden sein. Neuere Feststellungen zum Status dieser Formen aufgrund der Verhältnisse im Weyland-Gebirge sind mir nicht bekannt.

2 Inwieweit die Irisfärbung bei den übrigen Rassen aussagekräftig ist, geht aus den mir bekannten Angaben nicht deutlich hervor. Auf Buru *(buruensis)* fand STRESEMANN (1914, p. 384) die Iris orange, bei *dorsalis* ist sie nach ROTHSCHILD gelb, bei *moszkowskii* rot, orange oder gelb (VAN BEMMEL 1947, p. 26), bei ♂ und ♀ vom Sattelberg *(chloropterus)* rot (in der Dresdener Sammlung, legit GEISLER). Für *scapularis* heißt es bei SALVADORI (1891, p. 487) unter ♂ ad.: „irides yellow".

NEUMANN ließ sich bei seiner Gruppeneinteilung sehr von Augenfälligkeiten leiten. Ich würde nur zwei Sektoren unterscheiden, den westlichen *amboinensis*-Sektor mit der des gelben Federfarbstoffs entbehrenden Halmahera-Rasse *hypophonius* und den östlichen *scapularis*-Sektor, unter dessen Neuguinea-Rassen *moszkowskii* mit kaum vorhandenem Geschlechtsdimorphismus in der Färbung am weitesten abseits steht. Die beiden hellen australischen Rassen *(scapularis, minor)* mit einem *chloropterus* analogen Geschlechtsdimorphismus spezifisch zu sondern, ist sicher nicht gerechtfertigt.

Trichoglossus ornatus ornatus (LINNAEUS, 1758)

Psittacus ornatus. Syst. Nat., ed. X, 1, p. 98. Terra typica: Butung.
Peleng: 6 Bälge.
C 14 517; C 45 489–93, ♂, 11. VII., 300 m; ♀, 11. VII., 300 m; ♀, 12. VII., 150 m; ♀, 12. VII., 150 m; ♀, 12. VII., Ebene. – I. rotbraun, S. orangerot, F. graugrün.
Banggai: 2 Bälge.
C 14 634–35.

Das einzige vorliegende, durch Sektion festgestellte ♂ hebt sich von den anderen Exemplaren durch sehr dunkle Färbung ab (Flügel 127, Schwanz 77 mm). Das höchste Flügelmaß hat ein Vogel von Banggai (C 14 634) mit 130 mm. *T. o. ornatus* ist eine Form der Sulawesi-Region und insofern ließe sich an eine Einwanderung auf Peleng und Banggai von Sulawesi her denken. Engste verwandtschaftliche Beziehungen bestehen aber zu der östlich beheimateten *haematodus*-Gruppe, was RENSCH (1931, p. 526 ff.) bereits konsequent zum Ausdruck brachte (cf. CAIN 1959, pp. 70–72).

Tyto novaehollandiae pelengensis NEUMANN, 1939

Tyto rosenbergi pelengensis. Bull. Brit. Orn. Club, 59, p. 92. Terra typica: Peleng.
Kein Material.

Durch abweichende Gefiederzeichnung und geringere Größe von der Sulawesi-Rasse *rosenbergi* differenziert, jedoch nur nach einem Ex. bekannt: ♂, 22. VIII., Flügel 296 mm, leg. MENDEN.

Otus scops mendeni NEUMANN, 1939

Otus manadensis mendeni. Bull. Brit. Orn. Club, 59, p. 106. Terra typica: Peleng.
Peleng: 1 Balg.
C 44 279, ♂, 3. IX., Ebene. – I. gelb, A. braun, S. braun, F. grau.

Die beiden von Peleng bekanntgewordenen Eulen haben engere Beziehungen zu ihren Verwandten von Sulawesi als von den Maluku. *O. scops sulaensis* von Mangole gehört zum großen *magicus*-Sektor, *mendeni* hingegen zum kleineren *manadensis*-Sektor. Näheres über *mendeni* cf. ECK 1971, p. 183.

Die beiden zur Originalbeschreibung vorgelegenen Bälge (♂ und ♀, letzteres der Typus) sind in der Sammlung des Museums of Comparative Zoology in Cambridge/Mass., für die sie bestimmt waren, nicht vorhanden (Dr. R. A. PAYNTER briefl.). Siehe hierzu die Farbtafel.

Eurystomus orientalis connectens STRESEMANN, 1913

Eurystomus orientalis connectens. Nov. Zool., 20, p. 302. Terra typica: Moa.

Zwergohreule von Peleng, *Otus scops mendeni* NEUMANN, ♂, rotes Extrem (vermutlich einziges erhalten gebliebenes Stück dieser Rasse).
Staatliches Museum für Tierkunde Dresden, Nr. C 44 279. Original H. Quintscher
(Erstveröffentlichung dieser Tafel: „Der Falke", 22. Jahrg., Heft 10, Oktober 1975, Titelbild)

E. o. pacificus (LATHAM, 1801)?

Coracias pacifica. Index Orn., Suppl., p. XXVII. Terra typica: New South Wales.
Peleng: 7 Bälge.
connectens: C 14 561—62 (Flügel 193, 196: HS 10 noch nicht ausgewachsen); C 14 566 (Fl. rechts und links 205, MEISE 1929, p. 468 fand bei einem ♀ ad. dieser ssp. 201 mm); C 45 288—90, ♂, 2 ♀, 31. VII., Ebene (Fl. 196, 188, 194). — I. braun, A., S. und F. rot.
pacificus?: C 45 291, ♂, 31. VII., Ebene (Fl. ?, HS 9 und 10 wachsend). — I. braun, A., S. und F. rot. Auffallend blaß wie ein Vogel aus Cairns (Queensland) und andere *pacificus*-Stücke.

Die genaue Festlegung der Verbreitung der einzelnen Subspezies hat sich dadurch verzögert, daß einerseits die nördlichsten wie die südlichsten Subspezies ziehen, andererseits die Subspeziesunterschiede teils sehr geringfügig sind. So ließ STRESEMANN (1940) die ssp. *orientalis* in Nord-Sulawesi brüten, wo sie aber nach RIPLEY (1942, p. 175) nur im Winter auftritt und der Brutvogel *connectens* ist. RIPLEY teilt über die Verbreitung von *connectens* mit: „Celebes, Peling and Tukang Besi Island, and the lesser Sunda Islands from Lombok to the Tanimbar group, wandering to east Borneo.“ Diese Subspezies wurde im IX und X auch auf Taliabu gesammelt.

Ob der oben als *pacificus* angesprochene Vogel wirklich zu dieser Subspezies gehört oder nur ein blasses Extrem von *connectens* darstellt, kann hier nicht endgültig beantwortet werden. Nach RIPLEY (l. c.) wandert *pacificus* in nordwestlicher Richtung bis Seram. Der Umstand, daß dieser Peleng-Vogel seine HS-Mauser noch nicht beendet hat (wie auch 2 von CURSHAMS Sammlern erbeutete Stücke, s. o.), läßt den Schluß zu, daß diese in die Regenzeit fällt (nach der Brutzeit).

Alcedo atthis hispidoides LESSON, 1837

Alcedo hispidoides. Descr. Mamm. et Ois. récemm. découv. Compl. Oeuvres Buffon, 9, p. 345. Terra typica: Buru.

Peleng: 2 Bälge.
C 14 594—95.

Bei der weiten Verbreitung, welche diese Subspezies hat, wäre es sehr spekulativ, über die Herkunft der Peleng-Population Überlegungen anzustrengen.

Alcedo meninting ssp.

Peleng: 2 Bälge.
C 14 593; C 45 567, ♀, 22. VIII., Ebene. — I. braun, S. schwarz, F. rot.

Banggai: 1 Balg.
C 14 728.

Nach PETERS (1945, p. 174) gehören die Banggai-Populationen zu der von Djawa beschriebenen Subspezies *meninting* HORSF. Die oben aufgeführten Exemplare, einschließlich eines Balges von Tonkean/Ost-Sulawesi, heben sich einheitlich von drei djawanischen Vögeln durch gelblichere Kehle, dunklere Unterseite und weniger Violett in der Schillerfärbung der Oberseite ab. — Haben djawanische Vögel stets hellere Schnäbel?

Mit *A. m. verreauxi,* die mir in fünf Bälgen von Kalimantan vorliegt, haben die Banggai-Vögel nichts zu tun. Diese westlichere Subspezies hat oberseits einen kräftigen violetten Schimmer.

Nach KLEINSCHMIDT (1943, p. 140) gehört auch die afrikanische *A. quadribrachys* in diesen Formenkreis.

Pelargopsis melanorhyncha dichrorhyncha MEYER und WIGLESWORTH, 1896

Pelargopsis dichrorhyncha. Abh. Ber. Mus. Dresden, 6, Nr. 2, p. 12. Terra typica: Peleng.

Peleng: 5 Bälge.

C 14 588 (Lectotypus, da der Typus, C 14 760, nicht mehr vorhanden ist); C 45 313, ♂, 29. VII.; C 45 314–16, ♀♀♀, 10. VII.; 6. VIII.; 25. VII.; Ebene. – I. braun, S. rotbraun bis schwarz mit rötlicher Zone am Unterschnabel, F. rot oder rotbraun.

Banggai: 2 Bälge.

C 14 720–21 (Paratypen).

Die drei *melanorhyncha*-Subspezies sind deutlich von der weit verbreiteten *capensis*-Gruppe verschieden und werden wohl allein deshalb seit jeher als getrennte Spezies behandelt. Die *melanorhyncha*-Subspezies (*melanorhyncha* auf Sulawesi mit Bangka und Lembeh, *dichrorhyncha* auf den Banggai-Inseln, *eutreptorhyncha* von Mangole und Taliabu) besprach zuerst HARTERT (1898, pp. 128–129) ausführlich. Es handelt sich ausgesprochen um Subtilformen. Die Banggai-Subspezies ist nach meinen Messungen vielleicht etwas größer als die Sulawesi-Subspezies (von dieser 9 Bälge vermessen und Maße in der Literatur herangezogen).

Halcyon coromanda pelingensis NEUMANN, 1939

Halcyon coromanda pelingensis. Bull. Brit. Orn. Club, 59, p. 107. Terra typica: Peleng.

Peleng: 10 Bälge.

C 14 590–92; C 44 785 (Typus), ♀, 12. VII.; Paratypen: C 44 787, ♀, 19. VII.; C 45 302, ♀, 9. VII.; C 44 676–77, ♂♂, 8. VII.; 12. VII.; C 44 786, ♂, 10. VII.; C 44 788, ♂, 16. VII.; Ebene. – I. braun, S. und F. rot.

Die letzten Revisionen dieses Formenkreises gaben MEES (1970) sowie HUBBARD und DU PONT (1974). MEES diskutierte auch die nomenklatorischen Verhältnisse der Vögel der Sula-Inseln, die dadurch etwas schwer durchschaubar sind, daß O. NEUMANN (1939 und 1940 briefl. an O. KLEINSCHMIDT), sich dabei auf Mitteilungen von KINNEAR stützend, in dem angeblich von Makassar stammenden Typus von *H. c. rufa* WALLACE einen von ALLEN auf den Sula-Inseln gesammelten Vogel sah. Das könnte insofern stimmen, als dieses Ex. eine Flügellänge von 120 mm haben soll. MEES hält dagegen die Terra typica Makassar für *rufa* für richtig und benennt die Vögel der Sula-Inseln als *H. c. sulana* mit einer Flügellänge (n = 7) von 117–122 mm, Schwanzlänge 74–84 mm. Hingegen hat *rufa* von Sulawesi und umliegenden Inseln – die Vögel von Peleng sah MEES nicht – in beiden Geschlechtern nach diesem Autor eine Flügellänge von 109–118 und eine Schwanzlänge von 59 bis 67,5 mm. NEUMANN vermerkte für *pelingensis* 106–115 mm Flügellänge. Von 10 mir vorliegenden Peleng-Ex. ermittelte ich anhand von 9 zu vermessenden Bälgen eine Flügellänge von 109–116 und eine Schwanzlänge von 65–70,5 mm. Ein Größenunterschied zwischen den Geschlechtern besteht nicht, doch fiel mir der schlankere Schnabel der ♀ auf.

MEES betonte den runderen Flügel und längeren Schwanz von *sulana*. Während mir die Flügelform von *pelingensis* der von *sulana* sehr ähnlich zu sein scheint, ist die relative Schwanzlänge bei *pelingensis* niedriger (bis 62 Prozent entgegen bis 69 Prozent bei *sulana*).

STRESEMANN (1940, p. 412) hält kurzerhand auf Grund der Flügellänge *pelingensis* für ein Synonym von *rufa* WALL. (Sulawesi), und auch VAN BEMMEL und VOOUS (1951, pp. 61–62) vermögen einen Vogel von der Insel Muna von *pelingensis* nicht zu unterscheiden. Da sie mit PETERS (und NEUMANN) den Namen *rufa* auf Sula-

Vögel beziehen, nennen sie die Populationen von Sulawesi, Peleng und weiteren Inselgruppen um Sulawesi *pelingensis*.

Um keine weitere Verwirrung zu stiften, sollte man künftig die Vögel von Sulawesi *rufa* WALL. nennen (sofern zwischen Nord- und Süd-Sulawesi kein Unterschied besteht) und die der Sula-Inseln als *sulana* MEES bezeichnen. Zu letzterer Subspezies gehört auch die Population von Taliabu, worauf weder MEES noch HUBBARD und DU PONT hinweisen. Für die Peleng-Population wäre zu empfehlen, den Namen *pelingensis* beizubehalten, denn bei dieser ist der Bürzel fast so weiß wie bei *sulana* und hebt sich somit von den intensiv blaubürzligen *rufa* (Nord-Sulawesi 4, Lembeh 1, Siau 4, Sangihe 1 Ex.) deutlich ab.

Halcyon chloris chloris (BODDAERT, 1783)

Alcedo Chloris. Table Pl. enlum., p. 49. Terra typica: Buru.
Peleng: 6 Bälge.
C 14 598—99; C 45 212—15, ♂♂♂♂, 25. VII.; 8. VII., 14. VII.; 30. VII.; Ebene. — I. braun, S. und F. schwarz.
Banggai: 2 Bälge.
C 14 723—24.

Die Zugehörigkeit der Banggai-Populationen zur ssp. *chloris* ist nicht zu bestreiten. Das gilt aber nicht für sämtliche von PETERS (1945) zu dieser Subspezies gestellten Populationen. Namentlich die Verhältnisse auf den Talaud-Inseln beanspruchen einiges Interesse. Dort kommt neben *H. chloris* ssp. (niedrigerer Handflügelindex und höherer Schwanzflügelindex) eine deutlich kleinere, in der Färbung kaum unterscheidbare, als *H. enigma* HART. beschriebene Form vor. PETERS l. c. hat dem nicht Rechnung getragen.

Im Schwanz/Flügel-Index gleichen sich *H. coromanda* und *H. chloris*, doch hat erstere den deutlich niedrigeren Handflügelindex.

Halcyon australasia sancta VIGORS und HORSFIELD, 1827

Halcyon sanctus. Trans. Linn. Soc. London, 15, pt. 1, p. 206. Terra typica: New South Wales.
Peleng: 3 Bälge.
C 45 307—09, 3 ♀ subadult, 10. VII.; 11. VII.; 4. VIII.; Ebene. — I. braun, S. und F. schwarz.
Banggai: 3 Bälge
C 14 725—27, subadult.

Der im wesentlichen Australien bewohnende Götzenliest (*sancta*-Sektor) tritt in der Sulawesi-Region nur als Gast auf.

MAYR (1944, p. 119; 1949, p. 56) hat darauf aufmerksam gemacht, daß *Halcyon sancta* verwandtschaftlich nicht *H. chloris*, sondern *H. australasia* am nächsten steht. Ich bin überzeugt, daß beide Spezies (*sancta, australasia*) Sektoren eines Formenkreises sind. Das hat auch bereits VAN BEMMEL (1948, p. 359) konsequent zum Ausdruck gebracht! Die starken Unterschiede in den Großgefieder-Proportionen sind Ausdruck einer harmonischen Verschiebung, sprechen also am wenigsten gegen Konspezifität. Dem relativ langen Schwanz des *australasia*-Sektors entspricht der kurze Flügel mit niedrigerem Handflügelindex und deutlich stumpferer Form. Der Handflügelindex von 34 Ex. *sancta* beträgt 26,7—33,3 Prozent, bei *australasia* ist er viel niedriger, während der Schwanzflügelindex bei *sancta* maximal 66,3 Prozent beträgt, der bei *australasia* entschieden höher liegt. Der Fall könnte als Stützung der Hypothese der Anpassung der Flügelform an den Wanderweg aufgefaßt werden.

Die von MEYER und WIGLESWORTH (1895, p. 4) ausgesprochene Vermutung, daß die kleine Halcyon-Form der Talaud-Inseln (= *H. enigma* HARTERT, 1904) eine Rasse von *sancta* sein könne, bewahrheitet sich nicht. *H. enigma* hat engere, wenn auch nicht leicht zu definierende Beziehungen zu *H. chloris*.

Neuerdings sind MUKHERJEE und DASGUPTA (1973) dafür eingetreten, die auf *H. sancta* begründete Gattung *Sauropatis* CABANIS und HEINE, 1860 für *H. sancta* und *H. chloris* wieder anzuerkennen. Die Stellung der *H. australasia* s. str. wird von den Autoren nicht diskutiert, auch erscheinen (mir) die Gründe für die generische Abtrennung nicht ausreichend.

Merops ornatus LATHAM, 1801

Merops ornatus. Index Orn., Suppl., p. XXXV. Terra typica: New South Wales.
Peleng: 5 Bälge.
C 14 542–44; C 45 456–57, ♂♂, 19. VII., Ebene. — I. rot, S. und F. schwarz.

Über Kleiderwechsel und Variabilität cf. STRESEMANN (1914, pp. 105–109).

Hemiprocne longipennis wallacei (GOULD, 1859)

Dendrochelidon wallacii. Proc. Zool. Soc. London, 1859, p. 100. Terra typica: Makassar, Süd-Sulawesi. Syn. *H. l. mendeni* SOMADIKARTA, 1975. Treubia, 28, p. 121, Terra typica: Peleng. Der von SOMADIKARTA (p. 123) abgebildete Peleng-Vertreter ist unmöglich für diese Population eine Normalerscheinung.
Peleng: 4 Bälge.
C 14 526, (♀ ad.); C 14 527, (♂ mit Resten des juv.-Kleides); C 45 472, ♂, 6. VIII.; C 45 473, ♀, 28. VII.; Ebene. — I braun, S. und F. schwarz.
Banggai: 3 Bälge.
C 14 644, (♂ juv.); C 14 645 + C 14 647, (♀♀ ad.).

Die Sula-Inseln und Bali begrenzen das Verbreitungsgebiet dieses Seglers im Osten. Anhand umfangreicheren Materials könnte es sich erweisen, daß die Banggai-Populationen heller sind als die Sulawesis. Allerdings machte schon STRESEMANN (1940, p. 398) darauf aufmerksam, daß ein solcher Unterschied innerhalb Sulawesis auch zu bestehen scheint.

Die Einwanderung auf Peleng erfolgte mit Sicherheit von Sulawesi her.

Collocalia esculenta esculenta (LINNAEUS, 1758)

Hirundo esculenta. Syst. Nat., ed. X, 1, p. 191. Terra typica: Amboina.
Peleng: 10 Bälge.
C 14 522–25; C 44 284, C 45 474–78, 4 ♂, 2 ♀, 26. VIII., Ebene. — I. braun, S und F. schwarz.
Banggai: 4 Bälge.
C 14 648–51.

Die Subspezies *C. e. esculenta* ist von Sulawesi bis nach Neuguinea verbreitet und es wäre reichlich spekulativ, über die nächsten Beziehungen der Banggai-Populationen nachzusinnen. — Die Glanzcollocalie gehört zu jenen Salanganen, die Vegetabilien-Nester, also keine „eßbaren" Nester bauen (cf. STRESEMANN 1925; 1940, p. 394; Lord MEDWAY 1966, pp. 153–155; 1970).

Gerygone sulphurea intercedens NEUMANN, 1941

Gerygone fusca intercedens. Zool. Mededel., 23, p. 111. Terra typica: Peleng.
Peleng: 1 Balg.
C 44 681 (Typus), ♂, 2. VIII., Ebene. – I. braun, S. und F. schwarz.
Flügel: 55 mm, Schwanz: 39 mm.

Obwohl nur ein Stück von *intercedens* bekannt ist, erscheint die Abtrennung doch gerechtfertigt, wenn man die Differenzen zu *flaveola* (Sulawesi) und *sulphurea* (Philippinen) ins Auge faßt. Von *flaveola* hatte ich 9 Bälge zum Vergleich, aus den Monaten VIII (♂, ♀, ?), XII (♂, ♀), I (♂, ♀, ♀) und den Typus (Museum Berlin 21 350, ohne Datum). NEUMANNS Beschreibung ist noch hinzuzufügen, daß das Gesicht einschließlich des Zügels nicht grau, sondern grünlichgelb ist.
Der Formenkreis erfuhr eine unterschiedliche Abgrenzung. In MEISES Revision (1931) ist er als *G. fusca* weitgefaßt. In diesem würde *intercedens*, die nach NEUMANN zwischen der Philippinen- und der Sulawesi-Form vermittelt, aufgrund ihrer Ventralfärbung zur *sulphurea*-Gruppe gehören, die einen weiteren Vertreter auf Salajar *(saleyerensis)* hat. Da dieser Formenkreis auf den Sula-Inseln und Maluku nicht vertreten ist, ist eine etwaige Einwanderung von dorther ohnehin ausgeschlossen. Aufgrund des Umstandes, daß auch MEISE (1962, p. 492) die *sulphurea*-Gruppe aus dem Formenkreis *G. fusca* wieder ausklammert und ich mir momentan ein eigenes Urteil nicht zu bilden vermag, wird der Vogel von Peleng hier unter *G. sulphurea* geführt.

Cisticola juncidis constans LYNES, 1938

Cisticola juncidis constans. Orn. Monatsber., 46, p. 167. Terra typica: Lombasang, Süd-Sulawesi.
Peleng: 1 Balg.
C 14 541.

Dieser Balg hat LYNES zur Determination vorgelegen und wurde als *constans* bestimmt. Die Verbreitung dieser Subspezies gab STRESEMANN (1940, p. 99) bekannt. Auf den Sula-Inseln und Maluku kommt dieser Formenkreis nicht vor (s. Karte 313 bei VOOUS 1962).

Cisticola exilis rustica WALLACE, 1863

Cisticola rustica. Proc. Zool. Soc. London, 1863, p. 25. Terra typica: Buru.
Peleng: 2 Bälge.
C 14 539–40, (2 ♂ ad., Brutkleid).

Auch diese Bälge haben LYNES zur Determination vorgelegen. Die ssp. *rustica* ist von den Philippinen über Sulawesi bis Buru verbreitet (LYNES 1930, pp. 197–198; VAN BEMMEL 1948, p. 349).

Pachycephala pectoralis pelengensis NEUMANN, 1941

Pachycephala melanura pelengensis. Zool. Mededel., 23, p. 112. Terra typica: Peleng.
Peleng: 7 Bälge.
C 14 554–55, (♂♂); C 44 709 (Typus), ♀, 4. VIII., Ebene. – I. braun, S. graubraun, F. grau; Paratypen: C 45 451–54, ♂ juv., 3 ♂ ad., 21. VII.; 6. VIII.; 28. VII.; 21. VII., Ebene. – I. braun, S. schwarz, F. schwarz bis grauschwarz.
Banggai: 4 Bälge.
C 14 680–82, (3 ♂); C 14 684, (♀).

Nach MEISE (1962, p. 601) sollen sich bei *P. pectoralis* über 80 Subspezies unterscheiden lassen, zu deren westlichsten *pelengensis* zählt. Diese Subspezies gehört zu jenen, deren Geschlechter stark voneinander verschieden sind und deren ♂ sich weniger deutlich unterscheiden als die ♀. Der Charakterisierung von ***pelengensis*** durch NEUMANN (im Vergleich mit *P. p. clio* von den Sula-Inseln, deren drei Exemplare mir vorlagen) ist nichts hinzuzufügen (cf. GALBRAITH 1956).

Monarcha cinerascens ssp.

Peleng: 1 Balg.
C 14 557.
Banggai: 3 Bälge.
C 14 672—74 (C 14 674 unterseits heller, oberseits dunkler, Schwanzfedern spitzer, wohl subadult).

MEISE (1929, p. 457) zog die Vögel der Banggai- und Sula-Inseln zu ***intercedens***, was dann gleichfalls für die Population von Taliabu zuträfe (4 Bälge im Dresdener Museum). MEES (1965, pp. 184—186) ist mit den verschiedenen Teilrevisionen nicht einverstanden und synonymisiert u. a. ***intercedens*** MEISE, ***disjuncta*** MEISE, ***harterti*** MEISE, ***jacobii*** NEUMANN und ***brunneus*** MAYR mit ***cinerascens*** (TEMM.). Ich möchte hier keine Entscheidung versuchen und muß mich mit der Feststellung begnügen, daß die Banggai-Populationen Einwanderer aus dem Osten sind.

Hypothymis puella blasii HARTERT, 1898

Hypothymis puella blasii. Nov. Zool., 5, p. 131. Terra typica: Sula Besi (Sanana).
Peleng: 5 Bälge.
C 14 558; C 45 346, ♂, 30. VII., S. und F. schieferblau; C 45 830, ♂, 20. VII., S. schwarz, F. schieferblau; C 45 027, ♀, 17. VII., S. und F. schwarz; C 45 645, ♀, 30. VII., S. und F. schieferblau; Ebene. — I. braun.
Banggai: 2 Bälge.
C 14 678—79.

Wie HARTERT schon in der Originalbeschreibung feststellte, gehören die Vögel von Banggai zur intensiver gefärbten östlichen Subspezies. HARTERT lagen zwei von CURSHAM mitgebrachte Bälge von Peleng vor. Nach obigem Material möchte ich zum Vergleich mit drei Bälgen von Mangole bemerken, daß die Vertreter auf den Banggai-Inseln sogar noch etwas blauer sind als die Sula-Vögel.

Rhinomyias colonus pelingensis VAURIE, 1952

Rhinomyias colonus pelingensis. Amer. Mus. Nov., Nr. 1570, p. 27. Terra typica: Peleng.
Peleng: 2 Bälge.
C 45 032, ♂, 19. VIII.; C 45 120, ♂, 28. VII.; Ebene. — I. braun, S. und F. schieferblau.

Die beiden vorliegenden Bälge zeigen die von VAURIE angegebenen Merkmale gut. Dem Autor standen für die Beschreibung 2 ♂ und 1 ♀ (legit MENDEN 1938) zur Verfügung.

Die zoogeographische Herkunft von ***pelingensis*** wie überhaupt der colonus-Formen ist nicht leicht zu beurteilen. Nach VAURIE bestehen enge Beziehungen zu *R. rufi-cauda.*

Der Typus von *R. c.* ***subsolanus*** MEISE (C 14 405) ist seit 1945 nicht mehr in der Dresdener Sammlung vorhanden.

Culicicapa helianthea helianthea (WALLACE, 1865)

Muscicapa helianthea. Proc. Zool. Soc. London, 1865, p. 476. Terra typica: Minahassa.
Banggai: 2 Bälge.
C 14 670–71.

C. helianthea tritt in zwei Subtilformen auf den Philippinen und auf Sulawesi usw. auf. Die Beurteilung ihrer Verwandtschaftsbeziehungen zu der grauköpfigen *C. ceylonensis* ist ebenso diffizil wie in den vergleichbaren Fällen bei *Eudynamis, Pelargopsis, Irena* oder *Sitta*. Von Peleng ist dieser Vogel noch unbekannt, dürfte aber gewiß auch dort vorkommen.

Geokichla erythronota mendeni (NEUMANN, 1939)

Turdus (Geokichla) mendeni. Bull. Brit. Orn. Club, 59, p. 47. Terra typica: Peleng.
Peleng: 1 Balg.
C 44 567 (Typus), ♂, 24. VIII., 300 m, I. braun, S. schieferblau, F. fleischfarbig.
Flügellänge: 115 mm, Schwanz: 72 mm.

STRESEMANN (1940, p. 92) handelte gewiß richtig, *mendeni* und *erythronota* als konspezifisch aufzufassen, abgesehen davon, daß andernfalls *mendeni* die einzige für Peleng endemische Spezies wäre. Die Unterschiede (es liegt allerdings von Peleng nur dieser einzige Balg vor) sind dennoch sehr erheblich. Oberseits heller, leuchtender, ist der Peleng-Vogel unterseits völlig schwarz, d. h. weiße Federteile sind noch vorhanden, doch ist die schwarze Endzone so stark verbreitert, daß man von einer Scheckung, wie sie *erythronota* zeigt, nichts mehr sieht. Die Außenfahnen der Handschwingen haben keine weißen Kanten. RIPLEY (1952, p. 37) fügt *dohertyi* HART. noch als dritte Form hinzu, was etwas erzwungen erscheint. *G. dohertyi* ist aber wohl nicht einförmig, was aus den Mitteilungen MAYRS (1944, p. 155) zu ersehen ist und in der dort angegebenen Weise durch die Bälge der Dresdener Sammlung bestätigt wird.

Dicaeum hirundinaceum sulaense SHARPE, 1884

Dicaeum Sulaense. Proc. Zool. Soc. London, 1883, p. 579. Terra typica: Sula-Inseln.
Peleng: 2 Bälge.
C 45 104–05, ♂♂, 17. VII., 300 m; 20. VIII., Ebene. – I. braun, S. und F. schwarz.
Banggai: 4 Bälge.
C 14 666–69, (3 ♂, 1 ♀).

Über diesen Formenkreis (als Superspezies behandelt) findet sich Näheres bei MAYR und AMADON (1947). Hier interessiert nur soviel, daß sich die Banggai-Populationen an die der Sula-Inseln anschließen und damit von *celebicum* MÜLL. scharf getrennt sind.

Anthreptes malacensis extremus MEES, 1966

Anthreptes malacensis extremus. Zool. Mededel., 41, p. 255. Terra typica: Sula Besi (Sanana), Sula-Inseln.
Peleng: 5 Bälge.
C 14 528–29, (♀♀); C 45 449–50, ♂♂, 12. VII.; 19. VII.; C 45 637, ♀, 21. VII.; Ebene. – I. braun, S. und F. schwarz.
Banggai: 3 Bälge.
C 14 652–54, (♂♂♀).

Die Ostgrenze des Formenkreises verläuft von Mindanao über die Sula-Inseln bis Alor. Die Vögel aus dem Banggai-Archipel gehören nach Färbung und Größe zu *extremus*, der mir von Taliabu, Mangole und Sanana in 6 Ex. vorliegt. Als maximale

Flügellänge gibt MEES für ein ♂ von Sanana 71 mm an. Die beiden Peleng-♂ haben 65,5 und 66 mm Flügellänge (das Minimum beträgt bei MEES 67 mm), doch haben die beiden ♂ von Banggai immerhin 67 und 71 mm Flügellänge, und es besteht kein Grund zur Annahme, daß zwischen Peleng und Banggai eine Differenz vorhanden ist. Kompliziert sind die Verhältnisse auf Sulawesi (cf. Check-List of Birds of the World, XII, p. 213, 1967). Die nach STRESEMANN (1932) zu trennenden Subspezies *celebensis* und *citrinus* sind nur schwer auseinanderzuhaltende Subtilformen, wobei meines Erachtens die Vögel der Osthalbinsel nicht in *citrinus* mit einzuschließen wären. Sie sind unterseits mindestens so gelb wie die Exemplare von Makassar. 8 ♂ von Makassar haben eine Flügellänge von 65—70 mm, 6 ♂ von der Osthalbinsel (Tombugu, Tonkean, Balante) messen 68—71 mm, während in den übrigen Gebieten (Südosten, zentraler Teil, Nordosten) als maximales Flügelmaß 69 mm angesehen werden müssen (STRESEMANN 1932; RIPLEY 1941, p. 356; MEES 1966, p. 257). 1 ♂ von den Togian-Inseln gleicht in Färbung wie Größe (Flügel 71 mm!) den Vögeln der Osthalbinsel. Von all diesen Populationen Sulawesis weichen diejenigen der drei Nord-Sulawesi vorgelagerten Inseln Manado tua, Mantehage und Bangka sehr deutlich ab. Die Brust zeigt eine warme Gelbfärbung, hinter deren Intensität auch die der Vögel von Makassar *(celebensis)* entschieden zurückbleibt. Ich sah nur 1 ♂ von Bantimurung (Flügel 66 mm), das den nördlichen Inselvögeln entspricht. Kehle und Hals der Inselpopulationen sind eine Nuance rötlicher, also nicht so stumpf rotbraun, wie es besonders bei *extremus* und *heliocalus* auffällt. Und endlich sind sie auch größer. 9 ♂ (Manado tua 4, Mantehage 2, Bangka 3) haben eine Flügellänge von 67,5—71,5 mm, 5 ♀ (Manado tua 3, Mantehage 1, Bangka 1) messen 64—66 mm. Den Größenunterschied zu den Sulawesi-Vögeln darf man nicht gering einschätzen, denn es bedarf bei solch kleinem Vogel mehrerer Individuen, um einen einzigen Millimeter Variationsbreite auszufüllen, als bei einem größeren Vogel. STRESEMANN vermaß 25 ♂ von Sulawesi. Folglich ist die kleine Insel-Serie mit höheren Maßen schon sehr aussagekräftig, was von Statistikern vielleicht nicht immer gebührend beachtet wird.

Diese Inselpopulationen haben mit dem anders gefärbten und viel größeren *heliocalus* von den Sangihe-Inseln nichts zu tun (4 Ex. wurden untersucht, Flügellänge von 2 ♂ von Siau 73 und 75, von 2 ♂ von Sangihe 74 und 77+ mm; 1 ♂ von Sangihe bei MEES 75 mm). Im Hinblick auf die saubere Klärung der individuellen Variation der Sulawesi-Populationen ist es angebracht, die Populationen von Manado tua, Mantehage und Bangka als

Anthreptes malacensis nesophilus ssp. n.

abzutrennen.

Typus: ♂, Mantehage, 22. IV. 1893, legit CURSHAM. Flügel 71,5 mm, Schwanz 43 mm. Staatliches Museum für Tierkunde Dresden, Nr. C 12 222.

Bereits MEYER und WIGLESWORTH (1898, p. 473) haben sich mit diesen Vögeln auseinandergesetzt, hatten aber von der Hauptinsel zu wenig Vergleichsmaterial.

Nectarinia jugularis frenata MÜLLER, 1843

Nectarinia frenata. Land. Volk., in TEMMINCK, Verh. Nat. Gesch. Nederl. Overz. Bezit., 1 (1839—44), p. 173. Terra typica: Lobo, Triton Bay, Westküste Neuguineas.
Peleng: 2 Bälge.
C 45 089—90, 2 ♂, 19. VII., Ebene. — I. braun, S. und F. schwarz.
Banggai: 1 Balg.
C 14 658.

Aus den Darlegungen von MEES (1964) kann man schließen, daß *frenata* in dem riesigen Gebiet ihrer Verbreitung von Peleng bis nach Queensland nicht einheitlich ist. MEES trennte bereits die Populationen von Mangole und Sanana (Sula Besi) als *N. j. robustirostris* (l. c., p. 23) ab. Die mir vorliegenden Bälge von Peleng und Banggai einschließlich dreier ♀ und zweier ♂ von Taliabu kann ich aber nicht zwanglos dieser Sula-Form zuordnen. Die Flügelmaße sind: Peleng, ♂ 57, 58 mm; Banggai, ♀ 53,5 mm; Taliabu, ♂ 58, 58,5 mm; ♀ 52+, 55+, 56 mm. Die Schnabelmaße (mit dem Stechzirkel von der Stirnbefiederung bis zur Spitze): Peleng, ♂ 19,5 und 20 mm; Banggai, ♀ 19 mm; Taliabu, ♂ 21, 21 mm; ♀ 20, 20 mm. Diese Maße stimmen gut mit solchen aus Queensland, Neuguinea und Batjan überein, die ich ermittelte.

Nectarinia sericea auriceps G. R. GRAY, 1860

Nectarinia auriceps. Proc. Zool. Soc. London, 1860, p. 348. Terra typica: Batjan und Ternate.

MEES (1966, p. 256) möchte den präokkupierten Namen *Nectarinia sericea* durch *Nectarinia aspasia* ersetzen, was aber doch vermeidbar ist.

Peleng: 8 Bälge.
C 14 530, (♂ ad.); C 45 097, C 45 638, ♂♂ ad., 16. VII.; 11. VII.; Ebene. C 14 531, (♀ juv.); C 45 100, ♀ juv., 14. VII.; Ebene. Ersteres auf Oberkopf, Kinn und Kehle gelblich, letzteres auf dem Oberkopf grau mit einigen hervorsprießenden grünen Federn, an Kinn und Kehle weißlichgrau. — C 14 532, (♀ ad.), C 45 101—02, ♀♀ ad., 30. VII.; 14. VII.; Ebene. — I. braun, S. und F. schwarz.

Banggai: 4 Bälge.
C 14 660, (♂ ad.); C 14 662—63, (♂♂ juv.); C 14 665, (♂ pullus).
! Balante, O.-Sulawesi: C 14 310—13, (3 ♂ ad., 1 ♀ ad.), siehe unten.

Die Vögel von Peleng und Banggai schließen sich den unter *auriceps* zusammengefaßten Inselpopulationen an und unterscheiden sich sehr deutlich von den Sulawesi-Subspezies *N. s. porphyrolaema* WALL. mit dunkelviolettem Kehlschild (Süd- bis Ost-Sulawesi) und *grayi* WALL. mit kastanienbraunem Bauch- und Rückengefieder (Nord-Sulawesi). — Von der 11 Exemplare umfassenden Serie aus Balante (Ostspitze von Ost-Sulawesi) liegen noch die oben genannten 4 vor. STRESEMANN (1940, p. 57) vermutete, daß diese Bälge falsch etikettiert wurden und von Peleng stammen, welche Meinung MEES (1965, p. 49) teilt. Ich möchte mich dem nicht ohne weiteres anschließen, da das von CURSHAM zusammengebrachte Material sonst nicht zu Zweifeln Anlaß gibt (mit einer eventuellen Ausnahme bei *Ducula aenea*).

Flügellängen ermittelte ich bei den adulten ♂ von Peleng zwischen 61 und 65 mm, von Banggai mit knapp 61 mm und von Balante mit 62—63 mm. Bei einem ♂ von Taliabu maß ich reichlich 62 mm. Die Banggai-Populationen haben damit eindeutig engeren Anschluß an die der Sula-Inseln und der Nord-Maluku.

Zosterops atrifrons subatrifrons MEYER und WIGLESWORTH, 1896

Zosterops subatrifrons. Abh. Ber. Mus. Dresden, 6, Nr. 2, p. 17. Terra typica: Peleng.

Peleng: 7 Bälge.

Paratypen: C 14 536—38 (der Typus, C 14 535, ist seit 1945 nicht mehr in der Dresdener Sammlung vorhanden); C 44 429, ♂, 14. VII., S. und F. grau; C 45 074, ♂, 28. VII., S. braun, F. schieferblau; C 45 075, ♀, 24. VII., S. und F. graugrün; C 45 076, ♀, 19. VII., S. schwarz, F. grau; Ebene. — I. braun.

Ich habe *subatrifrons* mit *atrifrons, surda* und *sulaensis* (darunter dem Typus von Taliabu) vergleichen können und muß MEES (1961) zustimmen, welcher *subatrifrons* von *atrifrons* trennt. Die Peleng-Subtilform steht den Sulawesi-Subspezies eindeutig näher als *sulaensis*, obgleich MEYER und WIGLESWORTH zwei Vögel von Mangole und Sanana als *subatrifrons* bestimmten.

Hirundo rustica javanica SPARRMANN, 1789?

Hirundo javanica. Mus. Carlson., tab. 100. Terra typica: Java (Djawa).
Peleng: 2 Bälge.
C 44 988, ♂ juv., 29. VII.; C 44 989, ♂ ad., 5. IX.; Ebene. — I. braun, S. schwarz, F. schwarz, beim Jungvogel braun.

Nach einander sehr widersprechenden Angaben über die Verbreitungsgebiete der *tahitica*-Subspezies *frontalis* und *javanica* hat HOOGERWERF (1965) im Gegensatz zu PETERS' Check-List of Birds of the World, IX festgestellt, daß die Rauchschwalben von Sulawesi zu *javanica* gehören. Den Altvogel von Peleng verglich ich mit 8 Bälgen von Sulawesi, denen ganz ein Ex. aus West-Djawa entsprach. Der Peleng-Vogel ist unterseits etwas heller, wobei dunklere Schaftstriche deutlich hervortreten. Ein Balg von Buru ist wieder dunkler. Der Jungvogel (C 44 988) ist fast noch ein Nestling und belegt das Brüten auf Peleng.

Die Subspezies *javanica* gehört zum *tahitica*-Sektor des reichgegliederten Formenkreises *Hirundo rustica* (cf. MAYR und SHORT 1970, p. 18, 62). Einiges Interesse verdient die Zeichnung der Unterschwanzdecken. Im *rustica*-Sektor finden sich bei den hellbäuchigen Subspezies höchstens bräunliche Schaftstreifen, während die Federn selbst gestreckter sind. Ich fand ein einziges Mal ausgerechnet bei der so hellen Subspezies *gutturalis* eine schwärzlichbraune Unterschwanzdecken-Zeichnung, allerdings mehr in Form eines Makels. Meist sind diese Federn zeichnungslos wie beim afrikanischen *lucida*-Sektor. Die dunkelbäuchigen *angolensis*- und *tahitica*-Subspezies haben breitere, am Ende mehr gestutzte Unterschwanzdecken mit einer mehr oder weniger breiten dunkelbraunen bis schwärzlichen Subterminalbinde. Angesichts dieser Verhältnisse stellt sich wieder die Frage nach dem Zusammenhang zwischen Federform und Federzeichnung!

Artamus leucorhynchus longipennis NEUMANN, 1941

Artamus leucorhynchus longipennis. Zool. Mededel., 23, p. 110. Terra typica: Peleng.
Peleng: 3 Bälge.
C 44 707 (Typus ?, cf. ECK 1974, p. 99), ♀, 31. VII., F. schwarz; C 44 716, ♀, 31. VII.; C 44 722, ♂, 2. VIII.; Ebene. — I. braun, S. und F. schieferblau.
Banggai: 1 Balg.
C 14 700.

Über den Verbleib von 4 weiteren NEUMANN vorgelegenen Bälgen von Peleng habe ich nichts in Erfahrung bringen können. Es waren insgesamt 5 ♂ und 2 ♀. Für 5 Ex. von diesen gab NEUMANN eine Flügellänge von 144—150 mm an, weist aber auf ein sehr kleines ♂ mit nur 142 mm hin sowie auf ein ♀ mit 140 mm. Der oben erwähnte Vogel von Banggai hat auch nur eine Flügellänge von 142 mm, seine Subspezieszugehörigkeit sei hier nicht entschieden (cf. ECK l. c.). Eine Korrelationstabelle, die die Flügel-Schwanz-Relationen sämtlicher von mir vermessener Artamiden enthält, macht deutlich, daß *longipennis* eine unterscheidbare Subtilform ist. MAYR (1962, pp. 161—163) hat *longipennis* offensichtlich übersehen, da sich die Banggai-Inseln unter den Verbreitungsangaben keiner anderen *leucorhynchus*-Subspezies fin-

den. – Eine gute Übersicht über die Größenverhältnisse bei den indonesischen Subspezies gab HOOGERWERF (1965).
In der Färbung gleicht *A. l. longipennis* der Nachbarform *A. l. celebensis.*

Artamus monachus monachus BONAPARTE, 1851

Artamus (Ocypterus) monachus. Consp. Av., 1 (1850), p. 343. Terra typica: Celebes (Sulawesi).
Banggai: 1 Balg.
C 14 699. Flügel 155 mm, Flügelspitze 67 mm, Schwanz 74 mm.

Im Vergleich mit *A. m. sulaensis,* von dem ich 8 Bälge untersuchte (cf. ECK l. c.), ergab sich die Zugehörigkeit zur westlichen Subspezies *monachus.*

Hypsipetes affinis harterti (STRESEMANN, 1912)

Criniger affinis harterti. Nov. Zool., 19, p. 342. Terra typica: Peleng.
Peleng: 7 Bälge.
C 14 570–73; C 45 155–57, ♀, 16. VII.; (♀), 10. VII.; ♂, 7. VII.; Ebene. – I., S. und F. braun.
Banggai: 3 Bälge.
C 14 702–03, C 14 705.

Die in Färbung und Größe differierenden Subspezies dieses Vogels leben nur auf kleineren bis mittelgroßen Inseln, von den Maluku westwärts bis zu den Banggai-, Togian- und Sangihe-Inseln. Die Einwanderungsrichtung der nur subtil von der Sula-Form *longirostris* verschiedenen Banggai-Form ist damit gewiß eindeutig.

Coracina novaehollandiae didimus MATHEWS, 1912

Coracina novaehollandiae didimus. Austr. Av. Rec. 1, p. 42. Terra typica: Melville Island, Northern Territory, Australien.
Peleng: 3 Bälge.
C 14 567–69.

Peleng ist offensichtlich die westlichste Lokalität, an der diese Subspezies außerhalb der Brutzeit nachgewiesen wurde.

Über die verwandtschaftlichen Beziehungen zu *C. fortis, atriceps, pollens* und *caledonica,* zu denen hier nicht Stellung genommen werden kann, vgl. man RIPLEY (1941) sowie VOOUS und VAN MARLE (1949).

Coracina tenuirostris pelingi (HARTERT, 1917)

Edolisoma obiense pelingi. Bull. Brit. Orn. Club, 38, p. 27. Terra typica: Peleng.
Peleng: 9 Bälge.
1 Ex. Mus. Berlin, (♂ ad.); 1 Ex. (♂ Nr. 562 554) American Museum of Natural History, New York; C 14 574, (♂ ad.); C 44 873, ♀ ad., 31. VII., F. grauschwarz; C 44 874, ♀ ad., 21. VIII., 200 m; C 44 705, ♂ juv., 5. IX. (HS 1 und 3 mit bläulichgrauen Säumen!); C 45 656, ♂ ad., 4. VIII.; C 45 657, ♂ ad., 5. IX.; C 45 876, ♂ ad., 3. IX.; Ebene (außer C 44 874). – I. braun, S. und F. schwarz (F. bei C 44 873 grauschwarz).
Banggai: 11 Bälge.
4 Ex. (1 ♂, 3 ♀) Mus. Berlin; 2 Ex. (1 ♂ Nr. 562 557, 1 ♀ Nr. 562 559) American Museum of Natural History, New York; C 14 689, (♂ ad.); C 14 691, (♀ ad.); C 14 692, (♀ ad., abgebildet bei MEYER und WIGLESWORTH 1898, Bd. II, Taf. XXII, Fig. 1); C 14 693, (♂ juv./ad.); C 14 694, (pull./juv.).

Nachdem RENSCH (1931, p. 566) und STRESEMANN (1939) versucht hatten, die *morio-tenuirostris*-Gruppe zu klären, scheint erst durch die Einteilung von MAYR (1960) eine akzeptable Lösung gefunden worden zu sein. Nach dieser letzten Liste kommen rote Weibchen nicht bei *C. morio* und dem Männchen weitgehend gleichende Weibchen nicht bei *tenuirostris* vor, während unterseits gebänderte Weibchen bei beiden auftreten. Zwischen den Männchen sämtlicher Formen besteht eine hochgradige Ähnlichkeit. Nach MAYR kommt *C. tenuirostris pelingi* außer auf Peleng und Banggai auch auf den Sula-Inseln vor. Das muß aber ein Irrtum sein, der auf die etwas verwickelte Darstellung bei MEYER und WIGLESWORTH (1896, p. 15; cf. auch NEUMANN 1917, p. 155), vielleicht auch auf das von DOHERTY gesammelte junge *sula*-♂ zurückgehen mag, das wohl einem *pelingi*-♀ sehr gleicht. HARTERT (1898, p. 132) besprach dieses (von mir nicht gesehene) Exemplar unter *Edolisoma obiense*. Ein mir vorliegendes subadultes ♀ von Mangole (Amer. Mus. of Nat. Hist., New York, Nr. 562 443), grau mit schwacher Bänderung auf dem Bauch, hat noch rötlichbraun gesäumte Armschwingen (A 1—3) und ebensolche proximale Handschwingen. Dieser für *pelingi* usw. bezeichnende Färbungscharakter findet sich außerdem an mehreren Oberflügeldecken und einigen Schwanzfedern. Weitere Jungvögel von *sula* sind aber inzwischen nicht in die Sammlungen gelangt (?). Der oben aufgeführte Balg eines jungen *pelingi*-♂ mit einigen bläulichgrau gesäumten Schwingen gleicht einem adulten *pelingi*-♀ außerordentlich. Man könnte aus alldem schließen, daß sich bei diesen Formen das dem pullus-Stadium folgende Federkleid von dem Alterskleid noch sehr deutlich unterscheidet.

Versucht man, die *morio-tenuirostris*-Gruppe zunächst einmal in taxonomisch ranglose Komplexe zu zerlegen, so ergibt sich folgendes Bild:

Komplex I

♂ und ♀ grau, meist sehr hell, relativ kurzschwänzig, Flügelschwanzindex bis etwa 79 %.

Die Anzahl der von mir untersuchten Exemplare ist hinter dem Formnamen in Klammern vermerkt: *marginata* (3), *ceramensis* (1), *hoogerwerfi, incerta* (5), *everetti, mindanensis* (1), *elusa*.

Komplex II

♂ grau, ♀ unterseits gebändert, mittlere Flügelschwanzproportionen, Flügelschwanzindex bis 85 %.

morio (16), *wiglesworthi* (5).

Komplex III

♂ grau, ♀ unterseits markant, fast schwärzlich gebändert, meist zwei Binden pro Feder, mittlere Flügelschwanzproportionen, Flügelschwanzindex bis 85 %.

salvadorii (3), *talautensis* (12).

Komplex IV

♂ und ♀ grau, juv. wohl „rot", relativ langschwänzig, Flügelschwanzindex bis 90 %.

sula (12).

Komplex V

♂ und ♀ verschieden, ♀ unterseits gebändert bis „rot" (je nach Rasse), Flügelschwanzproportionen bei *kalaotuae* bis 87 %, sonst wohl darunter.

timoriensis, kalaotuae (2), *emancipata* (2), *pererrata, edithae* (1), *amboinensis, obiensis* (3), *pelingi* (20), *dispar* (6), *tenuirostris* (1), *melvillensis, aruensis* (3), *plumbea* (= *müllerii)* (2), *nehrkorni, grayi* (1), *numforana* (4), *meyerii* (4), *tagulana, rostrata, admiralitatis, matthiae, remota* (3), *heinrothi, rooki, monacha, nesiotis, saturatior* (1), *nisoria, erythropygia, salomonis, insperata*. — Reihenfolge nach MAYR (1960).

Der nächste Schritt muß darin bestehen, das Nebeneinandervorkommen dieser Formen auf Inseln zu registrieren:

1. Süd-Sulawesi: *wiglesworthi* (Komplex II) — *edithae* (Komplex V).
2. Obi: *hoogerwerfi* (Komplex I) — *obiensis* (Komplex V).
3. Seram: *ceramensis* (Komplex I) — *amboinensis* (Komplex V).
4. Waigeu: *incerta* (Komplex I) — *nehrkorni* (Komplex V).

Es fällt hierbei auf, daß nur die Komplexe I und II neben Komplex V auftreten, einander aber ausschließen, während die Komplexe III und IV isoliert von den anderen leben. Es erscheint mir nun angängig, folgendes Bild zu entwerfen:

1. Die Konspezifität der stark divergierenden Komplexe I und II müßte noch durch andere Kriterien als das der geographischen Vikarianz belegt werden. Bei MAYR (l. c.) sind die Komplexe I, II und IV konspezifisch.
2. Die Form *sula*, die auch auf Taliabu vorkommt, halte ich für eine Rasse von *C. tenuirostris*, nicht von *C. morio* s. l. Sie fällt ebenso aus dem Rahmen der übrigen Formen wie die im männlichen Geschlecht schwarze *dispar* von den Kei-Inseln usw.
3. Die Konspezifität der Komplexe III und V erscheint nicht zwanglos. Die Formen *salvadorii* und *talautensis* haben im weiblichen Kleid einen erheblich abweichenden Zeichnungscharakter, doch sind mir die Verhältnisse auf den Nord-Maluku unklar. HARTERT (1903, p. 54) weist auf ungemein stark variierende Jugendkleider bei *grayi* (Komplex V) hin.
4. Unzweifelhaft konspezifisch sind alle noch verbleibenden Formen, deren Weibchen außerordentlich starke Unterschiede aufweisen. So sind die Weibchen im nördlichen Arealteil vorherrschend unterseits rostrot gefärbt mit graublauer Kopfplatte, im südlichen Teil sind sie eher braun bis fahl mit unterseits dichter Querwellung bis -bänderung. *Coracina tenuirostris pelingi* und *C. t. edithae* verkörpern, obgleich geographisch nahe beieinander wohnend, die in diesem Formenkreis auftretenden weiblichen Färbungsextreme, abgesehen von den Sula-Vögeln, die schon VAN BEMMEL (1948, p. 354) „puzzling birds" nannte.

Coracina schistacea petersi NEUMANN, 1939

Coracina schistacea petersi. Bull. Brit. Orn. Club, 59, p. 93. Terra typica: Peleng.
Peleng: 4 Bälge.
C 44 706 (Typus), ♂, 17. VIII., Ebene; Paratypen: C 45 269, ♂, 23. VIII., 300 m; C 45 270—71, ♀♀, 5. VIII.; 20. VII.; Ebene. — I. braun, S. und F. schwarz.
Banggai: 2 Bälge.
C 14 710—11, (♂, ♀).

Auf die Banggai- und Sula-Inseln beschränkte Formenkreise dürften Ausnahmen sein. Eine engere Verwandtschaft der beiden *schistacea*-Formen mit den *larvata*-Formen (Hochländer und Gebirge von Sumatera, Djawa, Kalimantan) scheint zu bestehen. Einer Einreihung in die „Striata Superspecies" (RIPLEY 1941) kann ich nicht vorbehaltlos zustimmen (cf. auch VOOUS und VAN MARLE 1949, pp. 513—517). Die Verbreitungsangaben in der Check-List of Birds of the World, IX, 1960, p. 173, können dahingehend ergänzt werden, daß die ssp. *petersi* auf Peleng und Banggai, die ssp. *schistacea* auf Taliabu und in der Tat auch auf Mangole vorkommt. In der Dresdener Sammlung befinden sich je 1 ♂ und 1 ♀ von Taliabu und Mangole.

Die beiden Vögel von Banggai stimmen in der allgemeinen Größe mit *petersi* überein, zeigen aber die Tendenz zur stärkeren Schnabelbildung, wodurch sie an die Sula-Vögel erinnern. Dies ist aber noch kein Anlaß, sie von *petersi* zu trennen.

Lalage nigra leucopygialis WALDEN, 1872

Lalage leucopygialis. Trans. Zool. Soc. London, 8, p. 69. Terra typica: Manado, Nord-Sulawesi.
Peleng: 4 Bälge.
C 44 872, C 45 642—44, 3 ♂ 1 ♀, 31. VII.; 28. VII.; 4. VIII.; 7. VIII.; Ebene. – I. braun, S. und F. schwarz.

Diese Subspezies ist über Sulawesi, Muna, die Banggai- und Sula-Inseln verbreitet. Auch nach meinen Messungen zeigte sich kein Unterschied.

Corvus enca unicolor (ROTHSCHILD und HARTERT, 1900)

Gazzola unicolor. Bull. Brit. Orn. Club, 11, p. 29. Terra typica: Banggai-Inseln (?).
Kein Material.

Den Feststellungen unter I. ist hier nichts hinzuzufügen. – Die Eingliederung in die *enca*-Rassen durch VAURIE ist vielleicht nicht endgültig.

Oriolus chinensis stresemanni NEUMANN, 1939

Oriolus chinensis stresemanni. Bull. Brit. Orn. Club, 59, p. 93. Terra typica: Peleng.
Peleng: 7 Bälge.

Zu jedem Ex. wird außer der Flügellänge die Schnabellänge in mm (gemessen vom Nasenloch bis zur Spitze mit dem Stechzirkel) angegeben (Flügel/Schnabel):

C 14 583, (♂), 155/26; C 14 586, (♀), 148/25; C 44 683 (Typus), ♂, 15. VII., 152/24; Paratypen: C 44 691, ♂, 12. VII., 154/23; C 45 131, ♂, 14. VII., 148/24; C 45 132, ♂, 11. VII., 151/24; C 45 130, ♀, 10. VII., 144+/22. – I. violett (bei C 45 132 gelb mit rotem Ring, auf Taliabu weinrot, auf Sanana „dull crimson", DOHERTY), S. elfenbeinweiß, F. schieferblau.

Banggai: 3 Bälge.
C 14 712—13, C 14 715, (3 ♂), 154/25; 156/26; 154/25.
Taliabu: 4 Bälge *(frontalis).*
C 45 174—77, 2 ♂ und 2 ♀, 5. X., 155/26; 28. IX., 163/27; 26. IX., 153/26; 7. X., 154/26+.
Sanana (Sula Besi): 6 Bälge *(frontalis).*
C 16 162—63, 2 ♂, X. 1897, 157/26; 161+/27; C 16 168—71, 4 ♀, X. 1897, 153/25; 155/–; 146/26; 150/25.

Gegenüberstellung der Flügellängen

		nach NEUMANN	eigene Messungen (s. o.)
Sula-Inseln	♂	156—162	155—163 (n = 4)
	♀	152—155	146—155 (n = 6)
Banggai-Inseln	♂	146—155	148—156 (n = 8)
	♀	143—145	144—148 (n = 2)

STRESEMANN (1940) ignorierte diese ihm dedizierte Subspezies und in der Check-List of Birds of the World, XV (1962), p. 129, steht sie in der Synonymie von *frontalis* WALL., von der sie sich durch niedrigere Maße unterscheidet, wie das ja schon NEUMANN festgestellt hatte.

Dicrurus hottentottus banggaiensis VAURIE, 1952

Dicrurus hottentottus banggaiensis. Ardea, 40, p. 72. Terra typica: Peleng.
Peleng: 9 Bälge.
C 14 577—80, (C 14 579 ist noch kein voll erwachsener, C 14 580 ist ein junger Vogel, unterseits mit Resten des Nestkleides); C 45 137, ♂, 17. VII.; C 45 138, ♀, 15. VII.; C 45 139, ♂, 7. VII.; C 45 286, ♂, 16. VII,; C 45 455, ♂, 11. VII.; Ebene. – I. braun, S. und F. schwarz.
Banggai: 2 Bälge.
C 14 707; C 14 709.

Wie VAURIE bereits festgestellt hat, gehört ***banggaiensis*** zu den östlichen dunkeläugigen Subspezies, doch kann ich einen Unterschied in der Augenfärbung zu den Vögeln der Sula-Inseln ***(pectoralis)*** nicht finden. Nach VAURIE hat *D. h.* ***pectoralis*** eine rote Iris (1949, p. 301; l. c.). Ich verglich 3 Vögel von Taliabu (legit ebenfalls MENDEN!): Iris braun, 3 Vögel von Mangole (legit DOHERTY): 1 Ex. Iris orange, 2 Ex. Iris ?, 1 Vogel von Sanana: Iris tiefbraun. Der orangeäugige Vogel war ein ♀, die übrigen ♂. Unbestreitbar ist hingegen die erheblichere Größe (Flügel- und Schwanzmaße) der Vögel von Peleng und Banggai gegenüber denen der Sula-Inseln. In einer Korrelationstabelle werden leichte Verschiebungen in den Flügel-Schwanz-Relationen deutlich, doch standen von ***pectoralis*** nur 6 Bälge zur Verfügung, so daß das Ergebnis hier nicht weiter erörtert sei. VAURIE hatte von ***banggaiensis*** nur 5 Bälge, deren 4 offensichtlich von CURSHAM stammen. Die Flügellänge adulter ***banggaiensis*** variiert zwischen 152 und 165 mm.

			Flügel	Schwanz
banggaiensis:	Peleng	♀	159	130
		♂	158	135,5
		♂	152	–
		♂	156	134
		♂	165	147
		–	164	145
		–	152	127
		–	–	126
		–	155,5	130
	Banggai	–	160	139
		–	161	144
pectoralis:	Taliabu	♀	149	132
		♂	152	125,5
		♂	150	130
	Sanana	♂	–	–
	Mangole	♂	155	135
		♀	152	133
		♀	148	129

Lonchura molucca molucca (LINNAEUS, 1766)

Loxia molucca. Syst. Nat., ed. XII, p. 302. Terra typica: Amboina.

Peleng: 2 Bälge.
C 14 559, (ad.); C 45 641, ♀, 10. VIII., in Kleingefiedermauser. – I. braun, S. und F. schieferblau.

Nach MEISES Darstellung (1929, pp. 440—442) gehören Vögel von Peleng zur ssp. *molucca.* CURSHAM hatte 2 Ex. mitgebracht, deren eines wohl in das Tring-Museum gelangte. Zwei Vögel von Taliabu (Museum Dresden) rechne ich ebenfalls zu dieser Subspezies.

Aplonis mysolensis persimilis NEUMANN, 1941

Aplonis mysolensis persimilis. Zool. Mededel., 23, p. 113. Terra typica: Peleng.

Peleng: 6 Bälge.
C 14 548, C 14 550, (ad.); C 14 551, (juv.); C 44 708 (Typus), ♂, 8. VII.[3]; C 45 280—81, ♀ ♀, 9. VII.; Ebene. – I. braun, S. und F. schwarz.

Banggai: 4 Bälge.
C 14 685—88, (2 ad. und 2 juv.).

[3] Das in der Originalbeschreibung angegebene Datum, 8. X., kann hinsichtlich des Monats nicht stimmen, da MENDEN vom VII bis Anfang IX, nicht aber im X auf Peleng sammelte. Mir liegen Vögel vor, die MENDEN an diesem Oktobertag auf Taliabu erlangte.

Dieser Star bewohnt in vier Subspezies das Gebiet der Inseln westlich von Neuguinea bis nach Ost-Sulawesi. Die Serie von 3 Alt- und 4 Jungvögeln von der Osthalbinsel Sulawesis scheint nach wie vor das einzige Material aus diesem Raum zu sein (cf. STRESEMANN 1940, p. 23), das AMADON (1962, p. 82) bei der Bearbeitung von *A. mysolensis* nicht vorlag. AMADON erkennt die ssp. *persimilis* an und vermutet, daß die in Ost-Sulawesi offensichtlich nicht häufigen Vögel dazugehören. Zum Vergleich mit den Banggai-Vögeln diente mir neben der Sulawesi-Serie noch Balgmaterial von den Sula-Inseln (3 ad., 1 juv. von Taliabu, 1 ad. von Mangole, 1 ad., 1 juv. von Sanana). Zur Begründung von *persimilis* hebt NEUMANN außer der geringeren Größe vor allem die abweichende Irisfärbung hervor: braun bei *persimilis*, weinrot bei *sulaensis*. Unter den 10 von MENDEN auf Peleng gesammelten Exemplaren befand sich ein ♀ mit violetter und unter 9 auf Taliabu erbeuteten Stücken ein Jungvogel mit braunroter Iris. MENDEN hat sehr genau etikettiert, und trotzdem er erst gegen Ende September diese Stare auf Taliabu sammelte, so daß der Zeitabstand zu den differierenden Farbbezeichnungen geführt haben könnte, besteht dennoch kein triftiger Grund, die Angaben zu bezweifeln. Der Befund wird außerdem durch den Etikettenvermerk DOHERTYS (*sulaensis*-♀ von Mangole, X 1897) „red“ gestützt. Dieses letztere Ex. wurde im Mai 1898 vom Dresdener Museum erworben und lag eventuell der von GEISLER hergestellten Abbildung von „*Calornis sulaensis*“ bei MEYER und WIGLESWORTH (1898, Taf. XXXVI) zugrunde (Iris rot!). NEUMANN gibt für *persimilis* eine Flügellänge adulter Vögel von 102—111 mm an (nach unserem Material einschließlich der Bälge von Banggai 108—111 mm) gegenüber 106—114 mm bei *sulaensis* (106—117 mm nach unserem Material). Es fällt nun auf, daß die Vögel von Ost-Sulawesi wieder sehr groß sind: 3 ad. 108, 112, 116 mm; 4 juv. 104, 105, 105, 106 mm. Wenn MEYER und WIGLESWORTH (1898, p. 562) für „8 adults, Peling, Banggai, and E. Celebes“ 106—112 mm Flügellänge angeben, so muß ich betonen, daß C 14 430 von Tonkean/Ost-Sulawesi das genau geprüfte Maß von 116 mm hat; am rechten Flügel, der nicht ganz gestreckt getrocknet ist, sind es 114 mm. Aus dieser Serie wurde C 14 549 von Peleng im Juli 1903 an das U. S. National Museum in Washington vertauscht.

Die Sulawesi-Vögel haben gegenüber den Sula-Vögeln einen relativ langen Schwanz und gleichen darin den kleineren Vögeln von Peleng und Banggai. Sie haben außerdem einen, seitlich betrachtet, schlankeren Schnabel. Ich sehe in diesen Vögeln von Sulawesi eine gegenüber *persimilis* sehr schwach verschiedene Subtilform, lasse sie aber unbenannt. Ihre Irisfärbung ist leider unbekannt.

Die Jungvögel dieses Stars haben vielleicht etwas kürzere Flügel (C 14 688 von Banggai 100 mm), vor allem aber einen drastisch kürzeren Schwanz, dessen Stufung um die Hälfte geringer ist als bei den Altvögeln. NEUMANN gab leider die Maße nicht getrennt nach den Geschlechtern an. Es scheint, daß die ♀♀ etwas niedrigere Maße haben.

Basilornis corythaix galeatus MEYER, 1894

Basilornis galeatus. Abh. Ber. Mus. Dresden, 5 (2), p. 1. Terra typica: nach Berichtigung in den Abh. Ber. Mus. Dresden, 6 (2), p. 19, Banggai, Banggai-Archipel.

Peleng: 3 Bälge.

C 45 332, ♂, 24. VIII., I braun, S. elfenbeinweiß, F. gelb; C 45 334, ♂, 8. VIII., I. weißgelb (!), S. graugrün (!), F. gelb; C 45 333, ♀, 8. VIII., I. weißgelb (!), S. graugrün (!), F. gelb; 400 m.

Banggai: 3 Bälge.

C 14 717–19. Da Typus verlorengegangen, ist C 14 718 Lectotypus. C 14 717 wurde im Tausch an das Museum für Naturkunde Berlin abgegeben.

B. c. corythaix und *B. cor. celebensis* sind ebenso braunäugig wie *B. c. galeatus*, so daß die beiden oben aufgeführten Peleng-Stücke (♂ und ♀ vom gleichen Tag) mit weißgelber Iris und ebenfalls abweichender Schnabelfärbung Interesse verdienen. Alters- oder Geschlechtsdifferenzen scheiden als Ursachen aus.

Die Verbreitung der drei Rassen:

B. c. corythaix (WAGLER, 1827): Seram. *B. c. galeatus* MEYER, 1894: Peleng, Banggai (Terra typica), Mangole. *B. c. celebensis* GRAY, 1861: Sulawesi (Terra typica: Manado/Makassar), Lembeh, Muna, Butung. – *Goodfellowia miranda* HARTERT, 1903 von Mindanao, die AMADON (1943, p. 11) zu *Basilornis* stellt, hat keine näheren Beziehungen zu diesem Formenkreis.

Farbige Abbildungen dieser Formen:

celebensis und *corythaix:* Ibis 1861, Taf. 9; *galeatus:* MEYER und WIGLESWORTH (1898, II, Taf. XXXVI); *G. miranda:* Nov. Zool., 13 (1906), Taf. 2. Schwarzweißaufnahme von Bälgen aller Formen bei AMADON (1956, p. 7).

Scissirostrum dubium pelingense NEUMANN, 1939

Scissirostrum dubium pelingense. Bull. Brit. Orn. Club, 59, p. 47. Terra typica: Peleng.
Peleng: 7 Bälge.
C 14 545–46; C 45 256 (Typus ?), ♂, 17. VII., 200 m; C 45 257–59, 2 ♂, 1 ♀, 20. VIII.; 23. VIII.; 14. VII.; Ebene. C 45 260; Originaletikett verlorengegangen. – I. braun, S. und F. gelb.
Banggai: 1 Balg.
C 14 696.

NEUMANN beschrieb diese gegenüber der ssp. *dubium* von Sulawesi größere Form anhand von 15 ♂ und 14 ♀, wobei die enge Variationsbreite, bei den ♂ 4 mm (99–103), bei den ♀ 2 mm (97–99) auffällt. NEUMANN vermerkte für die von HEINRICH auf Sulawesi gesammelten Vögel sehr niedrige Maße, während STRESEMANN (1940, p. 30) für dasselbe Material maximal 101 mm angibt. Da VAN BEMMEL und VOOUS (1951, p. 39) sowohl von Nord-Sulawesi als auch von den Togian-Inseln Vögel untersuchten, die bis 101 mm Flügellänge haben, zogen sie *pelingense* ein, den AMADON (1962, p. 121) anerkennt. Ich konnte nur einen kleinen Teil der auf Peleng gesammelten Vögel untersuchen, wobei mir auffiel, daß die Maße der als ♂ festgestellten Vögel nicht unter 100 mm lagen, so daß es sehr wahrscheinlich ist, daß *pelingense* maximal eine beträchtlich über 103 mm liegende Flügellänge hat. Unklar erscheinen mir NEUMANNS angegebene Schwanzmaße, die auf Peleng weit über denen von Sulawesi liegen sollen: *pelingense*-♂ bis 92 mm, in Nord-Sulawesi bis 75, in Südost-Sulawesi bis 90 mm. Ich ermittelte unter 23 Sulawesi-Vögeln des Dresdener Museums bei einem Balg von der Osthalbinsel (Tonkean) 83 mm als Maximum und bei 3 Vögeln von Peleng 81 mm. NEUMANN diskutierte nicht die erheblichen Differenzen, die in der Schwanzlänge und -stufung auftreten können, und die meines Erachtens altersbedingt sind. Jungvögel haben kurze, wenig gestufte Schwänze mit breiten Fahnen. Altvögel haben lange, stark gestufte Schwänze mit schmalen Fahnen (vgl. *Aplonis mysolensis).*

Populationen verschiedener Formenkreise scheinen auf den kleinen, Nord-Sulawesi vorgelagerten Inseln größere Maße aufzuweisen als ihre Verwandten auf der Hauptinsel. Zu diesen könnte auch *S. dubium* gehören, wie die Maße eines Balges von Lembeh (C 14 229) andeuten: Flügel 102, Schwanz 80+ mm. Ich möchte diesen Sachverhalt nicht als Beweis für die Unhaltbarkeit von *pelingense* werten.

VI.

Neu für Peleng werden hier genannt:

Gymnocrex rosenbergii (SCHLEGEL)
Tringa hypoleucos hypoleucos LINNAEUS
Sterna sumatrana sumatrana RAFFLES
Butorides striatus banggaiensis ssp. n.
Aviceda madagascariensis celebensis (SCHLEGEL)
Pandion haliaetus melvillensis MATHEWS
Cacomantis variolosus virescens (BRÜGGEMANN)
Chalcites malayanus jungei STRESEMANN
Centropus bengalensis sarasinorum STRESEMANN
Halcyon australasia sancta VIGORS und HORSFIELD
Dicaeum hirundinaceum sulaense SHARPE
Nectarinia jugularis frenata MÜLLER
Hirundo rustica javanica SPARRMANN ?
Basilornis corythaix galeatus MEYER.

Von Peleng und Banggai zusammen wurden Vertreter von 79 Formenkreisen nachgewiesen.

VII.

Die Vögel der Banggai-Inseln, soweit sie bis jetzt bekannt sind, weisen keinen für diesen Archipel endemischen Formenkreis auf. Die dort beheimateten Vogelformen sind im Vergleich mit ihren konspezifischen Verwandten fast durchweg eigentliche Subspezies, d. h. geographisch vikariierende Subtilformen[4]. Stärker in der Färbung abweichend sind nur *Otus scops mendeni* und die als Spezies beschriebene *Geokichla erythronota mendeni*, während der zierliche *Corvus enca unicolor*, sollte er wirklich von diesen Inseln stammen, die einzige drastisch in der Größe differierende Banggai-Form wäre!

Soweit von Peleng und Banggai endemische Subspezies nachweisbar sind, repräsentieren sie keine besondere intraspezifische Umbildungsrichtung, sondern bewegen sich ausschließlich in den Ausformungsmöglichkeiten ihrer jeweiligen Subspeziesgruppe (Sektor). Inwieweit im einzelnen Fall Subspeziesrang erreicht wird, ist aufgrund vielfach zu wenigen Materials nicht immer sicher anzugeben – auch der Subspeziesrang selbst ist oft genug eine strittige Sache. Was aber verdeutlicht werden sollte, waren Erscheinungen der individuellen Variation, die sich in die bekannten Variationskurven östlich oder westlich angereihter Populationen nicht zwanglos einfügten. In solchen Fällen gilt es, zugunsten der sauberen Klärung eines Variationsspektrums nichts zusammenzuwerfen, sondern zunächst auseinanderzuhalten, was vielleicht nicht mehr zusammengehört. Nomenklatorische Konsequenzen sind dabei von untergeordneter Bedeutung. Genau das meinte auch O. KLEINSCHMIDT (1935, p. 10, Fußnote), wenn er sagte, es sei ihm „bei gewissen Subtilformen nicht um diese, sondern um ein reineres Bild der individuellen Variationsweite zu tun ..., da deren exakte Abgrenzung durch Vereinigung subtiler Nachbarformen gestört wird." Was zu dieser Betrachtung nötigt, ist die Bewältigung eines zentralen Fragenkomplexes, beinhaltend das Verhältnis zwischen individueller Variation und geographischer Merkmalsdifferenzierung einerseits und das Phänomen der Hierarchie im intraspezifischen Merkmalsgefüge (Formenkreis – Rassensektor – Subspezies) anderer-

[4] Zu dem heute in der Taxonomie nicht mehr gebrauchten Ausdruck „Form" bemerkte O. KLEINSCHMIDT (1935, p. 12) treffend: „Das Wort Formenkreis ist darum besonders sympathisch, weil für ein feineres Ohr in dem Wort ‚Form' der Gedanke der Veränderlichkeit, der Umgestaltung der organischen Welt mitklingt."

seits. Diese Hierarchie präsentiert sich als allem Anschein nach irreversible Zerfallsdifferenzierung. Die interne Subspeziesgliederung eines Rassensektors sprengt nicht dessen Rahmen, sondern wird von diesem Rahmen bestimmt, wie wir auch an der morphologischen Relativität konspezifischer Rassensektoren erkennen, daß sie die Grenzen des Formenkreises nicht durchbrechen, sondern die spezifischen Ausformungsmöglichkeiten nur bis zu dieser Grenze treiben. Dabei ist der Hiatus zwischen den Rassensektoren einer besonderen Beachtung wert. – Auf welchem Wege sich diese Version der intraspezifischen Evolution mit der Annahme transspezifischer Evolution treffen könnte, ist schwer zu entscheiden. Beide Auffassungen kommen sich dort am nächsten, wo es um die gemeinsame Basis rezenter Formenkreise oder Superspezies geht.

Die zoogeographische Betrachtung der Banggai-Vögel kann unter zwei Gesichtspunkten erfolgen. Der erste betrifft die Zuordnung des Formenkreises zu einem der großen Faunengebiete (wobei es hier und da erlaubt schien, auf die Einwanderungsrichtung zu schließen). Der zweite Gesichtspunkt betrifft die engeren oder weiteren Bindungen der Banggai-Subspezies an die ringsum wohnenden Subspezies. Ein Beispiel: Sieht man nur den Formenkreis, so ist *Oriolus chinensis* auf Peleng ein westlicher Vogel, sieht man nur die Subspezies, so hat *stresemanni* die engeren Beziehungen zum östlichen *frontalis*. In den Fällen, in denen ein Formenkreis über mehrere Faunengebiete hinwegreicht oder gar kosmopolitisch ist, hat die Verbreitung des Rassensektors, dem die Banggai-Subspezies zugehört, besonderes Gewicht (vgl. unter 1.). Nach Verbreitungsschwerpunkten (über den Entstehungsherd ist damit nichts gesagt) können die 79 auf den Banggai-Inseln vertretenen Formenkreise folgendermaßen geordnet werden:

1. Formenkreise ohne zoogeographische Bedeutung (Gäste aus dem Norden oder Süden, gelegentliche Besucher der Küsten, überregional verbreitete Formenkreise): *Charadrius leschenaultii, Tringa hypoleucos, Stiltia isabella, Sterna sumatrana, Butorides striatus, Haliastur indus, Haliaeëtus leucogaster, Pandion haliaetus, Cacomantis variolosus, Chalcites malayanus, Macropygia amboinensis, Chalcophaps indica, Eurystomus orientalis, Alcedo atthis, A. meninting, Halcyon chloris, H. australasia, Merops ornatus, Collocalia esculenta, Cisticola exilis, Dicaeum hirundinaceum, Artamus leucorhynchus, Coracina novaehollandiae, C. schistacea* (?), *Dicrurus hottentottus.*

Eine Sonderstellung nehmen die folgenden Formenkreise ein, deren Banggai-Subspezies einem bestimmten Sektor zuzuordnen sind:

Nycticorax (nycticorax) (caledonicus-Sektor, falls wirklich in diesen Formenkreis gehörig, „australisch-papuanisch"), *Aviceda madagascariensis (jerdoni*-Sektor, „orientalisch"), *Falco tinnunculus (moluccensis*-Sektor, Sulawesi, Maluku, Kleine Sunda-Inseln), *Otus scops (manadensis*-Sektor, Sulawesi-Region), *Nectarinia jugularis (frenata*-Sektor, „australisch-papuanisch"), *Hirundo rustica (tahitica*-Sektor, „australisch-papuanisch").

2. Formenkreise mit australisch-papuanischem Verbreitungsschwerpunkt: *Megapodius freycinet, Turnix maculosa, Columba vitiensis, Alisterus amboinensis, Trichoglossus ornatus, Tyto novaehollandiae, Gerygone (fusca) sulphurea, Pachycephala pectoralis, Monarcha cinerascens, Nectarinia sericea, Zosterops atrifrons, Artamus monachus, Coracina tenuirostris, Lonchura molucca, Aplonis mysolensis.*

Anmerkung: *Tyto novaehollandiae pelengensis* gehört zum *rosenbergi*-Sektor der Sulawesi-Region.

3. Formenkreise mit südostasiatischem, „orientalischem“ Verbreitungsschwerpunkt: *Pernis apivorus, Icthyophaga nana, Centropus bengalensis, Treron pompadora, Ducula aenea, Halcyon coromanda, Hemiprocne longipennis, Cisticola juncidis, Anthreptes malacensis, Lalage nigra, Oriolus chinensis.*

4. Formenkreise, die auf die Sulawesi-Region beschränkt sind, aber auch bis zu den Philippinen, Maluku oder Kleinen Sunda-Inseln verbreitet sein können: *Rallus torquatus* (?), *Gymnocrex rosenbergii, Accipiter rhodogaster, Spilornis rufipectus, Eudynamis melanorhyncha, Leucotreron subgularis, Ptilinopus melanospila, Ducula luctuosa, Macropygia manadensis, Loriculus stigmatus, Tanygnathus sumatranus, Prioniturus platurus, P. flavicans, Pelargopsis melanorhyncha, Hypothymis puella, Rhinomyias colonus, Culicicapa helianthea, Geokichla erythronota, Hypsipetes affinis, Corvus enca, Basilornis corythaix, Scissirostrum dubium.*

Die Subspezies der auf Peleng und Banggai lebenden Vögel unterteile ich nach ihren Beziehungen zu ihren konspezifischen Vertretern, soweit eben diese Beziehungen an den äußerlichen Merkmalen ablesbar sind, ebenfalls in vier Gruppen (A–D):

A. Subspezies, die in der Sulawesi-Region, auch darüber hinaus bis zu den Maluku usw., einheitlich sind: *Aviceda madagascariensis celebensis, Pandion haliaetus melvillensis, Centropus bengalensis sarasinorum, Treron pompadora griseicauda, Alcedo atthis hispidoides, A. meninting* ssp., *Halcyon chloris chloris,* ? *Hemiprocne longipennis wallacei, Collocalia esculenta esculenta, Cisticola exilis rustica, Culicicapa helianthea helianthea, Hirundo rustica javanica, Lalage nigra leucopygialis, Lonchura molucca molucca.*

B. Subspezies, die auch auf den Sula-Inseln vorkommen: *Accipiter rhodogaster sulaensis, Spilornis rufipectus sulaensis, Macropygia manadensis sulaensis, Monarcha cinerascens* ssp., *Hypothymis puella blasii, Dicaeum hirundinaceum sulaense, Anthreptes malacensis extremus, Nectarinia jugularis frenata* (?), *N. sericea auriceps, Basilornis corythaix galeatus.*

Columba vitiensis mendeni gehört nur hierher, wenn die Population von Nord-Sulawesi rassenverschieden ist.

C. Subspezies, die auch auf Sulawesi vorkommen: *Nycticorax caledonicus* ssp. ?, *Pernis apivorus celebensis, Haliastur indus ambiguus, Icthyophaga nana nana, Falco tinnunculus occidentalis* (?), *Cacomantis variolosus virescens, Chalcites malayanus jungei, Eudynamis melanorhyncha melanorhyncha, Macropygia amboinensis albicapilla, Trichoglossus ornatus ornatus, Eurystomus orientalis connectens, Cisticola juncidis constans, Artamus monachus monachus.*

D. Für die Banggai-Inseln endemische Subspezies,

a) ohne sicher bestimmbare Beziehungen: *Chalcophaps indica nana, Tanygnathus sumatranus incognitus, Rhinomyias colonus pelingensis, Corvus enca unicolor;*

b) intermediär zwischen Sulawesi und den Sula-Inseln: *Butorides striatus banggaiensis, Leucotreron subgularis subgularis, Ptilinopus melanospila pelingensis, Ducula aenea intercedens, Pelargopsis melanorhyncha dichrorhyncha, Halcyon coromanda pelingensis;*

c) engere Beziehungen zur Subspezies der Sula-Inseln: *Megapodius freycinet perrufus, Rallus torquatus simillimus, Loriculus stigmatus ruber, Alisterus amboinensis versicolor, Pachycephala pectoralis pelengensis, Hypsipetes affinis harterti, Coracina tenuirostris pelingi, C. schistacea petersi, Oriolus chinensis stresemanni, Dicrurus hottentottus banggaiensis;*

d) engere Beziehungen zu Subspezies von Sulawesi: *Gymnocrex rosenbergii* (sofern subspezifisch differierend), *Turnix maculosa kinneari, Prioniturus platurus* ssp., *P. flavicans* (ob subspezifisch verschieden, kann hier nicht beurteilt werden), *Tyto novaehollandiae pelengensis, Otus scops mendeni, Gerygone sulphurea intercedens, Geokichla erythronota mendeni, Zosterops atrifrons subatrifrons, Artamus leucorhynchus longipennis, Aplonis mysolensis persimilis* (?), *Scissirostrum dubium pelingense.*

MEYER und WIGLESWORTH (1896, p. 4) erklärten mit Bestimmtheit, daß die Banggai-Inseln zoogeographisch mit den Sula-Inseln (West-Maluku) eine Einheit bilden und von Celebes (Sulawesi) deutlich geschieden seien. Diese durch den damaligen Kenntnisstand begründete Meinung brachten sie auf ihrer beigegebenen geographischen Karte mit einer roten Grenzlinie drastisch zum Ausdruck. Und bei JACOBI (1900, p. 152) findet man dieses Ergebnis bereits als voll beweiskräftig verarbeitet.

Auch heute noch sind die Banggai-Inseln ornithologisch nicht völlig erschlossen. Wir verdanken aber der erfolgreichen wie sorgfältigen Sammeltätigkeit MENDENS ein vollständigeres Bild als jenes, das MEYER und WIGLESWORTH gewonnen hatten. Nach vorliegender Untersuchung dürfte es der Wirklichkeit nahekommen, daß die Banggai-Inseln nicht die zoogeographische Westgrenze der Maluku bilden, sondern vielmehr zwischen diesen (genauer: den Sula-Inseln) und Sulawesi eine Brücke in beiden Richtungen schlagen. Es fällt bei den oben vorgenommenen Gruppierungen auf, daß sich in der Anzahl „australischer“ und „orientalischer“ Formenkreise (2., 3.) auf Peleng/Banggai mit 15 und 11 kein bedeutender Unterschied zeigt, während die 22 auf den Raum von Sulawesi konzentrierten Formenkreise (4.) Beachtung verdienen! Wendet man sich den subspezifischen Differenzierungen zu, so wird in den Abschnitten B.–D. deutlich, daß in 25 Fällen auf Peleng/Banggai beheimatete Formen entweder in derselben oder in einer sehr nahestehenden Form auf Sulawesi vorkommen, während in 20 Fällen banggaiische Subspezies in derselben oder einer subspezifisch leicht verschiedenen Form auf den Sula-Inseln vertreten sind. Man kann also auch hier fast von einem Gleichgewicht der östlichen und westlichen Faunenvertreter sprechen. – Endemisch für Peleng und Banggai sind 29 (32 ?) Subspezies, unter denen 6 ausgesprochen intermediär zwischen den Subspezies Sulawesis und der Maluku sind.

MEYER und WIGLESWORTH sahen in einer größeren Anzahl Sulawesi eigentümlicher Gattungen auch ein Indiz für die Fremdheit der banggaiischen gegenüber der sulawesischen Fauna. Eine solche Betrachtungsweise ist jedoch fragwürdig, zum einen, weil diese und jene für Sulawesi endemische Gattung schließlich doch noch von Peleng bekannt wurde, zum anderen, weil das große, landschaftlich und klimatisch reich gegliederte Sulawesi dem kleinen Peleng gar nicht vergleichbar ist.

Nun sind gerade Vögel nicht die sichersten Zeugen für die Unüberwindlichkeit einer Meeresstraße, wie sie z. B. zwischen Kalimantan und Sulawesi seit jeher besteht. Die sehr tiefe Peleng-Straße (bis 920 m; vgl. auch die Karte bei FOODEN 1969,

p. 65) ist aber möglicherweise jüngeren Datums, zumal nach einer von THENIUS (1972, p. 24) veröffentlichten Karte Sulawesi, die Banggai- und Sula-Inseln eine zusammenhängende Festlandsmasse bildeten. Sollte letzteres zutreffen, dann wäre nicht nur das Vorkommen der Urwaldralle *Gymnocrex rosenbergii* auf Sulawesi und Peleng, sondern auch das solcher Urwaldsäugetiere wie *Phalanger ursinus, Ph. celebensis* und *Tarsius spectrum*[5] weniger rätselhaft.

D a n k s a g u n g

Für die Schaffung der Möglichkeiten und Gewährung der Mittel zur Durchführung dieser Arbeit gilt mein besonderer Dank Herrn Dr. R. HERTEL, Direktor des Staatlichen Museums für Tierkunde Dresden. Unterstützung durch Entleihung von Balgmaterial, Arbeitsmöglichkeiten in der Sammlung oder Beschaffung schwer zugänglicher Literatur erfuhr ich durch Frau M. LE CROY (The American Museum of Natural History, New York), Frau CH. RIEMER (Museum „Julius Riemer", Wittenberg) sowie die Herren K. HANDTKE (Museum Heineanum, Halberstadt), W. HEESE (Bibliothek der Deutschen Akademie der Naturforscher „Leopoldina", Halle/Saale), Dr. G. MAUERSBERGER (Museum für Naturkunde, Berlin), Dr. G. F. MEES (Rijksmuseum van Natuurlijke Historie, Leiden), Dr. R. A. PAYNTER jr. (Museum of Comparative Zoology, Cambridge/Mass.) und Dr. B. STEPHAN (Museum für Naturkunde, Berlin). Ihnen möchte ich hier noch einmal meinen verbindlichsten Dank sagen.

Zusammenfassung

Durch die Sammeltätigkeit von CURSHAM (1895) und MENDEN (1938) wurden von den Banggai-Inseln 79 Vogelformen bekannt, die hier taxonomisch wie vergleichend-zoogeographisch bearbeitet wurden. Es stellte sich heraus, daß die Banggai-Inseln etwa gleich stark von Osten und Westen besiedelt wurden und damit eine vermittelnde Stellung zwischen Sulawesi (Celebes) und den Sula-Inseln einnehmen.

Neue Subspezies von Peleng: *Butorides striatus banggaiensis, Ducula aenea intercedens, Tanygnathus sumatranus incognitus;* neu von Mantehage usw. (vor Nord-Sulawesi): *Anthreptes malacensis nesophilus.*

Summary

THE BIRDS OF BANGGAI ISLANDS, FIRST OF ALL OF PELENG

CURSHAMs (1895) and MENDENs (1938) collecting activities informed about 79 taxonomic units of birds which are dealt with taxonomically and comparative-zoogeographically. It could be found that the Banggai Islands have been settled almost equally from east and west whereby they have a mediating position between Sulawesi (Celebes) and Sula Islands.

New subspecies from Peleng: *Butorides striatus banggaiensis, Ducula aenea intercedens, Tanygnathus sumatranus incognitus,* from Mantehage etc. (in front of northern Sulawesi): *Anthreptes malacensis nesophilus.*

[5] Es wäre gewiß lohnend, dem ornithologischen Vergleich den mammalogischen an die Seite zu stellen, wie die genannten Beispiele schon bezeugen. Von Peleng sind mindestens 22 verschiedene Säugetiere bekannt, die fast (!) sämtlich in der Liste von LAURIE und HILL (1954) zu finden sind und zu einem Großteil früher schon von TATE oder SODY bearbeitet wurden.

Literatur

AMADON, D., 1942: Birds collected during the Whitney South Sea Expedition. 49. – Amer. Mus. Novit., Nr. 1175: 4–8 *(Nycticorax caledonicus)*.
–, 1943: The genera of starlings and their relationships. – Amer. Mus. Novit., Nr. 1247, 16 S.
–, 1956: Remarks on the starlings, family *Sturnidae*. – Amer. Mus. Novit., Nr. 1803, 41 S.
–, 1962: *Sturnidae*. In PETERS' Check-List of Birds of the World, 15. Cambidge/Mass.
–, 1964: Taxonomic notes on Birds of Prey. – Amer. Mus. Novit., Nr. 2166, 24 S.
–, 1966: The superspecies concept. – Syst. Zool., **15**: 245–249.
Atlas van Tropisch Nederland, 1938. Amsterdam und Batavia.
BAKER, R. H., 1951: The Avifauna of Micronesia, Its Origin, Evolution, and Distribution. – Univ. Kansas Publ. Mus. Nat. Hist., **3**: 1–359.
BEMMEL, A. C. V. VAN, 1947: Two small collections of New Guinea birds. – Treubia, **19**: 1–45.
–, 1948: A faunal list of the birds of the Moluccan Islands. – Treubia, **19**: 323–402.
– und K. H. VOOUS, 1951: On the birds of the islands of Muna and Buton, S. E. Celebes. – Treubia, **21**: 27–104.
– und –, 1953: Supplement to the Faunal list of the Birds of the Moluccan Islands. – Beaufortia, **4**, Nr. 32, 7 S.
BLASIUS, W., 1897: Neuer Beitrag zur Kenntnis der Vogelfauna von Celebes (Nach Sammlungen des Herrn Dr. C. Platen von Rurukan in der Minahassa, Nord-Celebes. – Festschr. Herzogl. Techn. Hochschule Braunschweig: 275–395.
CAIN, A. J., 1959: Die Tierarten und ihre Entwicklung. Jena.
ECK, S., 1971: Katalog der Eulen des Staatlichen Museums für Tierkunde Dresden *(Aves, Strigidae)*. – Zool. Abh. Mus. Tierk. Dresden, **30**, Nr. 15: 173–218.
–, 1974: Katalog der ornithologischen Sammlung des Staatlichen Museums für Tierkunde Dresden, VI. Artamidae. – Zool. Abh. Mus. Tierk. Dresden, **33**, Nr. 7: 95–102.
FOODEN, J., 1969: Taxonomy and Evolution of the Monkeys of Celebes. – Bibliotheca Primatologica, Nr. 10, 148 S.
GALBRAITH, I. C. J., 1956: Variation, relationships and evolution in the *Pachycephala pectoralis* superspecies *(Aves, Muscicapidae)*. – Bull. Brit. Mus. (Nat. Hist.), Zool., **4**, Nr. 4: 131–222 u. Karte.
HARTERT. E., 1898: List of a collection of birds made in the Sula Islands by William Doherty. – Novit. Zool., **5**: 125–136.
–, 1902: Aus den Wanderjahren eines Naturforschers. Berlin, London, Gravenhage.
–, 1903: On the birds collected on the Tukang-besi Islands and Buton, south-east of Celebes. by Mr. Heinrich Kühn. – Novit. Zool., **10**, 18–38.
–, 1903: The Birds of Batjan. – Novit. Zool., **10**: 43–64.
–, 1919: Types of Birds in the Tring Museum. – Novit. Zool., **26**: 123–178.
–, 1924: Types of Birds in the Tring Museum. B. Types in the General Collection IV. – Novit. Zool., **31**: 112–134.
–, 1925: Review of the Genus *Cacomantis* MÜLL. – Novit. Zool., **32**: 164–174.
–, K. PALUDAN, W. ROTHSCHILD, E. STRESEMANN, 1936: Die Vögel des Weyland-Gebirges und seines Vorlandes. – Mitt. Zool. Mus. Berlin, **21**: 165–240.
HOOGERWERF, A., 1964: On two species of *Centropus* from the Kangean Islands *(Aves, Cuculidae)*. – Zool. Mededel., **40**: 119–123.
–, 1965: Some remarks on the Little Green Heron, *Butorides striatus* (Linn.) from the Indonesian Archipelago. – Treubia, **26**: 216–225.
–, 1965: On the Indonesian subspecies of the Coast-Swallow, *Hirundo tahitica* Gmelin. – Treubia, **26**: 249–253.
–, 1965: The Swallow-Shrike, *Artamus leucorhynchus* (Linn.) especially on the population inhabiting the Karimundjava Archipelago. – Treubia, **26**: 257–264.
HUBBARD, J. P. und J. E. DU PONT, 1974: A revision of the Ruddy Kingfisher *Halcyon coromanda* (Latham). – Nemouria, Nr. 13: 1–29.
JACOBI, A., 1900: Lage und Form biogeographischer Gebiete. – Z. Ges. Erdkd. Berlin, **35**: 147–238.

JORDANS, A. v. und J. STEINBACHER, 1942: Bilden die Wespenbussarde einen oder mehrere Formenkreise? – Zool. Anz., **139**: 234–236.
KAUDERN, W., 1929: Ethnographical Studies in Celebes. IV Games and Dances in Celebes. Göteborg.
KEAST, A., 1961: Bird Speciation on the Australian Continent. – Bull. Mus. Comp. Zool., **123**: 303–495.
KLEINSCHMIDT, O., 1900: Arten oder Formenkreise? – J. Orn., **49**: 134–139.
–, 1912 (–1928): *Falco Peregrinus*. Berajah, Zoogr. infin., Halle.
–, 1935: Richtigstellung. – Falco, **31**: 9–13.
–, 1935–43: Katalog meiner ornithologischen Sammlung. Beilage zu Falco.
–, 1940: *Corvus albus* und seine nördlichen Verwandten. – Falco, **36**: 17–22 (p. 21).
KOESTLER, A., 1971: Der Krötenküsser. Der Fall des Biologen Paul Kammerer. Wien, München, Zürich.
LATTIN, G. DE, 1967: Grundriß der Zoogeographie. Jena.
LAURIE, E. M. O. und J. E. HILL, 1954: List of Land Mammals of New Guinea, Celebes and adjacent Islands. London, Brit. Museum (Nat. Hist.).
LYNES, H., 1930: Review of the Genus *Cisticola*. Text- und Tafel-Bd. – Ibis, **12**. Ser., VI, Suppl.
MARLE, J. G. VAN und K. H. VOOUS, 1946: The endemic Sparrow Hawks of Celebes. – Limosa, **19**: 15–23.
MAYR, E., 1931: Birds collected during the Whitney South Sea expedition. 12. Notes on *Halcyon chloris* and some of its subspecies. – Amer. Mus. Novit., Nr. 469, 10 S.
–, 1937: Birds collected during the Whitney South Sea expedition. 36. – Amer. Mus. Novit., Nr. 947, 11 S.
–, 1938: Notes on New Guinea birds. 5. – Amer. Mus. Novit., Nr. 1007, 16 S.
–, 1939: Ein neuer Wespenbussard von den Philippinen. – Orn. Monatsber., **47**: 74–76.
–, 1941: Über einige Raubvögel der Kleinen Sunda-Inseln. – Orn. Monatsber., **49**: 42–47.
–, 1941: Wanderung oder Ausbreitung? – Zoogeographica, **4**: 18–20.
–, 1944: Timor and the colonization of Australia by Birds. – Emu, **44**: 113–130.
–, 1944: The birds of Timor and Sumba. – Bull. Amer. Mus. Nat. Hist., **83**, Art. 2: 125–194.
–, 1949: Notes on the birds of Northern Melanesia. 2. – Amer. Mus. Novit., Nr. 1417, 38 S.
–, 1967: Artbegriff und Evolution. Hamburg und Berlin.
– und D. AMADON, 1947: A Review of the *Dicaeidae*. – Amer. Mus. Novit., Nr. 1360, 32 S.
– und L. L. SHORT, 1970: Species Taxa of North American Birds. A Contribution to Comparative Systematics. Publ. Nuttall Ornith. Club, Nr. 9. Cambridge/Mass.
Lord MEDWAY, 1966: Field Characters as a guide to the specific relations of swiftlets. – Proc. Linn. Soc. London, **177**: 151–172.
–, 1970: Untersuchungen über die Biologie der Salanganen von Südost-Asien. – J. Orn., **111**: 196–205.
MEES, G. F., 1961: A systematic review of the Indo-Australian *Zosteropidae* (Part II). – Zool. Verhandel., Nr. 50.
–, 1964: Notes on two small collections of birds from New Guinea. – Zool. Verhandel., Nr. 66.
–, 1965: A revision of *Nectarinia sericea*. – Ardea, **53**: 38–56.
–, 1965: The Avifauna of Misool. – Nova Guinea, Zoology, **31**: 139–203.
–, 1970: Notes on some birds from the island of Formosa (Taiwan). – Zool. Mededel., **44**: 285–304.
MEINERTZHAGEN, R., 1954: Birds of Arabia. Edinburgh und London.
MEISE, W., 1929: Die Vögel von Djampea und benachbarten Inseln nach einer Sammlung Baron Plessens (I). – J. Orn., **77**: 431–480.
–, 1930: Ibidem. – J. Orn., **78**: 180–214.
–, 1931: Zur Systematik der Gattung *Gerygone*. – Novit. Zool., **36**: 317–379.
–, 1939: Über die Schlangenadler der Gattung *Spilornis* Gray. – J. Orn., **87**: 65–74.
–, 1962: In BERNDT und MEISE, Naturgeschichte der Vögel, 2. Stuttgart.

MEYER, A. B. und L. W. WIGLESWORTH, **1895**: Eine zweite Sammlung von Vögeln von den Talaut-Inseln. – Abh. Ber. Mus. Dresden, **5**, Nr. 9, 9 S.
– und –, **1896**: Eine Vogelsammlung von Nordost Celébes und den Inseln Peling und Banggai. – Abh. Ber. Mus. Dresden, **6**, Nr. 2, 20 S. und 1 Karte.
– und –, **1898**: The Birds of Celebes and the neighbouring islands. 2 Bde. Berlin.
MUCKHERJEE, A. K. und J. M. DASGUPTA, **1973**: On the taxonomic status of the genus *Sauropatis* Cabanis & Heine (family *Alcedinidae*). – Bull. Brit. Orn. Club, **93**: 79–81.
NEUMANN, O., **1917**: Neue Formen aus dem papuanischen Gebiet. – Orn. Monatsber., **25**: 153–156.
–, **1926**: Revision des Genus *Alisterus* Math. – Verh. VI. Int. Orn. Kongr. Kopenhagen: 436–454 (Veröff. 1929).
NIEUWENHUIS, E. J., **1946**: Lepidoptera van den Banggaai-archipel. – Tijdschr. Entom., **87**: 37–61.
PETERS, J. L., **1931** ff.: Check-List of Birds of the World. Cambridge/Mass.
PEUS, F., **1950**: Der Formenkreis des *Ctenophthalmus agyrtes* Heller *(Insecta, Aphaniptera)*. Eine Skizze über seine Struktur und über das Wesen und die Entstehung seiner Rassen. Syllegomena biologica (Festschrift O. KLEINSCHMIDT): 286–318.
PEUS. F., **1970**: Zum 100. Geburtstag von Pfarrer Dr. med. h. c. Otto Kleinschmidt (Zur Neuherausgabe der Syllegomena biologica). Wittenberg.
RENSCH. B., **1926**: Notizen über Vögel von Südost-Celebes. – Orn. Monatsber., **34**: 174–176.
–, **1928**: Grenzfälle von Rasse und Art. – J. Orn., **76**: 222–231.
–, **1929**: Das Prinzip geographischer Rassenkreise und das Problem der Artbildung. Berlin.
–, **1931**: Die Vogelwelt von Lombok, Sumbawa und Flores. – Mitt. Zool. Mus. Berlin, **17**: 451–637.
–, **1972**: Prinzipien der Evolution. – Osnabrücker Naturw. Mitt., **1**: 73–87.
RIBBE, C., **1889**: Einige neue Schmetterlinge von Banggaja. – Iris, **2**: 183–185
RIPLEY, S. D., **1941**: Notes on a collection of birds from northern Celebes. – Occ. Pap. Boston Soc. Nat. Hist., **8**: 343–358.
–, **1941**: Notes on the genus Coracina. – Auk, **58**: 381–395.
–, **1942**: The species *Eurystomus orientalis*. – Proc. Biol. Soc. Wash., **55**: 169–176.
–, **1952**: The Thrushes. – Postilla, Nr. 13, 48 S.
SALVADORI, T., **1891**: Catalogue of the Birds in the British Museum, 20. London.
SHAMEL, H. H., **1940**: The insectivorous bats collected by H. C. Raven in Celebes. – J. Mamm., **21**: 352–354.
SIEBERS, H. C., **1929**: Neue Vogelrassen aus dem indo-australischen Gebiet. – Treubia, **11**: 149–153.
–, **1930**: Fauna Buruana, Aves. – Treubia, **7**, Suppl.: 165–303.
SOMADIKARTA, S., **1975**: On the two new subspecies of crested tree swift from Peleng Island, and Sula Islands *(Aves: Hemiprocnidae)*. – Treubia, **28**: 119–127.
SPENNEMANN, A., **1929**: Über Flugspiele und Balz einiger palaearktischer Vögel auf Java. – Beitr. Fortpflanzungsbiol. Vög., **5**: 205–212.
STRESEMANN, E., **1914**: Beiträge zur Kenntnis der Avifauna von Buru. – Novit. Zool., **21**: 358–400.
–, **1923**: Dr. Bürgers' ornithologische Ausbeute im Stromgebiet des Sepik. – Arch. Naturgesch., **89**, Abt. A, Heft 7: 1–96, Heft 8: 1–92.
–, **1925**: Bruchstücke einer Revision der Salanganen *(Collocalia)*. – Mitt. Zool. Mus. Berlin, **12**: 179–190.
–, **1930**: Beiträge zur Ornithologie der indo-australischen Region. III. – Mitt. Zool. Mus. Berlin, **15**: 633–645.
–, **1932**: Vorläufiges über die ornithologischen Ergebnisse der Expedition Heinrich 1930–32. – Orn. Monatsber., **40**: 104–115.
–, **1939**: „Heterogynie" im Rassenkreis *Edolisoma morio*. – Orn. Monatsber., **47**: 124–126.
–, **1939–41**: Die Vögel von Celebes. – J. Orn., **87**: 299–425; **88**: 1–135, 389–487; **89**: 1–102.

–, 1940: Zur Kenntnis der Wespenbussarde (*Pernis*). – Arch. Naturgesch., N. F., **9**: 137–193.
–, 1959: Die Gliederung der Schlangenadler-Gattung *Spilornis*. – Vierteljahresschr. naturf. Ges. Zürich, **104**: 208–213.
– und V. STRESEMANN, 1966: Die Mauser der Vögel. – J. Orn., **107**, Sonderheft, 445 S.
SUTTER, E., 1955: Über die Mauser einiger Laufhühnchen und die Rassen von *Turnix maculosa* und *sylvatica* im indo-australischen Gebiet. – Verh. Naturf. Ges. Basel, **66**: 85–139.
THENIUS, E, 1972: Grundzüge der Verbreitungsgeschichte der Säugetiere. Jena
TOXOPEUS, L. J., 1930: De soort als functie van plaats en tijd. Amsterdam.
UMBGROVE, J. H. ., 1932: Het neogeen in den Indischen Archipel. – Tijdschr. Nederl. Aardrijkk. Genootsch. (II), **49**: 769–833.
VALENTIN, H., 1954: Die Küsten der Erde. – Peterm. Mitt., Ergänzungsheft 246 (2. Aufl.).
VAURIE, C., 1949: A revision of the bird family *Dicruridae*. – Bull. Amer. Mus. Nat. Hist., **93**, Art. 4: 201–342.
– und D. AMADON, 1962: Notes on the Honey Buzzards of Eastern Asia. – Amer. Mus. Novit., Nr. 2111, 11 S.
VOOUS, K. H., 1962: Die Vogelwelt Europas und ihre Verbreitung. Hamburg und Berlin.
– und J. G. VAN MARLE, 1949: The Distributional history of *Coracina* in the Indo-Australian Archipelago. – Bijdr. Dierenk., **28**: 513–529.
VUUREN, L. VAN, 1920: Het Gouvernement Celebes, 1. Encyclopaed. Bureau, Weltevreden, Java.
WATTEL, J., 1973: Geographical differentiation in the genus *Accipiter*. – Publ. Nuttall Orn. Club, Nr. 13, Cambridge/Mass.
WHITE, C. M. N., 1973: Night Herons in Wallacea. – Bull. Brit. Orn. Club, **93**: 175 bis 176.
–, 1975: Migration of palaearctic waders in Wallacea. – Emu, **75**: 37–39.
WOLTERS, H. E. 1973: Semispezies, Superspezies und Zwillingsarten unter den rheinischen Singvögeln. – Charadrius, **9**: 33–39.
ZEUNER, F. E., 1941: Geology, climate and faunal distribution in the Malay Archipelago. – Proc. Roy. Ent. Soc. London, Ser. A, **16**: 117–123.

Anschrift des Autors:

Siegfried Eck, Staatliches Museum für Tierkunde
DDR – 801 Dresden, Augustusstraße 2

III-4-9-295-1 105-34-76 D 2/1/76

ZOOLOGISCHE ABHANDLUNGEN
STAATLICHES MUSEUM FÜR TIERKUNDE IN DRESDEN

Bd. 34 Ausgegeben: 28. Februar 1977 Nr. 6

Über die Heckenbraunelle (Prunella modularis) in Neuseeland

(Aves, Passeriformes, Prunellidae)

Mit 1 Karte, 5 Fotos und 7 Sonagrammen

GOTTFRIED MAUERSBERGER

Berlin

In keinem Land der Erde, außer Hawaii, bilden vom Menschen eingeführte Arten einen so hohen Anteil an der Vogelfauna wie auf der Doppelinsel Neuseeland. Englische Siedler ließen in der zweiten Hälfte des 19. Jahrhunderts aus der Heimat vertraute Vögel kommen, die in dem klimatisch und landschaftlich ziemlich ähnlichen Gebiet günstige Lebensbedingungen vorfanden und sich so in der Folge in großen Teilen Neuseelands fest ansiedeln konnten.

Aus Europa wurden eingeführt Höckerschwan *(Cygnus olor)*, Stockente *(Anas platyrhynchos)*, Steinkauz *(Athene noctua)*, Feldlerche *(Alauda arvensis)*, Star *(Sturnus vulgaris)*, Saatkrähe *(Corvus frugilegus)*, Heckenbraunelle *(Prunella modularis)*, Amsel *(Turdus merula)* Singdrossel *(T. philomelos)*, Haussperling *(Passer domesticus)*, Buchfink *(Fringilla coelebs)*, Grünling *(Carduelis chloris)*, Stieglitz *(C. carduelis)*, Birkenzeisig *(C. flammea)*, Goldammer *(Emberiza citrinella)*, Zaunammer *(E. cirlus)* und, ohne folgende Ansiedlung, Bluthänfling *(Carduelis cannabina)* und Gimpel *(Pyrrhula pyrrhula)*; ferner sind hier zu nennen Fasan *(Phasianus colchicus)*, Felsentaube *(Columba livia*, verwilderte Haustauben), Klippenhuhn *(Alectoris chukar)* und neuerdings auch das Rebhuhn *(Perdix perdix)*. Zur jetzigen Avifauna haben außerdem beigesteuert Australien mit dem Trauerschwan *(Cygnus atratus)*, der Hühnergans *(Cereopsis novaehollandiae)*, der Graswachtel *(Synoicus ypsilophorus)*, dem Gelbhaubenkakadu *(Cacatua galerita)*, dem Rosellasittich *(Platycercus eximius)*, dem Prachtrosella *(P. elegans)*, dem Lachenden Hans *(Dacelo novaeguineae)*, dem Flötenvogel *(Gymnorhina tibicen)* und dem Weißrückenflötenvogel *(G. hypoleuca)*, Asien mit dem Pfau *(Pavo cristatus)*, der Perlhalstaube *(Streptopelia chinensis)*, dem Rotbauchbülbül *(Pycnonotus cafer)* und (über Australien) der Hirtenmaina *(Acridotheres tristis)*, Afrika mit dem Helmperlhuhn *(Numida meleagris)* und Nordamerika schließlich mit Kanadagans *(Branta canadensis)*, Weißkehlwachtel *(Colinus virginianus)*, Schopfwachtel *(Lophortyx californica)* und Wildputer *(Meleagris gallopavo)*. Diese Angaben entstammen den Arbeiten von OLIVER (1930), GEBHARDT (1959), WODZICKI (1965), KINSKY (1970) und NIETHAMMER (1971).

Von den über 130 Arten, die man einzuführen versucht hat, konnten sich also immerhin 38 seßhaft machen. Die Aufnahmefähigkeit der dortigen Lebensräume erweist sich weiter darin, daß ab 1958 das Bleßhuhn *(Fulica atra australis)*, ab 1947 der Gelblappenkiebitz *(Lobibyx novaehollandiae)* und ab 1958 die Schwalbe *Hirundo tahitica neoxena*, vielleicht neuerdings auch der Kuhreiher *(Bubulcus ibis coromandus)* und der Maskenschwalbenstar *(Artamus personatus)* in Neuseeland ansässig geworden sind; alle diese Arten sind selbständig nach Neuseeland gelangt. Ökologische Lücken standen aber auch anderen Wirbeltieren offen (mit Ausnahme der Reptilien, von denen 3 ohne Erfolg eingeführt worden sind). 13 von 15 freigelassenen Süßwasserfischarten, 3 von 5 Froschlurchen und 29 von 51 Säugetierarten (darunter neben einigen Beuteltieren Igel, Wiesel, Hermelin, Iltis, Wildkatze, Haus- und Wanderratte, Hausmaus, Feldhase, Kaninchen, Gemse und Rothirsch) haben sich fest angesiedelt (WODZICKI 1965). — Über die Gründe für die Einführung vergl. GEBHARDT (1959, pp. 340–341), dazu auch R. B. SIBSONs Appell (1972, Notornis, 19, p. 282).

Das Interesse des europäischen Ornithologen an den genannten Arten ist anders gelagert als das des neuseeländischen Beobachters. Diesem gelten sie, bei aller Häufigkeit, doch als Fremdlinge, zumal unter dem Eindruck, daß die bodenständigen Sperlingsvögel — freilich kommen oder kamen auf der rund 265 000 km^2 großen Doppelinsel samt den abgelegenen Inseln nur 24 Arten als Brutvögel vor![1] — von den Eindringlingen mehr und mehr zurückgedrängt worden sind. STIDOLPH (1923) berichtete, er habe auf einer Fahrt von rund 12 km in offener Landschaft 277 Vögel gezählt, unter denen aber nur 2 einheimische waren.

Dem europäischen Ornithologen liegt dagegen mehr daran, zu erfahren, wie sich die ihm vertrauten Arten in die Bedingungen des fremden Landes gefunden haben, welche Stellung sie in den dortigen Lebensgemeinschaften einnehmen und welchen Wandlungen ihre angestammten Gewohnheiten ausgesetzt waren. Das Ergebnis eines solchen großen Freilandexperiments, wie es die Einbürgerung darstellt, bietet zugleich willkommene Anhaltspunkte, die ökologischen Nischen der Arten genauer zu erkennen.

Zu den erfolgreichsten Neusiedlern gehört die Heckenbraunelle. Hier soll der Versuch unternommen werden, ihre Eingliederung in die Biota Neuseelands zu verfolgen, soweit das von hier aus möglich ist.

Den Nachteil der Entfernung halfen die freundlichen Auskünfte einiger neuseeländischer Fachgenossen zu verringern, nämlich der Herren R. B. SIBSON, Remuera, B. D. BELL, Lower Hutt, R. H. TAYLOR, Wellington, der seit 1966 alle von der Braunelle besiedelten abgelegenen Inseln besucht hat (ihm verdanke ich außerdem die Überlassung unpublizierter Nachweise auf südlichen Inseln, darunter Ergebnisse der University of Canterbury Expedition 1969), und in besonderem Maße F. C. KINSKY, Wellington. Den Herren Prof. Dr. G. TEMBROCK und Dipl.-Biol. D. WALLSCHLÄGER (Sektion Biologie, Berlin) bin ich für die Sonagramme dankbar, Frl. V. KOPSKE für die Anfertigung der Verbreitungskarte.

Die Herkunft der neuseeländischen Braunellen

Von vornherein war anzunehmen, daß die in Neuseeland ausgesetzten europäischen Vögel zumindest überwiegend aus Großbritannien stammten. NIETHAMMER (1971) konnte für 7 Arten, deren britische Populationen sich von den mitteleuropäischen unterscheiden, im morphologischen Vergleich diese Herkunft wahrscheinlich machen, darunter auch für die Heckenbraunelle. Seine 13 Bälge stimmen mit der eng-

[1] Auf den Hawaii-Inseln stehen heute 33 Landvogelarten (darunter 23 Singvögel, 16 davon allein Kleidervögel; ohne die ausgestorbenen Arten) 36 fremde Arten gegenüber.

lischen Unterart *occidentalis* überein. Veränderungen in Gestalt und Färbung, gemäß dem in kleinen Populationen wirksamen „Gründerprinzip", im Laufe von 100 Jahren unter den neuen Bedingungen waren kaum zu erwarten, da (nach THOMSON 1922) mindestens 265 Individuen ausgesetzt wurden. Immerhin mögen auch festländische Braunellen eingeführt worden sein; jedenfalls gibt MONCRIEFF (1931) für die Provinz Nelson die Nominatform an, die vielleicht von der Nelson Acclimatisation Society ins Land gebracht worden ist. Diese Vögel können dennoch aus Großbritannien gekommen sein, denn *P. m. modularis* zieht dort regelmäßig durch (WITHERBY et al. 1965).

Die heutige Verbreitung

In mehreren Arbeiten wird die Heckenbraunelle als allgemein verbreiteter Brutvogel der Doppelinsel bezeichnet, und SIBSON schrieb 1969 (Notornis, 16, p. 67), sie sei „zu einem der am weitesten verbreiteten Sperlingsvögel geworden". Ich habe versucht, möglichst viele Einzelangaben aus der Literatur zu sammeln, und sie in eine Umrißkarte eingetragen. Dabei ergaben sich wenigstens je 26 Fundorte auf der Nord- und der Südinsel, etwa 20 auf den ihnen dicht vorgelagerten Eilanden und mehr als 10 auf weiter entfernten Inseln. Die beigegebene Karte, in der nicht alle Fundorte Platz fanden, läßt größere Lücken im Westen und Nordosten der Nordinsel und auf der Südinsel, vor allem in den zentralen Teilen (und zumal in den Southern Alps) erkennen. Daß dies nur Zufall sein kann, geht (im Zusammenhang mit den Umweltansprüchen) sowohl aus der Zahl der Funde in den genauer untersuchten Gebieten als auch aus der von BULL (1970) mitgeteilten Tatsache hervor, daß die Braunelle in 175 von 335 Probequadraten zu 10 000 Yards Seitenlänge auf der Nordinsel und in 103 von 195 auf der Südinsel festgestellt wurde. Außerdem konnte sie auf manchen kleinen Inseln Fuß fassen. Dabei handelt es sich oft um winzige Eilande (siehe die Punkte 17°, 20, 21°, 22, 36, 37 und 42); eines davon, Rat Islet (unter P. 17°) mißt nur etwa 180 m in der Länge und 50 bis 120 m in der Breite.

Am meisten überrascht jedoch die Feststellung, daß die Heckenbraunelle so entlegene Inseln wie Campbell I. (P. 40) und die Chatham-Inseln (P. 42 und 43) besiedelt hat; auffälligerweise nennt die Checklist (KINSKY 1970) nur Stewart, die Snares und Campbell als erreicht.[2]

Der Gang der Ausbreitung

Zwischen 1867 und 1882 sind, soweit nachweisbar (THOMSON 1922), nicht weniger als 14 Transporte mit zusammen 265 Heckenbraunellen nach Neuseeland gelangt. Sie wurden an mehreren Stellen freigelassen, und zwar zuerst 1867 (möglicherweise auch schon 1859) bis 1875 in Auckland (mindestens 47 Ex.), dann 1868 und 1871 in der Provinz Otago (98 Ex.), 1868 bis 1875 bei Christchurch (mindestens 55 Ex.), 1876 in der Provinz Hawkes Bay (Zahl?) und 1880 bis 1882 um Wellington (50 Ex.). Die

[2] WODZICKI (1965) führt auch Raoul in der Kermadec-Gruppe an, als einziger, soviel ich sehe, und wohl versehentlich; MERTON (1970) erwähnt die Braunelle jedenfalls nicht, und auch SIBSON, der 1968 auf mehreren Kermadecs und der Norfolk-Insel suchte, konnte sie nicht finden (brfl. Mitt.). — Die Angabe, unsere Art sei auch in Südafrika, in der Gegend von East London, ausgesetzt worden (COURTENAY-LATIMER 1942), beruht auf einem Irrtum (CLANCEY 1966).

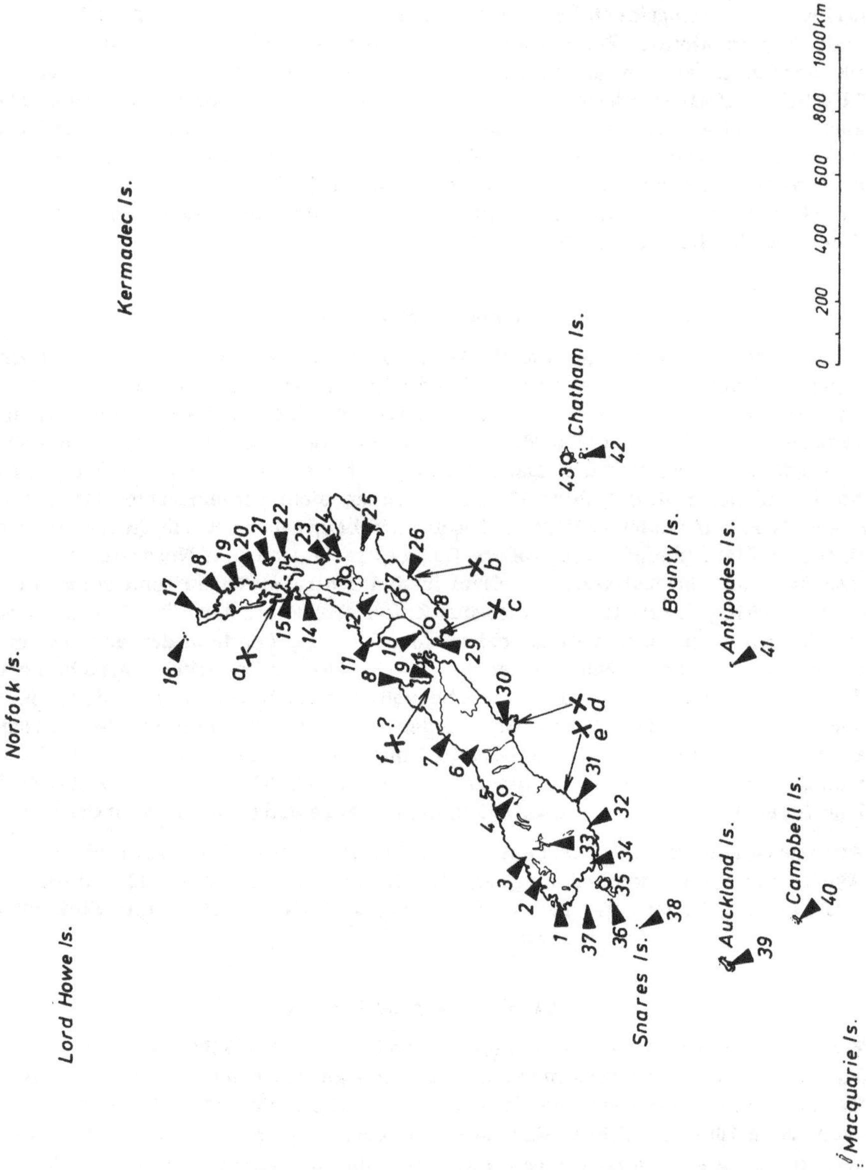

Die Symbole auf der Karte und in der folgenden Liste sind dieselben, die im „Atlas der Verbreitung palaearktischer Vögel" (STRESEMANN et al. 1960 ff; vgl. MAUERSBERGER 1974) verwendet werden. Nur mit der Jahreszahl zitierte Artikel finden sich im allgemeinen Literaturverzeichnis dieser Arbeit.

[N. Z. B. N. = früherer Titel von „Notornis" (Not.); Sond. = Sonderheft]

Die Pfeile verweisen auf die Orte der Einführung:

a) Auckland	b) Hawkes Bay	c) Wellington
d) Christchurch	e) Otago	f) Nelson

Fundortliste

1. Dusky Sound	As (IV)	HALL-JONES 1966, Not., 13, p. 93.
2. Westufer Lake Te Anau, ‚Takahe area', Murchison Mts.	A	FALLA 1949, Emu, 48, p. 318.
	Ac	REID 1970, Not., 17, p. 56.
3. Tutoko, Milford Sound	As (II)	WILLIAMS 1960, Not., 8, p. 188.
4. Seeley Lakes (oberhalb Lake Pukaki)	A	SIBSON brfl.
5. Southern Alps	Bc	KINSKY brfl.
Hermitage	A (IX)	EDGAR 1973, Not., 19, Sond. p. 76.
Glentanner	A	BULL u. DAWSON 1969, Not., 16, p. 173.
6. Otira	A	MONCRIEFF 1929
7. Western Paparoas	Ac	PENNIKET 1955, Not., 6, p. 173.
– Westport	As	READMAN 1950, Not., 4, p. 33.
o Gowland Downs, SW Collingwood	As	WILLIAMS 1960, Not., 8, p. 241.
8. Farewell Spit	A	STIDOLPH 1948, N. Z. B. N., 3, p. 66.
	Ac	ANDREW 1967, Not., 14, p. 181.
9. Nelson	A	MONCRIEFF 1929; GURR 1954, Not., 5, p. 236.
10. Kapiti I.	Ac	WILKINSON 1927, Emu, 26, p. 258.
	Bs	STIDOLPH 1948, N. Z. B. N., 3, p. 16.
– Waikanae-Mündung	B	WODZICKI 1946, Emu, 46, p. 32.
11. Mt. Egmont	Ac	SIBSON 1958
o W Raurimu	A	MONCRIEFF 1929
12. Ruapehu	Ac	SIBSON 1958
13. Rotorua	Ac	PHILLIPPS u. LINDSAY 1948; BLACK 1956, Not., 6, p. 210.
– Tauhara	A	SIBSON 1958
14. Waikato	A	JENNER 1973, Not., 19, Sond. p. 76.
15. Auckland	A	OLIVER 1930
– Howick	As (III–VII)	MACDONALD 1953, Not., 5, p. 104.
16. Three Kings Is.	AJa	TURBOTT u. BUDDLE 1948
17. North Cape	Aa	EDGAR 1971
o Simmonds Is.	Ns	WAGENER 1966, Not., 13, p. 155.
o Oruru	A (II)	WARBURTON 1953, Not., 5, p. 104.
18. Cavalli Is.	Ac	SIBSON 1953, Not., 5, p. 114.
o Kerikeri	N	EDGAR 1973, Not., 19, Sond. p. 76.
19. Whangaruru	As	STRUMPEL 1955, Not., 6, p. 106.
20. Hen and Chicken Is.	Aa	SIBSON 1949, N. Z. B. N., 3, p. 188; CHAMBERS et al. 1955, Not., 6, p. 157; SKEGG 1964, Not., 11, p. 174.
21. Great Barrier I.	Ac	BELL u. BRATHWAITE 1963, Not., 10, p. 379.
– Arid I.	As	Ibid.
– Little Barrier I.	Aa	SIBSON 1949, N. Z. B. N., 3, p. 155.
	Ns	DAWSON 1950, Not., 4, p. 31.
o Gannet (= Horu Horu) Islet	As	SIBSON 1949, N. Z. B. N., 3, p. 106.
22. Mercury Is.:		
Cuvier I.	Aa	BLACKBURN 1967, Not., 14, p. 6.
Green I.	Ns	THORESEN 1967, Not., 14, p. 193.
Little Ohena I.	A (VI)	BLACKBURN 1970, Not., 17, p. 298.
23. Tauranga	Ac	HODGKINS 1949, N. Z. B. N., 3, p. 117.
24. Lake Okataina	As (VI)	EDGAR 1949, N. Z. B. N., 3, p. 173.
25. Lake Waikaremoana	Bc	SOPP 1954, Not., 5, p. 236.
– Minginui	Ac	ST. PAUL 1951, Not., 4, p. 58.
o Kaingaroa Forest	Ns	RYDER 1948, N. Z. B. N., 3, p. 22.
	Ac	WEEKS 1949, ib., 3, p. 84.
– Taupo	Ac	MACDONALD 1953, Not., 5, p. 104.
o SE Kaweka Range	Ac	FORDHAM 1961, Not., 9, p. 117; CHALLIES 1962, Not., 10, p. 126.
26. Porangahau	A	CUNNINGHAM u. WODZICKI 1948, Emu, 47, p. 194.
27. Ruahine Range	Asa	CHALLIES 1966, Not., 13, p. 24.
o Berge S Ohakune	As	MACDONALD 1966, Not., 13, p. 168.
28. Wairarapa Plains	Ac	STIDOLPH 1923
– Tararua Mts.	Ac	WILKINSON 1924, Emu, 24, p. 131.
29. Wellington	Ac	SECKER 1952
– Lower Hutt	A	CUNNINGHAM 1952, Not., 5, p. 23.
o Bay of Many Coves, Queen Charlotte Sound	Ac (IV)	GOODWIN 1953, Not., 5, p. 104.
30. Governors Bay	As	DAWSON u. CRESSWELL 1949, N. Z. B. N., 3, p. 145.
31. Dunedin	As	TILY 1951, Not., 4, p. 58.
– Warrington	Ns	GILCHRIST 1951, ibid.
32. Stirling	Ns	MACLINTOCK 1953, Not., 5, p. 104.
– Wairuna	As	TAYLOR 1949, N. Z. B. N., 3, p. 194.
– Tapanui	Ac (IV)	STENHOUSE 1957, Not., 7, p. 114.
33. Lake Wakatipu	As	ANONYMUS 1949, N. Z. B. N., 3, p. 87.
– Eglington Valley	A	SIBSON brfl.

34. Gorge Road (Invercargill)	A	NIETHAMMER 1971
35. Stewart I.	B	OLIVER 1930
– Whero	As	RICHDALE 1942, Emu, 42, p. 87.
– Codfish I.	As	DELL 1950, N. Z. B. N., 3, p. 235.
36. Inseln SW Stewart I.	A	STEAD 1948, N. Z. B. N., 3, p. 79; BLACKBURN 1965, Not., 12, pp. 205 u. 207.
37. Solander Is.	A	SIBSON 1948, N. Z. B. N., 3, p. 55.
38. Snares Is.	As	STEAD 1948
39. Auckland Is.	Bc	FALLA 1965; TAYLOR brfl.
Enderby I.	B	TAYLOR 1971
40. Campbell I.	A	WAITE 1909 fide WILLIAMS 1953
	Nc	KINSKY brfl.
41. Antipodes Is.	Bc	TAYLOR brfl.
42. Pitt I.	As	BELL 1955, Not., 6, p. 68; LINDSAY et al. 1959, Not., 8, p. 105.
South East I.	A	BELL 1955, Not., 6, p. 68.
	Ac (II)	DAWSON 1955, Not., 6, p. 106.
43. Chatham I.	Bc	BELL 1955, Not., 6, p. 68.

Jahresberichte der 10 Akklimatisationsgesellschaften weisen anscheinend nicht alle Einfuhren aus; so mögen auch in der Provinz Nelson Heckenbraunellen ausgesetzt worden sein (vgl. MONCRIEFF 1931). Auf jeden Fall aber verteilen sich die Aussetzungsorte über das ganze Land (je 3 auf der Nord- und der Südinsel); so konnte die Ausbreitung, die bald in Gang kam, von Beginn an auf verschiedene Gebiete ausstrahlen.

Bereits 1873 wurden um Auckland die ersten Brutnachweise erbracht (Nestfunde; THOMSON 1922). Der weitere Verlauf der Ausbreitung ist jahrzehntelang nicht eingehend festgehalten worden, hat sich aber anscheinend stetig vollzogen. Jedenfalls war die Heckenbraunelle um 1920, also nach rund 50 Jahren, bereits „sehr weit über ganz Neuseeland verbreitet" (THOMSON 1922). Dabei war sie dem damals vom Menschen unberührten Buschwaldland noch fern geblieben, trat aber in Stadtrandgebieten (so bei Dunedin) bereits ungemein häufig auf (ibid.). THOMSON berichtet ferner, daß 1919 in Zentral-Otago plötzlich zahlreiche Heckenbraunellen in Gärten erschienen und dort mit den Blattläusen *(Aphis)* aufräumten, die nach Regenfällen in großen Mengen eingefallen waren.

Freilich hatte die Braunelle noch immer nicht alle Landesteile besetzt. MONCRIEFF berichtete 1929, daß sie noch zunehme und nach und nach an neuen Plätzen erscheine. OLIVER (1930) gab an, sie sei ungleichmäßig und nicht nördlich von Auckland verbreitet (vgl. dazu das nächste Kapitel). Für den Bezirk Rotorua (P. 13) verzeichneten PHILLIPPS und LINDSAY (1948) eine Zunahme im vorausgehenden Jahrzehnt.

Noch bevor *P. modularis* alle Gegenden der Hauptinseln aufgefüllt hatte, war sie, ganz ähnlich wie die Türkentaube in Europa, ihrem Ausbreitungsdrang folgend über zunächst unbesetzt gelassene oder unbewohnbare Räume hinweg auch an die Peripherie vorgestoßen und hatte, offensichtlich schon früh beginnend, die der Doppelinsel vor allem im Nordosten in reicher Zahl vorgelagerten Inselchen besiedelt. Wann sie auf die Stewart-Insel gelangt ist, konnte ich nicht ermitteln. THOMSON (1922) gibt den damaligen Stand der Ausbreitung nicht an; vor 1930 war sie dort jedenfalls (wie auch auf Kapiti) schon ansässig (OLIVER l. c.). Auch die meisten Inseln südwestlich von Stewart I. sind bereits vor Jahrzehnten besetzt worden (STEAD 1948 und, mit Einzelnachweisen, BLACKBURN 1965).

Obwohl die britischen Heckenbraunellen im Gegensatz zu vielen festländischen keine ausgedehnten Wanderungen unternehmen, gibt es in Neuseeland doch eine

Dispersionsphase, die eine Anzahl dieser Vögel weiter auf das Meer hinausführt, und zwar wahrscheinlich in allen Richtungen. Unter günstigen Bedingungen erreichen einige eine der abgelegenen Inseln, wo sie ebenfalls Fuß fassen können.

Auf den von Menschen unbewohnten und von Ornithologen nur selten besuchten Snares-Inseln (P. 38) ist unsere Art erstmals 1947 festgestellt worden (1 Ex.; STEAD 1948), war aber sicherlich schon früher angelangt. Auch 1968 war sie dort, im dichten Buschland der Hauptinsel, anscheinend noch kein häufiger Vogel, denn WARHAM und KEELEY (1969) nennen nur ein singendes Männchen, und HORNING (1974) konnte sie zwischen Dezember 1971 und Januar 1973 überhaupt nicht nachweisen (siehe dazu das Kapitel „Einnischung").

Auf den gleichfalls unbewohnten Auckland-Inseln, die geeignete Habitate reichlich anbieten, ist die Braunelle erst 1954 gefunden worden; heute brütet sie dort bereits an vielen Stellen (TAYLOR brfl.). Auf der viel weiter, nämlich rund 600 km von Stewart Island entfernten Campbell-Insel ist sie dagegen (selbständig?) schon vor 1907 eingetroffen (WAITE 1909 fide WILLIAMS 1953). Inzwischen hat sie die Buschgebiete der Insel in großer Dichte besiedelt und ist zum häufigsten Landvogel geworden, dicht gefolgt vom Birkenzeisig (KINSKY brfl.). Die noch ferner (fast 700 km von Auckland) abgelegene Macquarie-Insel haben immerhin Star, Stieglitz, Birkenzeisig und (ohne Ansiedlung) die Singdrossel erreicht (WARHAM 1969, MERILEES 1971, a, b), nicht jedoch die Heckenbraunelle.

Ebensowenig hat sie sich bisher auf den weit südöstlich von Neuseeland gelegenen, zur Besiedlung ungeeigneten, felsig kahlen Bounty-Inseln eingefunden, wohl aber auf den etwas weiter (rund 650 km) entfernten Antipoden-Inseln, wo sie 1969 erstmals festgestellt wurde und nun an den wenigen für sie günstigen Stellen (die Hauptinsel ist nur ca. 12 km^2 groß) auch brütet (TAYLOR brfl.).

Wann die Heckenbraunelle die reichlich 600 km östlich von Neuseeland liegenden Chatham-Inseln zu besiedeln begann, läßt sich wohl nicht mehr genau ermitteln. FLEMING (1939) nennt sie nicht, und WILLIAMS (1953) vermerkt ihr Vorkommen noch als fraglich, doch war sie spätestens 1952 bereits auf mehreren Inseln verbreitet (L. C. BELL 1955), während sie für 1957 als selten angegeben wird (LINDSAY et al. 1959); heute jedenfalls ist sie auf den beiden Hauptinseln „very common" (B. D. BELL brfl.), auf South Island und anderen kleinen Inseln zumindest vertreten. Daß bisher noch kein Nestfund vorliegt, kann nicht verwundern, denn der Besucher dieser fernen Eilande lenkt sein Augenmerk natürlich besonders auf die einheimischen Arten.

Der zeitliche Ablauf wie auch der Modus der Ausbreitung lassen Fragen offen. Zunächst fällt auf, daß die abgelegenen Inseln etwa 70 bis 100 Jahre nach der Einbürgerung besiedelt worden sind, wogegen Campbell — dem Festland viel ferner als die Snares und die Auckland-Inseln — bereits nach gut 30 Jahren erreicht worden ist. Dabei sind die neuseeländischen Ornithologen anscheinend einhellig überzeugt, daß die Braunelle ihren Weg selbst gefunden hat; auf bewußten Transport gibt es jedenfalls keinen Hinweis, weder für Campbell noch für Chatham (BELL und TAYLOR brfl.). Der Gedanke, jemand könnte Heckenbraunellen ausgerechnet auf den Antipoden-Inseln aussetzen, hat wenig Wahrscheinliches fürasich; hier ist der Schluß auf selbständige Ausbreitung also nahezu zwingend.

Die Entfernungen, die die Heckenbraunelle und einige andere kleine Singvögel (vgl. WILLIAMS 1953, KINSKY 1970) bis zu den entlegenen Inseln ohne Zwischenlandung überwinden mußten, betragen 500 bis 700 km über zumeist sehr stürmisches Meer. Damit läge auch Macquarie im Bereich der Flugleistungen; freilich fänden Heckenbraunellen, deren Ankunft kaum bemerkbar wäre, dort keinerlei Holzgewächse vor.

Ob die Braunellen die Hilfe von Schiffen benutzten, läßt sich nicht sagen; immerhin muß bei der neuerdings erwiesenen Häufigkeit von Landsingvögeln auf Hochseeschiffen durchaus mit einer solchen Möglichkeit gerechnet werden. Welche Rolle der Wind bei der Ausbreitung in jenen Gegenden spielt, wird noch diskutiert (vgl. WILLIAMS 1953, p. 687, und MERILEES 1971 b); hier gehen wir darauf nicht näher ein. Gewiß ist, daß starker Wind, mag er nun in der vorherrschenden oder in anderer Richtung wehen, kleinere Vögel außer Landsicht driften kann. Wieviele Individuen so auf das Meer geraten mußten, damit – angesichts von Entfernung und Größe der Inseln – jeweils mindestens ein Paar je Inselgruppe auftraf, weiß niemand anzugeben. Als sicher aber darf man annehmen, daß ständig wehende Gegenwinde die Aussichten für eine Neuansiedlung stark verringern oder zusammen mit der Entfernung auch vereiteln können. TAYLOR (brfl.) bringt das Fehlen der Heckenbraunelle auf den Kermadec-Inseln mit den dafür widrigen Winden in Zusammenhang. Zwar ist der Abstand von Neuseeland mit 800 km wirklich erheblich, doch haben neben Amsel, Singdrossel, Feldlerche und Star auch Goldammer und Stieglitz den großen Sprung geschafft.[3]

Ähnliches gilt übrigens auch für die 650 km (also etwa ebenso weit wie Chatham) entfernte Norfolk-Insel, auf der zumindest Star und Singdrossel, wahrscheinlich auch der Grünling mit eigener Kraft angelangt sind, und für Lord Howe Island, 900 km von Norfolk I. und 1200 km von Neuseeland entfernt, wo Birkenzeisige (HINDWOOD 1940; hier nicht eingeführt wie von PAYNTER 1968 angegeben), Stare (HINDWOOD 1940) und auch eine Goldammer gesichtet wurden (die Singdrossel hat anscheinend sogar hier gebrütet; SHARLAND 1929). Da die meisten der hier genannten Arten (außer Birkenzeisig und Goldammer) auch in Australien vorkommen, könnten die auf Norfolk und Lord Howe I. gesehenen Vögel freilich auch von Westen gekommen sein (KINSKY brfl.).

Ob die Heckenbraunelle also wirklich außerstande wäre, dahin zu gelangen, auch wenn die vorherrschenden Winde aus West bis Nordwest wehen, bleibt offen. Wichtiger ist vielleicht der Umstand, daß sie den Norden Neuseelands (nördlich der Stadt Auckland), wie erwähnt, erst nach 1930 besiedelt zu haben scheint. Die frühesten Nachrichten für die nördlichsten Fundorte stammen zumeist aus der Zeit nach 1945; für den äußersten Norden der Nordinsel gibt WATT (1947) die Anwesenheit ab etwa 1936 (spätestens) an. Dabei füllten sich die neubesetzten Gebiete wohl nur zögernd auf; so wurde die Braunelle auf Hen Island 1946 erstmals bemerkt, 1954 aber vorerst nicht mehr (SIBSON 1949, CHAMBERS et al. 1955). Auf den der Nordspitze vorgelagerten Three Kings Islands ist sie seit den vierziger Jahren bekannt (TURBOTT & BUDDLE 1948). Im ganzen Norden aber, wo Klima und Vegetation subtropische Züge tragen, tritt *P. modularis* anscheinend nur verstreut und auch

[3] Auf den Snares wurden Buchfinken, Grünlinge und Stieglitze jeweils nach heftigen nördlichen Winden festgestellt (HORNING 1974).

nur stellenweise häufiger auf. Die Zahl der nordwärts aufs Meer geratenden Braunellen mag also von vornherein geringer sein.

Mit diesen Vorgängen liefert die Heckenbraunelle den Beweis, daß auch ein recht zarter Singvogel ohne besonders ausgeprägte Flugfertigkeit über weite sturmreiche Meeresteile hinweg Neuland zu besiedeln vermag. „Landbrücken" sind also für solche Entfernungen offensichtlich ebensowenig nötig wie große Zeiträume. Demnach dürfen die Schwierigkeiten einer aktiven Ausbreitung dort nicht als sicheres Hemmnis angeführt werden, wo weit geringere Abstände nicht überbrückt worden sind; die Inselreiche Westindiens, im indomalayischen und im südseeischen Raum bieten genügend Beispiele.

Diese Leistung kleinwüchsiger Arten — denn auch Feldlerche, Amsel, Singdrossel, Buchfink, Stieglitz, Birkenzeisig, Haussperling und Star, dazu der vor 120 Jahren eingewanderte Silberbrillenvogel *(Zosterops lateralis)* sind bis zu den Campbell-, Auckland- und Chatham-Inseln vorgedrungen — wirkt noch erstaunlicher angesichts der Tatsache, daß kräftigere Arten und gute Flieger wie Saatkrähe, Lachender Hans, Gelbhaubenkakadu und Haustaube keine einzige der Inseln, nicht einmal Stewart I., aufgesucht haben; selbst die Stockente hat sich nur auf den Auckland- und den Chatham-Inseln angesiedelt (und ist neuerdings auf den Antipoden-Inseln gesehen worden; KINSKY brfl.). Gerade diese Arten sind freilich der Gefahr der Versetzung durch Winde weniger ausgesetzt. Die nichteuropäischen Singvögel (Bülbül, Maina, Flötenvögel) sind nur auf den beiden Hauptinseln ansässig geworden.

Die Habitate in Neuseeland

Das Spektrum der Habitate, die britische Heckenbraunellen zur Brutzeit bewohnen, deckt sich nicht genau mit dem der mitteleuropäischen Populationen. Das gilt auch für die Brutvögel Skandinaviens (vgl. z. B. CURRY-LINDAHL 1963, BUB 1971). Die englische Unterart *P. m. occidentalis* „zieht Gärten, Gebüsch, Baumgruppen, Hecken und buschbestandene Stellen dem eigentlichen Wald vor, lebt aber auch in offenen Wäldern mit Unterholz, auch in gewissem Maße in niedrigem Gesträuch des offenen Heidelandes und anderen ziemlich kahlen Geländes, sogar von felsigen Inselchen im Meer" (WITHERBY et al. 1965).

Landschaften, auf die diese Habitatansprüche passen, finden sich in Neuseeland reichlich. An der Luvseite (im Westen) bedingen sehr hohe Niederschläge (im Südwesten über 7 000 mm im Jahr) ein feuchtes Meeresklima und üppige Regenwälder. Dagegen bedecken auf der Leeseite, besonders der Südinsel, Heide- und Gebüschformationen weite Flächen, und in den Hochgebirgen treten (oberhalb einer Baumgrenze) alpine Vegetationsformen auf. Die Berghänge sind meist mit unterwuchsreichen, oft nahezu undurchdringlichen Wäldern (meist von Buchen, Nothofagus) bestanden oder mit Buschgestrüpp, dem „Scrub", überzogen. Die höheren Lagen sind einem ziemlich rauhen Gebirgsklima ausgesetzt, mit Schnee im Winter, häufigen Nebeln im Sommer und lebhaften Winden zu allen Zeiten. Insgesamt ähnelt das Klima dem von Großbritannien, ist aber noch stärker maritim ausgeglichen. Lediglich der äußerste Norden (nördlich von Auckland) ragt in den subtropischen Bereich hinein, was sich ja auch auf die Ausbreitung der Heckenbraunelle auswirkte. Die Inseln weit im Süden lassen bereits subantarktische Klimazüge erkennen[4]; von diesen hat die Braunelle Campbell Island erreicht. Im Ganzen spiegelt das antipodische Areal unserer Art demnach die Verteilung auf die Klimazonen der Nordhalbkugel recht genau wider.

An anderer Stelle (MAUERSBERGER 1974) habe ich einen Überblick über die im Stammareal besiedelten Habitate vorgelegt. Im Wesentlichen ist *P. modularis* ein „Bewohner von hohem halbdunklem Busch- und Baumdickicht. Da sie ihrer Nahrung überwiegend am Boden nachgeht, scheinen freie Stellen unter oder doch neben dem Dickicht Bedingung zu sein. Ob hoher Baumbestand gegeben ist, spielt dagegen kaum eine Rolle." Die Grenzen der augenscheinlichen Vielfalt lassen sich etwa mit diesen Lebensstätten kennzeichnen: Knieholzbestände und Zwergstrauchheide in den europäischen, Birken-, Rhododendron- und Dornstrauchgebüsch in den vorderasiatischen Gebirgen, Strandgehölze (Birke, Weide, Erle oder Sanddorn) im Nordosten (s. Abb. 1), Gärten, großstädtische Anlagen im Westen, fast buschfreie, ziemlich kahle Heide- oder Felslandschaften (s. oben) im Nordwesten. In großen Teilen Mitteleuropas bilden hohe Nadelholzschonungen einen bevorzugten Aufenthalt (Abb. 2).

Im neuseeländischen Gebiet erscheint die Vielfalt in den Lebensräumen der Braunelle noch bedeutender. Bei FALLA et al. (1970) sind angegeben mit Salicornia und locker mit Büschen bewachsene Salzwiesen, Mangroven (nur im Norden, nicht zum Brüten), karges Buschland, weite Gesträuche, lupinenbepflanzte Sanddünen, Stechginsterhecken, Kiefernanpflanzungen und Gesträuch der Berglagen. Die Daten in den einzelnen Arbeiten erweitern dies noch um Wälder (auch von Buchen, Nothofagus), buschbestandene Dünen, Sumpfränder, den Saum tundraartig bewachsener Hochlagen (der sogenannten „fell-fields") in den Southern Alps und subantarktische Strauchformationen. Freilich ist nicht immer klar, ob es sich um regelmäßig (und zur Brut) bewohnte oder nur um bei Streifereien und zur Futtersuche berührte Lebensstätten handelt. Immerhin wird deutlich, daß dichte, meist reichlich mannshohe Gebüsche, sei es im offenen Land oder als Unterholz, am Strand, in Talböden und Schluchten oder an halboffenen Hängen der subalpinen Höhenstufe (bis etwa 1500 m; vgl. SIBSON 1958), mit freien Stellen innerhalb oder am Rande, den eigentlichen Lebensraum der Braunelle darstellen — also ganz wie bei uns. Dabei lassen sich engere Ähnlichkeiten mit bestimmten europäischen Habitaten erkennen: niedrige Dickichte von Cassinia und Coprosma erinnern an britisches Heideland (SECKER 1952), manche Buschformationen an Sanddornflächen an unserer Küste und Gebüsche von windschorigem Kümmerwuchs oberhalb der Baumgrenze, zumal in den Southern Alps, an die Krummholzflächen europäischer Gebirge (KINSKY brfl.). Dicht geschlossene natürliche Wälder („heavy bush") werden offensichtlich gemieden, nicht dagegen Kiefernforsten (GIBB 1961).

Als Arten, die die bewohnten Buschdickichte bilden, werden am häufigsten genannt Manuka und Kanuka (Leptospermum scoparium und L. ericoides), einst von J. COOKS Mannen als Teesträucher genutzt, Taupata (Coprosma repens) und verschiedene Cassinia-Arten, zusammen mit Fuchsien und Stechginster (Ulex europaeus), mit hohen Greiskräutern (Senecio), Dracophyllum und Hebe, gelegentlich

[4] Dennoch haben Sittiche der Gattung *Cyanoramphus* auf den Antipoden- und den Aucklandinseln, ja sogar auf Macquarie eine Heimat gefunden, also bis zu etwa 1000 km südlicher als Pinguine hier nordwärts vorgedrungen sind.

Abb. 1. Von der Heckenbraunelle besiedelte Bestände von Sanddorn (Hippophaë rhamnoides) auf der Insel Hiddensee, Alt-Bessin. — Dense scrub of Sea Buckthorn on the Baltic island of Hiddensee.
Foto: Dr. G. Mauersberger

auch mit Sumpfkiefern (Dacridium bidwilli). Vergleiche auch das folgende Kapitel (p. 117).
Jahreszeitlicher Wechsel in den Habitaten scheint, soweit nicht vom Klima er-

Abb. 2. Kiefernschonung (Pinus silvestris), etwa 3 m hoch, als Bruthabitat der Heckenbraunelle; Forst Hangelsberg östlich von Berlin. — Pine plantation (about 10 ft. high) as a typical breeding habitat of the Hedge Sparrow in the Berlin area. Foto: Dr. G. Mauersberger

Abb. 3. Ausgedehnte Gebiete mit Saumfarn (Pteridium esculentum) und unzusammenhängenden Buschpartien auf Pitt Island (Chatham-Inseln); hier sind Heckenbraunellen überall anzutreffen. – A general view on Pitt I. (Chatham Is.) showing extensive areas of bracken fern and scattered patches of scrub. Dunnocks occur throughout.
Foto: B. D. Bell (New Zealand Wildlife Service Photograph)

zwungen (s. unter „Wanderungen"), nicht die Regel zu sein. Immerhin halten sich im Herbst (ab etwa April) zuweilen mehr Braunellen in Kiefernanpflanzungen auf als da erbrütet sein mögen. Außerdem werden Gärten (so von HODGKINS 1949), offene Örtlichkeiten und Ackerland (EDGAR 1949) als Winteraufenthalte hervor-

Abb. 4. Buschgelände auf Pitt-I. (teilweise abgebrannt). – Scrub (partically burnt) on Pitt I. Foto: B. D. Bell

Abb. 5. Geschädigter Wald auf Chatham I. Obwohl Beweidung durch Haustiere zum fast vollständigen Fehlen des Unterwuchses geführt hat, wird er noch häufig von Heckenbraunellen aufgesucht. – Deteriorating forest on the main Chatham I. Despite the almost complete absence of ground cover due to browsing by domestic stock Dunnocks still frequent these forests.
Foto: B. D. Bell

gehoben. Nähere Kenntnis des Ortswechselverhaltens wird hierzu Aufschlüsse bringen können.

Die küstennahen Eilande bieten grundsätzlich gleiche Lebensräume an, etwa Manuka-Gebüsch auf Great Island in den Three Kings (P. 16 der Karte), Gestrüpp aus Taupata auf Horu Horu Islet (östlich P. 15), „buschige Schluchten" auf Arid I. (P. 21), Hänge mit Gesträuch aus Manuka und Kanuka auf Hen I. (P. 20) oder kräftigen Buschwuchs auf Codfish I. (P. 35).

Auf den Chatham-Inseln kommt die Heckenbraunelle nach B. D. BELL (brfl.) überall in den weiten, mit meterhohen Saumfarnen (Pteridium esculentum) und eingestreuten Gebüschkomplexen bestandenen Flächen (Abb. 3 und 4) vor und hält sich (wohl nur zur Nahrungssuche am Boden und zur Zuflucht im Kronendach) auch im geschlossenen Wald auf (Abb. 5), außerdem in den Gärten um die Ansiedlungen.

Gesträuch von Dracophyllum und anderen Arten (BAILEY & SORENSEN 1962), aber auch offene, mit Büschen durchsetzte Flächen von hohem („Tussock"-)Gras (KINSKY und TAYLOR brfl.) bilden den Lebensraum auf Campbell Island.

Auf den Auckland-Inseln stehen flache dichte Buschwälder von Rata (Metrosideros umbellata) und Gesträuch aus Olearia, Dracophyllum und Cassinia, aber auch, wie auf Campbell, Tussock-Gelände zu Gebote (TAYLOR 1971 u. brfl.).

„Die Vegetation auf den Antipodeninseln besteht vornehmlich aus Tussockgräsern, Binsengewächsen und derberen Kräutern, streckenweise mit niederem Gesträuch und Farnen" (TAYLOR brfl.). Über die Besiedlung der Snares-Inseln vergleiche das folgende Kapitel. Hier wie auf den Antipoden-Inseln ist der Vegetationscharakter von menschlichem Eingriff fast völlig unberührt geblieben; außerdem sind hier keine schädlichen Säugetiere eingeführt worden. Offener, unterwuchsfreier Buschwald von Olearia lyallii, Wiesen (hauptsächlich Poa-Arten) und Tussock-Flächen bestimmen das Landschaftsbild.

Insgesamt macht der Vergleich deutlich, daß die Braunellen mancherlei Lebensräume besetzen, die den ihren britischen Voreltern angestammten Habitaten in den Grundzügen und oft sogar im äußeren Bild sehr ähneln, daß sie aber nicht selten auch solche aufsuchen, die (nach unserem Eindruck, vielleicht auch in ihrem ökologischen Wert) stärker abweichen. Noch läßt sich nicht ablesen, ob gemeinsame und darum für den Vogel gleichwertige Strukturmerkmale in den für uns verschieden aussehenden Habitaten, eine hohe (nach LACK 1971 wegen des Fehlens von Konkurrenz wohl sogar erweiterte) ökologische Plastizität („Anpassungsfähigkeit"), Prägung oder eine genetische Variabilität, die über das von den britischen Populationen realisierte Maß an Vielfalt hinausreicht, als Ursache dieser Erscheinung anzunehmen ist.

Die Einnischung in Neuseeland

Wir dürfen davon ausgehen, daß eine Tierart, die in ein so fremdes Gebiet versetzt wird, unter den sich bietenden Bedingungen diejenigen auswählt, die den angestammten Verhältnissen am nächsten kommen. Dafür ist es gleichgültig, ob eine frühe Prägung des Individuums oder (wahrscheinlicher) eine mehr oder weniger strenge Fixierung der „Nische" in der Population die Wahl steuert. Die Entscheidung darüber wäre wohl nur mit ungeprägten Vögeln, gewissermaßen „ökologischen Kaspar Hauser", zu erlangen, steht hier aber nicht zur Diskussion.

Hingegen muß geprüft werden, welche einheimischen Arten die der Heckenbraunelle zusagenden Habitate nutzen, ihr also die Lebensmöglichkeiten streitig machen könnten. Ebenso wie auf Hawaii waren die Bedingungen für die Fremdlinge von vornherein besonders vorteilhaft, weil die bodenständige Vogelwelt sehr artenarm ist und daher die vielfältigen Möglichkeiten des Landes auch bei hoher Individuendichte sehr wahrscheinlich nicht auszuschöpfen vermochte.

Große Arten, die als Nachbarn auftreten, können höchstens am äußersten Rande ihres Nahrungsspektrums Konkurrenz bieten. An einheimischen Sperlingsvögeln enthält die Liste der Brutvögel der seit über 70 Millionen Jahren vom Festland isolierten Doppelinsel überhaupt nur 24 Arten. Davon kommen zwei *(Gerygone albofrontata, Petroica traversi)* allein auf den Chatham-Inseln vor, zwei (der Scheinzaunkönig, *Xenicus lyalli,* und der Lappenhopf, *Heteralocha acutirostris)* sind ausgestorben, eine (der Gelbbandhonigfresser, *Notiomystis cincta*) lebt seit etwa 1885 nur noch auf einer kleinen Insel (Little Barrier I.) und eine, die der Rauchschwalbe sehr ähnliche *Hirundo tahitica,* ist erst nach 1957 eingewandert. So bleiben nur 18 Arten, von denen weitere drei (Lappenstar, *Philesturnus caruncutatus*, Lappenkrähe, *Callaeas cinerea,* und Piopio, *Turnagra capensis*) mittlerweile sehr selten oder dem Aussterben nahe sind; Lebensraum und Nahrungserwerb scheiden sie außerdem als Mitbewerber der Heckenbraunelle weitgehend oder gänzlich aus. Von den restlichen 15 Arten fallen drei als Bewohner anderer Lebensstätten fort: der Felsscheinzaunkönig *(Xenicus gilviventris)* besiedelt felsige Hänge über der Baumgrenze, der Farnsänger *(Bowdleria punctata)* hingegen neben niedrigem Gesträuch hochgrasige Flächen, Farnland und besonders Rohr- und Seggensümpfe, der Spornpieper *(Anthus novaeseelandiae)* offenes, oft feuchtes Gelände mit lockerem Buschwerk. Mehrere Arten stellen, obwohl sie im selben Habitat leben können, keine Konkurrenten für die Braunelle dar. Die drei Honigfresserarten gehen einer anderen Hauptnahrung nach, wobei der Tui *(Prosthemadera novaeseelandiae)* außer dem Nektar auch Beeren und im Fluge gefangene Insekten verzehrt, während der Glokkenhonigfresser *(Anthornis melanura)* an Baumrinde erbeutete Insekten und Spinnen als tierische Zukost nimmt. Der Silberbrillenvogel *(Zosterops lateralis)* nährt sich von Insekten, zarteren Früchten und in größerem Maße auch von Nektar. Andere Arten wiederum nutzen vorwiegend von der Braunelle nicht aufgesuchte Teile des Habitats und wenden andere Beuteverfahren an. Der Scheinkleiber *(Acanthisitta chloris)* spürt, nach Kleiberart kletternd, Insekten und Spinnen an und in der Rinde von Stamm, Ästen und Kronenzweigen oder in baumbewohnenden Moosen und Flechten auf, der inzwischen seltene und nur dürftig bekannte Baumscheinzaunkönig *(Xenicus longipes)* soll sowohl im Blattwerk der Baumkronen als auch im Moos am Waldboden auf Insektensuche gehen, der Kehlbandfächerschwanz *(Rhipidura fuliginosa)* verfährt bei der Insektenjagd nach echter Schnäpperweise, der Finschsänger *(Finschia novaeseelandiae)* erbeutet Insekten an Astrinde und am Blattgrund, vornehmlich in der Kronenschicht, und kommt außerdem nur auf der Südinsel vor; der ebenso verbreitete Narzissensänger *(Mohoua ochrocephala)* und der ihn auf der Nordinsel vertretende Weißkopfsänger *(M. albicilla)* nähren sich auf ähnliche Weise.

Die übrigen drei Singvogelarten haben der Heckenbraunelle wohl nur in begrenztem Umfange Konkurrenz geboten. Der Graumeisenschnäpper *(Petroica australis)* hält sich zur Nahrungssuche viel auf dem Waldboden auf, wo er das Laub umwendet und neben allerlei kleinen Gliedertieren auch Würmer aufnimmt. Der Scheckmeisenschnäpper *(Petroica macrocephala)* holt sich kleine Insekten zum großen Teil von Stämmen und Ästen, andere vom Boden und aus der Luft; seine schnäpperhafte Art, sich vom Ansitz aus auf Insekten am Boden oder an der Rinde zu stürzen, schränkt den Wettbewerb mit anderen Insektenfressern weiterhin erheblich ein. Der Graubuschpfeifer *(Gerygone igata)* schließlich, der anscheinend fast überall ein enger Nachbar der Braunelle ist, sucht Insekten und Spinnen an Rinde, Zweigen und Blättern, holt sich rüttelnd Spinnen aus dem Netz und jagt auch fliegende kleine Falter. Vor allem aber hat er sich mit seiner Gewohnheit, am Blattwerk, und zwar besonders an der äußeren Oberfläche der Holzgewächse flatternd zu jagen, Nahrungsquellen gesichert, die ihm kein Mitbewerber streitig macht; damit scheidet er zugleich als ernsthafter Konkurrent für die Heckenbraunelle aus.[5] Von den eingeführten Arten kommt ohnehin keine in Betracht.

Das Fehlen eines strengen Konkurrenten gibt übrigens den umgekehrten Schluß frei, daß nämlich zumindest die Heckenbraunelle den Rückgang einheimischer Singvögel nicht ausgelöst oder beschleunigt haben kann.

Die geschilderte Aufteilung der Nahrungsquellen gilt, soweit ohne unmittelbare Studien erkennbar, grundsätzlich ebenso für die vorgelagerten Inseln, einschließ-

[5] Die ökologischen Daten über die endemischen Arten sind zum überwiegenden Teil den Büchern von OLIVER (1930) und FALLA et al. (1970) entnommen, der Rest der periodischen Literatur (z. B. GIBB 1961, GRAVATT 1971, McLAY 1974, MERTON 1966).

lich Stewart I. Auf den Chatham-Inseln fehlen die Neuseeland-Pittas (Xenicidae), *Finschia, Mohoua, Notiomystis, Anthornis* (1906 ausgestorben), *Philesturnus, Callaeas* und *Turnagra; Gerygone igata* ist durch *G. albofrontata, Petroica (Miro) australis* durch *P. traversi* ersetzt, beides Arten mit ganz ähnlicher Lebensweise wie ihre Verwandten. Nur fünf einheimische Singvogelarten *(Anthus, Petroica macrocephala, Zosterops, Anthornis* und *Prosthemadera)* sind auf Auckland vertreten, drei auf den Snares *(Bowdleria, P. macrocephala* und *Zosterops)*, gar nur je eine auf den Antipoden-Inseln *(Anthus)* und Campbell *(Zosterops*, selbst ein Neuling).

Die Bedingungen für die Ansiedlung etlicher Singvogelarten waren also sichtlich außergewöhnlich günstig, wobei das geringere Angebot an Habitaten auf den landfernen Inseln durch die niedrigere Zahl der potentiell konkurrierenden Sperlingsvogelarten wohl ausgeglichen wird. Das trifft gerade auch auf die Körnerfresser unter ihnen zu, denn in Neuseeland sind weder Finken und Ammern noch Weber und Prachtfinken heimisch, und nur der Ziegensittich *(Cyanoramphus novaezelandiae)*, der Springsittich *(C. auriceps)*, der Piopio *(Turnagra capensis)* und der Spornpieper nehmen in verschiedenem Maße und neben anderen Nahrungsstoffen Sämereien auf.

Über die Nahrung der Heckenbraunelle in Neuseeland ließen sich nur wenige Angaben ermitteln. OLIVER (1930) nennt nur Insekten, die gewiß einen bestimmenden Anteil (auch in der Nestlingsnahrung; Notornis, 3, p. 106) bilden. In Europa aber werden, zumal vom Spätherbst bis zum Frühling, auch feine Sämereien verzehrt (NAUMANN 1823, NIETHAMMER 1937, WITHERBY et al. 1965, MEKLENBURCEW 1954, GLUTZ 1962). Der bei der Heckenbraunelle gut ausgebildete (bei reinen Insektenfressern aber fehlende) Kropf läßt Samen als wesentliche Kost und somit eine angeborene Präferenz dafür erwarten. Da sie in Neuseeland Hanfsaat und Brotkrumen annimmt und auch in harterdigen, insektenarmen Dickichten vorkommt, schließt SECKER (1952) auf Samennahrung; er sah außerdem in Kiefernanpflanzungen in der Stadt Wellington, wie Braunellen und Buchfinken Samen aus Kiefernzapfen (Pinus pinaster ?) klaubten. Übrigens wäre den Braunellen die Suche nach angemessener Samenkost sehr erleichtert, denn die von NAUMANN (1823) und bei WITHERBY et al. (1965) genannten Pflanzengattungen Polygonum, Rumex, Ranunculus, Stellaria, Plantago und Geranium sind in Neuseeland mit eingeführten oder eingeschleppten, inzwischen weit verbreiteten Arten vertreten, ebenso manche Gräser (Dactylis, Poa, Bromus, Festuca u. a.).

Nahrungsstoffe, die von dem aus Europa Bekannten abweichen, sind nicht nachgewiesen worden. Der Star hingegen hat sich angewöhnt, aus den Blüten des großräumig angebauten Neuseeländischen „Flachses“, der Liliacee Phormium tenax, Honig zu saugen (GEBHARDT 1959).

Am Ort der Nahrungssuche hat sich offensichtlich nichts geändert; die Braunellen nehmen Samen u. ä. auch dort nicht von ihren Trägern, sondern vom Boden auf (Rasen, Waldboden usw.). BELL hebt (brfl.) hervor, daß sie in den Wäldern der Chatham-Inseln (vgl. Abb. 5) ausschließlich auf dem Boden (mit reicher Streuschicht oder auch kahl) Futter suchen. Auf Campbell finden sie ihre Nahrung nach BAILEY und SORENSEN (1962) in der Gezeitenzone, an Gebüschrändern, in offenem Land, auch der Berge, und in Torfmooren. JONES berichtet (Notornis, 19, Sonderheft p. 76), sie schleuderten zuweilen Blätter beiseite; auf Rasen sah er diese Bewegung sogar im Leerlauf.

Eine zwischenartliche Konkurrenz um Nistplätze ist angesichts der Fülle von Möglichkeiten sicher auszuschließen.

Die Verhältnisse, die die Einnischung einer Art bestimmen, sind also hier ungemein übersichtlich. Die Frage nach der „ökologischen Lücke“, in die sie sich einpassen kann, ist jedoch mit der Entdeckung von Unterschieden zur ökologisch ähnlichsten Art nicht voll beantwortet. Wenn nämlich der ansässige Artenkomplex ein wichtiges Erfordernis des Neulings schon nahezu „aufbraucht“, dann ist seine Eingliederung dennoch unwahrscheinlich. Im Falle der Heckenbraunelle aber scheint dies (außer vielleicht auf den Snares, s. u., p. 118) nirgends vorgekommen zu sein, und damit war eine wesentliche Voraussetzung für ihr Gedeihen gegeben. Zudem ist bei ihr keine strenge Bindung an einen ganz bestimmten, nicht überall gegebenen Umweltfaktor (vergleichbar der Abhängigkeit der Weidenmeise von morschem Holz) zu erkennen.

Daß sie – wie das Kartenbild eindrucksvoll belegt – so erfolgreich siedelte, hat aber wohl noch einen weiteren Grund. Zur selben Zeit und mit ähnlicher Begründung wie allerlei Tiere sind nämlich auch zahlreiche Pflanzen nach Neuseeland gebracht worden, hauptsächlich europäische Arten. Viele gediehen unter den Bedingungen von Klima und Konkurrenz so prächtig (von den mehr als 500 eingeführten Arten nannte THOMSON 1922 über 150 gemein), daß der ursprüngliche Charakter der Pflanzendecke nach radikalen Umwandlungen (auch zugunsten der Landwirtschaft, namentlich der bedeutenden Schafzucht) vor allem in den dichtbesiedelten Landesteilen verlorengegangen ist. Außer der mittlerweile kosmopolitischen Unkrautflora haben sich vor allem manche Büsche und Sträucher breitgemacht. So begegnet man fast allenthalben Schwertlilie, Hahnenfuß-Arten, Hirtentäschel, Wegerich-Arten, Veilchen, Vogelknöterich, Wegwarte, Klette und Ampfer-Arten, Weiden (Salix alba, S. fragilis), Berberitze, Stiel- und Steineiche, Besenginster, Stechginster, Holunder, Hunds- und Weinrose und Brombeeren; die beiden zuletzt genannten Arten wurden bereits 1900 in einem Unkrautgesetz zu uneingeschränkt schädlichen Pflanzen erklärt. Die Drosseln zogen Nutzen aus solchen Quellen und sorgten zugleich für die rasche Ausbreitung der beerentragenden Sträucher. Damit waren Lebensstätten geschaffen worden, in die die Fremdlinge wohl besser paßten als die mehr oder weniger eng spezialisierten endemischen Arten, auf die kein starker Selektionsdruck zu Gunsten einer höheren ökologischen Plastizität gewirkt hatte.

Ein Beispiel hierzu liefert WODZICKI (1946). An einer Flußmündung nördlich Wellington bewohnen Braunellen neben Staren, Amseln, Singdrosseln, Buchfinken, Grünlingen, Stieglitzen, Birkenzeisigen, Goldammern, Haussperlingen und Flötenvögeln die mit Kanuka, Olearia, Farnen, Rosen, Holunder und Brombeeren bewachsenen Dünen, auch solche mit Strandhafer (Ammophila arenaria), Binsen (Scirpus frondosus) und Spinifex hirsutus. An einheimischen Sperlingsvögeln kann WODZICKI nur Graubuschpfeifer, Kehlbandfächerschwanz und Silberbrillenvogel nennen. 1965 legt derselbe Autor dar, daß 27 der eingeführten Vogelarten nur in dergestalt veränderten Habitaten vorkommen, 9 weitere daneben auch in „natürlichen“, keine dagegen in diesen allein. Inwieweit die unter menschlichem Einfluß gewandelten Bedingungen die Ansiedlung auch solcher Arten ermöglicht haben, die in einem ständigen, aber schwachen Strom auf Neuseeland treffen, bleibt ungeklärt. Der Artenzuwachs im vergangenen Jahrhundert (vgl. p. 101) ist jedenfalls auffällig stark.

Übrigens haben die eingeführten Vögel auch zur weiteren Verbreitung mancher einheimischen Pflanzen beigetragen, so mehrerer Coprosma-Arten, darunter der genannten Taupata. All diese Veränderungen der Pflanzendecke haben – zusammen mit den eingeführten Ratten, Katzen, Wieseln, verwilderten Schweinen und den von den Ginstern beschirmten Kaninchen – die ansässigen Sperlingsvögel, darunter eben auch mögliche Konkurrenten, offensichtlich benachteiligt.[6] Mittlerweile haben sich einige von ihnen allerdings auch mit landfremden Gehölzen abgefunden und sind dort stellenweise ebenso häufig wie im gewohnten Lebensraum (GIBB 1961).

Einen deutlichen Hinweis auf die Bedeutung des Florenwandels geben auch die Verhältnisse auf den Snares-Inseln, wo die Vegetation nahezu unbeeinflußt geblieben ist. Der Braunelle ist es nicht gelungen, einen festen Brutbestand aufzubauen (vgl. Kap. „Ausbreitung"). Dagegen lebt der Farnsänger, der unter den landschaftlichen Umgestaltungen auf den Hauptinseln in so hohem Grade zu leiden hatte, hier überall und in großer Dichte, ebenso der Scheckmeisenschnäpper und die Buschschnepfe *(Coenocorypha aucklandica)*. „Es ist verlockend zu spekulieren, daß auf den Snares – fern vom Einfluß des Menschen – die einheimische Avifauna die Heckenbraunelle mit Erfolg ausgeschlossen hat" (TAYLOR brfl.). Wir kennen den entscheidenden Faktorenkomplex nicht, doch hat es gewiß mit dem ursprünglichen und auch anderen Vegetationscharakter zu tun, der der Braunelle offenkundig weniger zusagt. Der biozönotische Komplex (ursprüngliche Vegetation und gut angepaßte eingesessene Arten) insgesamt hält die fremde Art von der Ansiedlung ab. Es sieht aber so aus, als ob unmittelbare Konkurrenz mit einem ökologisch sehr ähnlichen, also etwa chancengleichen Partner die Ursache wäre. Übrigens ist „von den eingewanderten europäischen Singvögeln auf Snares allein der Birkenzeisig wirklich häufig; Singdrossel und Amsel sind nur in kleiner Zahl vertreten, Star, Haussperling und Buchfink sind recht selten" (TAYLOR brfl.).

Raubfeinde haben dem Fortkommen der Braunelle (und dem anderer Fremdlinge) anscheinend keinen Einhalt geboten; ihre Lebensweise setzt sie den vogeljagenden Greifen *(Falco novaeseelandiae, Circus approximans)* und Eulen *(Ninox novaeseelandiae, Sceloglaux albifacies † ?, Athene noctua)* auch wenig aus. Eher kommt der Wanderkoël *(Urodynamis taitensis)* als Nesträuber und Brutschmarotzer in Betracht; dieser Kuckuck scheint (nach THOMSON 1922) zugenommen zu haben, nachdem ihm (andere) eingeführte Singvögel reichere Nahrung und mehr Wirtsnester boten. Kleine Raubsäuger, zumal verwilderte Katzen, mögen ebenfalls in den Bestand eingreifen. Aufenthaltsorte und Nachwuchsrate der Heckenbraunelle halten die Wirkung dieser Einflüsse jedoch ganz niedrig.

Dem Zusammentreffen all dieser günstigen Umstände ist es demnach zuzuschreiben, daß *P. modularis* in weniger als einem Jahrhundert eine solche Häufigkeit erlangen und ein so großes Gebiet erobern konnte. Damit war (unbeabsichtigt) ein evolutionistisches Freilandexperiment großen Umfanges eingeleitet worden, das wie ein jeder derartige Fall hohe Aufmerksamkeit verdient.

[6] Auf Hawaii sind mit den eingeführten Vogelarten auch einige Vogelkrankheiten (Pocken, Malaria u. ä.) eingeschleppt worden; die Folge war ein Massensterben endemischer Arten (WARNER 1968). Über entsprechende Vorgänge in Neuseeland ist nichts bekannt.

Zur Brutbiologie

Die auffälligste Veränderung, die der neue Lebensraum den nördlichen Arten aufzwingt, ist die Verlagerung des Jahresrhythmus. Die Sangeszeit ist jedoch nicht allein verschoben, sondern gegenüber Mitteleuropa auch beträchtlich ausgedehnt. Nach SECKER (1952), FALLA et al. (1970) und aus vielen Einzeldaten in „Notornis" ergibt sich dieses Bild. Der Herbstgesang (Ende März bis Ende April) setzt sich in milden Wintern in verminderter Intensität auch bis zum Vorfrühling (Ende Juli) fort. Zu dieser Zeit, manchmal schon ab Mitte Juni, tritt dann der volle Gesang ein; er läßt erst im Januar nach, und ab Februar sind nur einzelne, zumal jüngere Vögel mit unvollständigen Gesängen zu hören. Dies ist ein fast genaues Spiegelbild der Sangeszeit britischer Heckenbraunellen, wie sie bei WITHERBY et al. (1965), p. XII, dargestellt ist.

Der Aufbau des Motivgesanges ist erwartungsgemäß in den Grundzügen gleich geblieben. Die beigegebenen fünf Sonagramme (Abb. 6) können allerdings keinen Beweis für einen der Herkunft entsprechenden „britischen Dialekt" neuseeländischer Braunellen liefern, denn mitteleuropäische Lieder zeigen deutliche Variabilität, und britische standen zum Vergleich nicht zu Gebote. Zum selben Ergebnis gelangte, wie ich erst später erfuhr, THIELCKE (1974), der die Gesänge von 11 in Neuseeland lebenden mitteleuropäischen Arten verglichen hat; auch er hatte keine britischen Strophen zur Verfügung. Ein Zufall will es, daß sein Spektrogramm 2d offensichtlich vom selben Individuum stammt wie das meiner Abb. 6a; die Strophen sind jedoch nicht identisch.

Ob regelrechte zweite oder gar dritte Bruten wie in Europa vorkommen, ist nicht erkennbar. Jedenfalls sind Vollgelege vom September an bis in den Januar hinein zu finden. Vielleicht erweisen die Nestkarten, von denen bis 1970 bereits 149 vorlagen (Notornis, 18, p. 42), eine zweigipflige Verteilung. Zwei Bruten im Jahr sind bei den meisten einheimischen (und bei einigen eingeführten) Sperlingsvögeln die Regel.

Die Gelegegröße europäischer Arten ist, nach den Ermittlungen NIETHAMMERS (1970), in Neuseeland anscheinend durchweg niedriger als im Stammareal. Allein auf die Heckenbraunelle trifft das nicht zu: bei einer Eizahl von 3 bis 5 liegt die durchschnittliche Gelegegröße ($n = 48$) bei 3,87 gegenüber 3,90 bei britischen Brutvögeln ($n = 1845$). Über Bruterfolg, Mortalität und finale Fortpflanzungsrate liegen noch keine Angaben vor. Auch aus dem Vergleich mit den Gelegegrößen der einheimischen Arten läßt sich kein Hinweis darauf ableiten, ob die europäischen Neusiedler vielleicht auch wegen höherer Nachwuchsziffern überlegen waren.

Am Standort des Nestes hat sich im Grunde nichts geändert: es wird in dichter Vegetation (Büsche, Sträucher, Hecken, auch solche in Gebäudenähe) niedrig über dem Boden angelegt. Auch auf der Campbell-Insel fand KINSKY (brfl.) im Januar vier Nester, die 20 bis 30 cm hoch in kleinen Sträuchern gut verborgen gebaut waren. Über Stand und Bau eines Nestes nahe Nelson berichtete MONCRIEFF (1934) ausführlicher.

Die jährliche Vollmauser müßte (da NIETHAMMER 1937 und WITHERBY et al. 1965 August bis Oktober nennen), dem verlagerten, aber nicht veränderten Jahresrhythmus gemäß, zwischen Februar und April vor sich gehen. Die einzige mir vorliegende Angabe (bei NIETHAMMER 1971) betrifft einen Altvogel, der bereits Ende Januar im Schwingenwechsel begriffen war; ähnlich früh setzt die Mauser aber sicher auch im Stammareal zuweilen ein (vergleiche MAUERSBERGER 1971, p. 441).

Wanderungen

Das Ortswechselverhalten neuseeländischer Braunellen ist erst bruchstückweise bekannt; für Ausmaß, Richtung, Zeit und Häufigkeit möglicher periodischer Wanderungen gilt das besonders. Aus den wenigen Angaben der Literatur, abgerundet durch briefliche Auskünfte von F. C. KINSKY, läßt sich nur dies ablesen.

MONCRIEFF (1929) reihte sie unter die Standvögel ein. Das wird von einigen Rückmeldungen gestützt, die Wiederfänge am Beringungsort nach 3, 4, 12 und 13 Monaten (Notornis, 5, p. 23; ib. 7, pp. 13 und 135), aber auch über 6 Jahre und 3 Monate (April bis Juli; ROBERTSON 1972) angeben. NIETHAMMER (1971) kann zwar 9 Fernfunde von Haussperlingen nennen, aber keinen von Braunellen. Ob unter den 333 Wiederfunden (bei nur 1377 bis März 1973 beringten Vögeln; ROBERTSON 1974) auch solche aus größerer Entfernung sind, war leider ebensowenig zu erfahren wie andere analytische Einzelheiten.

Es findet sich auch kein Nachweis für vertikale Wanderungen in den Southern Alps. Es muß sie aber geben, da die hohe winterliche Schneedecke ein Ausharren sicher nicht erlaubt; Feldbeobachtungen stützen das (KINSKY brfl.).

Das Sozialverhalten läßt keine klaren Schlüsse zu: einerseits fand SECKER (1952) Territorialität das ganze Jahr über, in gewissem Grade eben auch im Herbst und im Frühwinter, andererseits meldet DAWSON (1955, Notornis, 6, p. 106) von South East Island (Karte, P. 42) kleine Gruppen im Februar. Lediglich die spärlichen Angaben über den Habitatwechsel (oben, p. 10–11) deuten an, daß wohl zumindest regelmäßige Streifereien über geringe Entfernungen unternommen werden. Überdies läßt das Verhalten der Ursprungspopulationen (siehe WITHERBY et al. 1965) gewisse Bewegungen erwarten.

Ungeachtet des Fehlens sicherer Information ist eine vielleicht schwach ausgeprägte Dispersionsphase (wahrscheinlich nach der Brutzeit) anzunehmen, die einen Teil der Populationen auch über die Küsten hinausführt oder doch der Verdriftung auf das Meer aussetzt. Die aus anderen Kontinenten eingeführten Singvögel (Maina und Flötenvögel), die in ihrer Heimat keinen regelmäßigen Zug vollführen, haben jedenfalls den Weg über die neuseeländischen Hauptinseln hinaus nicht gefunden.

Ausblick

Die Lebensweise der neuseeländischen Braunellen stellt noch viele Fragen, gerade nach den periodischen Erscheinungen (Mauser, Ortswechsel, Nahrungswechsel) und

Abb. 6. Sonagramme von Heckenbraunellen aus a) Neuseeland (nach einer Schallplatte), b) Oderberg (Mark), c) Blankenburg (Harz), d) und e) Bresewitz (bei Barth). Die Klangmuster von d und e zeigen deutliche Variation beim selben Individuum. Sonagrams of Dunnocks from a New Zealand, b) Oderberg (northeast of Berlin) c) Harz mountains, d) and e) Baltic coast area. The sound patterns of d and e reveal distinct variation in songs of the same individual.

Aufnahmen und Sonagramme aus dem Bereich Verhaltenswissenschaften (Leiter: Prof. Dr. G. Tembrock) der Sektion Biologie, Berlin

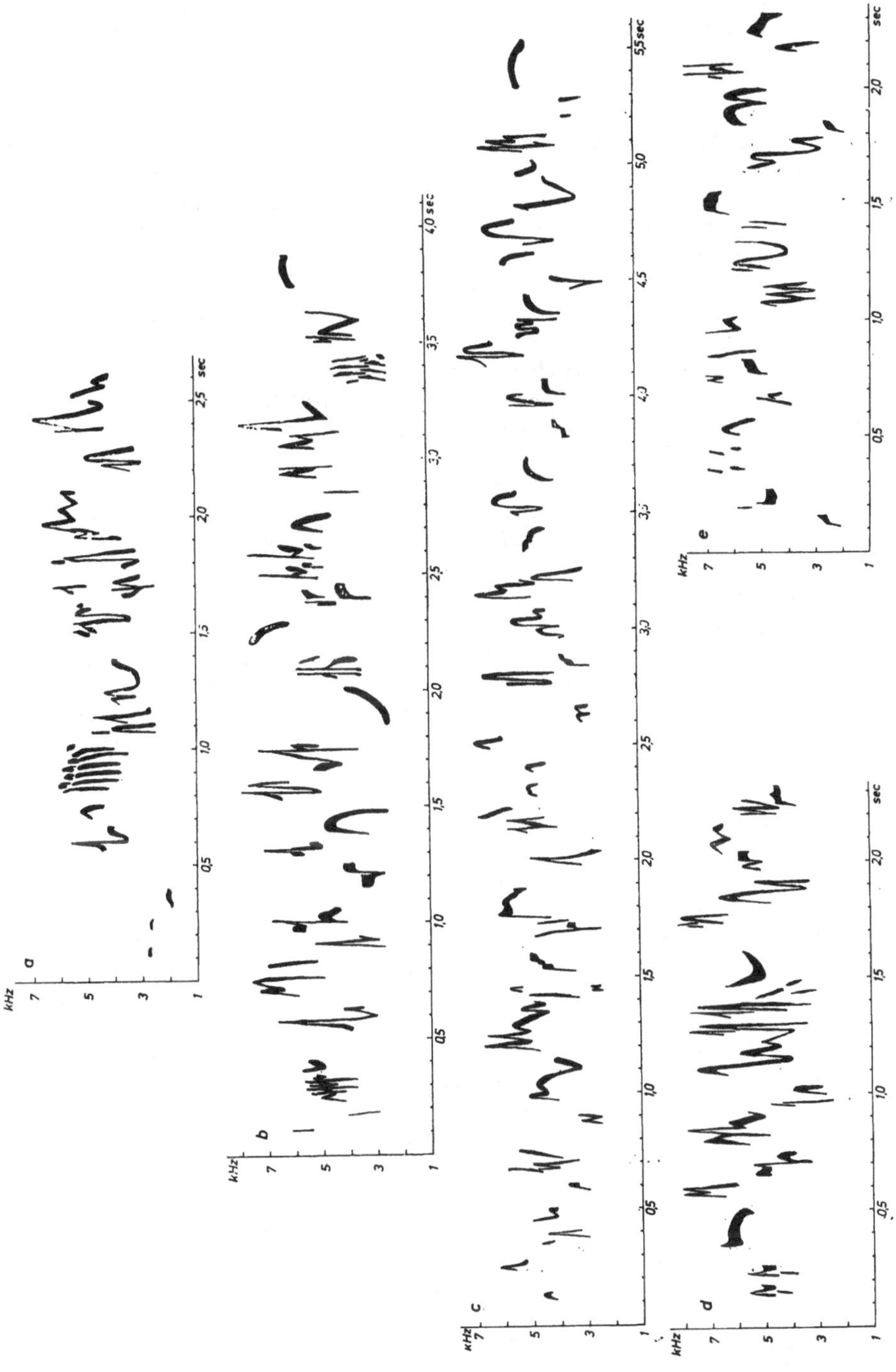
a
b
c
d
e
kHz
sec

nach den ökologischen Beziehungen. Von den Antworten dürfen wir wichtige Schlüsse und Anregungen für die Kenntnis der europäischen Brutvögel erwarten, aber vielleicht auch manchen Fingerzeig von theoretischem Interesse.

Besonders dringlich scheint mir zu sein, daß das Ausmaß der individuellen Variation neuseeländischer *P. modularis* untersucht wird (z. B. die Schnabelproportionen; vergleiche VAN VALEN 1965). NIETHAMMER (1971) hatte nur 13 Bälge vor sich. Angesichts der Häufigkeit des Vogels und seiner hohen Reproduktionsrate erscheint das Sammeln größerer Serien vertretbar, auch im Hinblick auf die mögliche Kürzung des genetischen Spektrums. Analog zu ähnlichen Fällen kann mit der Differenzierung der dortigen Populationen, also mit der Herausbildung einer oder mehrerer Unterarten gerechnet werden. Damit könnten zu einer Subspezies zwei ihrer Vorstufen anhand reicheren Materials vorliegen: die britische Population und die jetzigen neuseeländischen Brutvögel, die ja bereits eine nahezu hundertjährige Entwicklung in genetischer Isolation und unter anderen Selektionsbedingungen hinter sich haben. Daß heute noch keine Veränderungen gegenüber britischen Braunellen erkennbar werden konnten, hängt, wie erwähnt, mit der Größe der Ausgangspopulation zusammen. Unter den eingeführten Haussperlingen, Birkenzeisigen, Gemsen und Igeln dagegen sind (nach NIETHAMMER 1971) bereits Abweichungen ersichtlich. Bei nordamerikanischen Haussperlingen haben bekanntlich 50 bis 110 Jahre ausgereicht, auffällig und konstant verschiedene Populationen entstehen zu lassen (JOHNSTON und SELANDER 1964).

Da wir das Ortswechselverhalten, im Besonderen den Anteil nicht geburtsortstreuer Individuen und deren Streuung nicht kennen, läßt sich auch kein Anhalt für das Maß der Panmixie gewinnen. Wenn die von BELL (brfl.) vertretene Annahme zutrifft, daß von den Hauptinseln her immer wieder einzelne Braunellen nach den landfernen Inseln gelangen (und dort auch produktiv werden), so ist trotz geringer Populationsstärke keine baldige Differenzierung in Aussicht. In jedem Falle sollte dieses große Naturexperiment weiterhin eingehend verfolgt werden; Lage, ökologische Gegebenheiten und reiche geographische Gliederung des Gebietes machen es zu einen möglichen Modellfall der Evolution.

Zusammenfassung

1. Die Ausbreitung der Heckenbraunelle in Neuseeland, die ihrer Einführung vor rund 100 Jahren folgte, und ihre Einnischung in die einheimische Avifauna sind anhand von literarischen Angaben untersucht worden.

2. *Prunella modularis* ist jetzt ein verbreiteter und häufiger Brutvogel auf den Hauptinseln und auf so gut wie allen küstennahen Eilanden. Dazu hat sie selbständig die landfernen Chatham-, Campbell-, Auckland- und neuerdings auch die Antipoden-Inseln besetzt; auf den Snares-Inseln ist sie selten (vergleiche die Verbreitungskarte). — Meldungen, die Heckenbraunelle sei auch auf den Kermadec-Inseln angelangt (WODZICKI 1965) und in Südafrika eingeführt worden (COURTENAY-LATIMER 1942), treffen nicht zu.

3. Die Rolle des Windes bei der Ausbreitung über 500 bis 700 km weite Strecken meist stürmischer See wird diskutiert. Die rasche Besiedlung der abgelegenen Inseln durch einen Kleinvogel ohne besondere Flugfertigkeit spricht gegen die Forderung von Landbrücken oder langen Zeiträumen für derartige Vorgänge. Die Schwierigkeit aktiver Ausbreitung kann also auch nicht als Hindernis gelten, wo viel geringere Abstände (in manchen Inselgebieten) nicht überwunden worden sind.

4. Die in Neuseeland besetzten Habitate sehen, verglichen mit den europäischen, oft verschieden aus, tragen aber gemeinsame Grundzüge: dichtes Buschwerk, als Unterholz oder frei, am Strand wie an halboffenen Hängen bis in die subalpine Höhenstufe bei ca. 1500 m, mit freien Stellen innerhalb oder am Rande. Ob Habitate von stark abweichendem Aussehen wegen grundsätzlich gleicher Struktur für die Vögel gleichwertig sind, ob hohe ökologische Plastizität, Prägung oder größere genetische Variabilität in der Population ihre Nutzung ermöglicht, bleibt offen.

5. Eine Analyse der Einnischung erweist unter den 24 ansässigen Sperlingsvogelarten keinen strengen Konkurrenten. Die Unterschiede in Habitat, Art der Nahrung, Ort und Verfahren ihrer Gewinnung setzen die Konkurrenz stark herab oder schließen sie aus. Der Siedlungserfolg beruht daneben auf den radikalen Wandlungen der Vegetation Neuseelands (Zerstörung natürlicher Landschaften, Einführung vieler fremdländischer Pflanzenarten), die zugleich manche einheimische Vogelarten beeinträchtigt haben. Unter den eingeführten Pflanzen finden sich Arten, deren Samen die Braunelle in Europa auch verzehrt. – Raubfeinde waren der Ausbreitung nicht hinderlich.

6. Auf den landfernen Inseln waren die Verhältnisse ähnlich günstig, da die geringere Zahl potentieller Konkurrenten das schmalere Habitatspektrum ausgleicht. Auf den Snares-Inseln mit noch ursprünglicher Vegetation hat sich die Braunelle nicht fest ansiedeln können.

7. Die Sangeszeit ist länger als in Mitteleuropa, spiegelt aber die der britischen Populationen (mit halbjähriger Verschiebung) wider. Liedaufbau, Neststandort und Gelegegröße sind im Grunde unverändert. Das Vorkommen von Zweitbruten und die Mausertermine sind noch zu erkunden.

8. Auf echten Zug gibt es keinen Hinweis, wohl aber auf eine nachbrutzeitliche Dispersionsphase und auf Vertikalwanderungen.

9. Die Umweltbeziehungen und die periodischen Erscheinungen im Leben neuseeländischer Braunellen, aber auch ihre morphologische Variabilität stellen der Forschung noch viele Fragen; dieses große Freilandexperiment verdient hohe Aufmerksamkeit.

Summary

ON THE HEDGE SPARROW (PRUNELLA MODULARIS) IN NEW ZEALAND

1. The range expansion of the Hedge Sparrow in New Zealand, following its introduction about a century ago, and its annidation into the native bird fauna have been studied in detail (from literary data).

2. It is common now on the mainland, including practically all of the small offcoast islands and, as a self-introduced species, the outlying Chatham, Campbell, Auckland, and (quitte recently) the Antipodes Islands whereas it is still rare on the Snares. A map of the present distribution is given. – Hedge Sparrows have not been introduced to South Africa (as has been erroneously claimed by COURTENAY-LATIMER 1942) and have not reached the Kermadec group (cf. WODZICKI 1965).

3. Wind as a possible factor in the dispersal over wide expanses (500 up to 700 km) of usually turbulent sea is discussed. The colonization of remote outlying islands by a small passerine bird without specialized flight abilities may be considered a proof that neither ‚land-bridges‘ nor long terms are actually necessary. Further-

more, any difficulties of an active spread cannot be offered as a hindrance in cases where far smaller distances have not been bridged (e. g. in the West Indies and other archipelagoes).

4. The habitats occupied in New Zealand as compared to those in Europe are mostly of different appearance but share many essential features: dense shrubbery of more than a man's height, in open country or as undergrowth, on coastal dunes as well as in valleys and gullies or on subalpine slopes (up to 5000 feet), with open places inside or on the edges. This generalization applies likewise to the off-shore and the outlying islands. Whether such habitats as look rather different from those in the palearctic range of the species are of equal ecological value for the bird (as they offer the same particular structural characteristics, not apparent to human eyes), whether their utilization is simply due to the birds' high ecological plasticity (‚adaptability'), to imprinting or to a degree of genetic variability within the New Zealand population which exceeds that of the British population, is still unclear.

5. The annidation of the Hedge Sparrow into the endemic avifaunal complex is analyzed. Among the 24 native passerine species, there is no serious competitor, competition from other species being avoided or at least largely mitigated by more or less sharp contrasts in habitat, food, feeding stations and/or feeding methods. That *Prunella* has become one of the most widely distributed passerines in New Zealand may be referred also to the immense changes in the character of the vegetation on the mainland by destruction of many native habitats and acclimatization of more than 500 exotic plant species, including some 150 well thriving. These changes have led to new habitat types into which the introduced bird species fitted more amply than did some of the more or less narrowly specialized endemic species onto which there did not act any hard selection pressure in favour of a higher ecological plasticity. Among the acclimatized plants there are many European shrubs and weeds on the seeds of which the Hedge Sparrow feeds in Europe. – The rapid spread has not been prevented by heavy predation.

6. On the outlying islands, conditions were presumably similarly favourable as the number of potentially competing passerine species is lower, thus compensating the less wide variety of habitats there. On the Snares Islands, however, where unmodified indigenous vegetation persists, the bird did not succeed in establishing a breeding population.

7. The song period is longer than that of central European birds but it reflects rather exactly that of British breeders (with a six months' shift). Virtually, song structure, nest site and clutch size have not changed. If regular second (and third) broods occur and when the complete moult takes place is still unknown.

8. There is no indication of regular horizontal migration. Yet, a post-breeding dispersal and altitudinal migrations, in the Southern Alps at least, can be deduced from certain facts.

9. The life history of New Zealand Hedge Sparrows offers many open questions, particularly regarding ecology (food, feeding ecology, interspecific relations, habitat preferences) and annual life cycle (moult, migration).

10. Series should be collected for detailed studies of infra- and interpopulation variability now after a century of genetic isolation from the British stock.

Literatur

BAILEY, A. M. und J. H. SORENSEN, 1962: Subantarctic Campbell Island. – Proc. Denver Mus. Nat. Hist., **10**.
BELL, L. C., 1955: Notes on the Birds of the Chatham Islands. – Notornis, **6**, pp. 65–68.
BLACKBURN, A., 1965: Muttonbird Islands Diary. – Ibid., **12**, pp. 191–207.
BUB, H., 1971: Ornithologische Beobachtungen in Norwegen. – Beitr. Vogelk., **17**, pp. 201–206.
BULL, P. C., 1970: Bird Distribution – A New Mapping Scheme. – Notornis, **17**, pp. 231–235.
– und D. G. DAWSON, 1969: Mortality and Survival of Birds During an Unseasonable Snowstorm in South Canterbury, November, 1967. – Ibid., **16**, pp. 172–179.
CHAMBERS, B. S. et al., 1955: Notes on the Hen and Chickens Islands. – Ibid., **6**, pp. 152–157.
CLANCEY, P. A., 1966: A Catalogue of Birds of the South African Sub-region. (Part V: Families *Sturnidae – Fringillidae* [concluded]). – Durban Mus. Novit., **7**, pp. 544–633.
COURTENAY-LATIMER, M., 1942: [Letter]. – Ostrich, **13**, p. 181.
CURRY-LINDAHL, K., 1963: Våra fåglar i Norden. 4. Stockholm. (p. 1949).
DARBY, M. M., 1970: Summer Seabirds Between New Zealand and McMurdo Sound. – Notornis, **17**, pp. 28–55.
EDGAR, A. T., 1949: Winter Notes on New Zealand Birds. – N. Z. Bird Notes, **3**, pp. 170–174.
–, 1971: Field Study Course, Far North, 11–18 January, 1971. – Notornis, **18**, pp. 118–130.
FALLA, R. A., 1965: Birds and Mammals of the Subantarctic Islands. – Proc. N. Z. Ecol. Soc., **12**, pp. 63–68.
– et al., 1970: A Field Guide to the Birds of New Zealand. London.
FLEMING, C. A., 1939: Birds of the Chatham Islands. – Emu, **38**, pp. 492–509.
–, 1962: History of the New Zealand Land Bird Fauna. – Notornis, **9**, pp. 270–274.
GEBHARDT, E., 1959: Europäische Vögel in Übersee. – Bonn. Zool. Beitr., **10**, pp. 310–342.
GIBB, J. A., 1961: Ecology of Birds in Kaingaroa Forest. – Proc. N. Z. Ecol. Soc., **8**, pp. 29–38.
GLUTZ VON BLOTZHEIM, U., 1962: Die Brutvögel der Schweiz. Aarau.
GRAVATT, D. J., 1971: Aspects of habitat use by New Zealand honeyeaters, with reference to other forest species. – Emu, **71**, pp. 65–72.
HINDWOOD, K. A., 1940: The Birds of Lord Howe Island. – Emu, **40**, pp. 1–86.
– und J. M. CUNNINGHAM, 1950: Notes on the Birds of Lord Howe Island. – Ibid., **50**, pp. 23–35.
HODGKINS, M., 1949: Birds in Tauranga District. – N. Z. Bird Notes, **3**, pp. 116–125.
HORNING, D. S. und C. J., 1974: Bird records of the 1971–1973 Snares Islands, New Zealand, Expedition. – Notornis, **21**, pp. 13–24.
KINSKY, F. C., 1970: Annotated Checklist of the Birds of New Zealand. Wellington et alibi.
LACK, D., 1971: Ecological Isolation in Birds. Oxford and Edinburgh.
LINDSAY, C. J. et al., 1959: Birds of Chatham Island and Pitt Island. – Notornis, **8**, pp. 99–106.
MAUERSBERGER, G., 1971: Über die östlichen Formen von *Prunella modularis*. – J. Orn., **112**, pp. 438–450.
–, 1974: [Text zur Karte von *Prunella modularis*]. In: STRESEMANN, E. et al., Atlas der Verbreitung palaearktischer Vögel, 4. Lief. Berlin.
McLAY, C. L., 1974: The species diversity of New Zealand forest birds: some possible consequences of the modification of beech forests. – N. Z. J. Zool., **1**, pp. 179–196.
MEKLENBURCEW, R. N. 1954: Prunellidae. In: DEMENTJEW, G. P. und N. A. GLADKOW, Die Vögel der Sowjetunion, Bd. 6. Moskau (russ.).
MERILEES, W., 1971a: Bird Observations – Macquarie Island 1967. – Notornis, **18**, pp. 55–57.
–, 1971b: Three Song Thrushes at Macquarie Island. – Ibid., **18**, pp. 87–90.

MERTON, D. V., 1966: Foods and Feeding Behaviour of Some Eorest Birds on Hen Island in May. – Ibid., **13**, pp. 179–184.
–, 1970: Kermadec Islands Expedition Reports: A General Account of Birdlife. – Ibid., **17**, pp. 147–199.
MONCRIEFF, P., 1929: Bird Migration in New Zealand. – Emu, **28**, pp. 215–225.
–, 1931: Certain Introduced Birds of New Zealand. – Ibid., **30**, pp. 219–224.
–, 1934: Hedge-Sparrow's Unusual Nest. – Ibid., **34**, pp. 139–140.
NAUMANN, J. F., 1823: Naturgeschichte der Vögel Deutschlands. Bd. 3 (p. 959). Leipzig.
NIETHAMMER, G., 1937: Handbuch der deutschen Vogelkunde. Bd. 1. Leipzig.
–, 1970: Clutch Sizes of Introduced European Passeriformes in New Zealand. – Notornis, **17**, pp. 214–222.
–, 1971: Zur Taxonomie europäischer, in Neuseeland eingebürgerter Vögel. – J. Orn., **112**, pp. 202–226.
OLIVER, W. R. B., 1930: New Zealand Birds. Wellington.
PAYNTER, R. A., 1968: [Eurasian Carduelinae]. Check-List of Birds of the World. Bd. 14. Cambridge, Mass.
ROBERTSON, C. J. R., 1972: Preliminary Report on Bird Banding in New Zealand 1964–1971. – Notornis, **19**, pp. 61–73.
–, 1974: Preliminary Report on Bird Banding in New Zealand. – Ibid., **21**, pp. 70–78.
SECKER, H. L., 1952: Random Jottings on the Hedge Sparrow. – Ibid., **5**, pp. 24–25.
SHARLAND, M. S. R., 1929: Land Birds of Lord Howe Island. – Emu, **29**, pp. 5–11.
SIBSON, R. B., 1949: A Visit to Hen Island. – N. Z. Bird Notes, **3**, pp. 183–188.
–, 1958: Notes on the Height Reached by some Species of Birds on the Mountains of the North Island. – Notornis, **7**, pp. 213–219.
STEAD, E. F., 1948: Bird Life on the Snares. – N. Z. Bird Notes, **3**, pp. 70–80.
STIDOLPH, R. H. D., 1923: Birds of the Wairarapa Plains. – Emu, **23**, pp. 20–27.
TAYLOR, R. H., 1971: Influence of Man on Vegetation and Wildlife of Enderby and Rose Islands, Auckland Islands. – N. Z. J. Botany, **9**, pp. 225–268.
THIELCKE, G., 1974: Stabilität erlernter Singvogel-Gesänge trotz vollständiger geographischer Isolation. – Vogelwarte, **27**, pp. 209–215.
THOMSON, G. M., 1922: The Naturalisation of Animals and Plants in New Zealand. Cambridge.
TURBOTT, E. G. und G. A. BUDDLE, 1948: Birds of the Three Kings Islands. – Rec. Auckl. (N. Z.) Inst. Mus., **3**, pp. 319–336.
VALEN, L. VAN, 1965: Morphological variation and width of ecological niche. – Amer. Natur., **99**, pp. 377–390.
WARHAM, J., 1969: Notes on Some Macquarie Island Birds. – Notornis, **16**, pp. 190–197.
– und B. R. KEELEY, 1969: New and Rare Birds at Snares Island During 1968–69. – Ibid., **16**, pp. 221–224.
WARNER, R. E., 1968: The role of introduced diseases in the extinction of the endemic Hawaiian avifauna. – Condor, **70**, pp. 101–120.
WATT, A. H., 1947: Birds of Parengarenga Harbour and Farthest North. – N. Z. Bird Notes, **2**, pp. 115–120.
WILLIAMS, G. P., 1953: The dispersal from New Zealand and Australia of some introduced european passerines. – Ibis, **95**, pp. 676–692.
WITHERBY, H. F. et al., 1965: The Handbook of British Birds. Bd. 2. London.
WODZICKI, K. A., 1946: The Waikanae Estuary. An Ecological Survey of New Zealand Birds. – Emu, **46**, pp. 3–43.
–, 1965: The Status of Some Exotic Vertebrates in the Ecology of New Zealand. In: Genetics of Colonizing Species. New York.

Anschrift des Autors:

Dr. Gottfried Mauersberger, Museum für Naturkunde der Humboldt-Universität, DDR – 104 Berlin, Invalidenstraße 43.

III-4-9-296-1 105-34-76 D 2/3/76

ZOOLOGISCHE ABHANDLUNGEN
STAATLICHES MUSEUM FÜR TIERKUNDE IN DRESDEN

Bd. 34 Ausgegeben: 28. Februar 1977 Nr. 7

Ergänzendes über die Vögel der Insel Taliabu, Sula-Inseln

SIEGFRIED ECK

Dresden

In seiner Übersicht über die Vögel der Maluku (Molukken) führte VAN BEMMEL (1948 und Zusätze bei VAN BEMMEL und VOOUS 1953) für die Sula-Inseln (Taliabu, Mangole, Sanana) 91 Vogelformen auf, nennt aber ausschließlich für Taliabu, die westlichste und größte Insel (3 678 km^2 bei 187 km Länge), deren nur 10: *Zosterops atrifrons sulaensis, Artamus monachus sulaensis, Rhipidura teysmanni sulaensis, Alcedo meninting meninting, Pelargopsis melanorhyncha eutreptorhyncha, Caprimulgus macrurus jungei, Tyto nigrobrunnea, Columba vitiensis mendeni, Ducula aenea sulana* und *Macropygia amboinensis sedecima.* Zur Abrundung der Kenntnisse von den Vögeln dieser Inselgruppe und speziell Taliabus sei hier folgendes als Ergänzung mitgeteilt. In den Sammlungen des Staatlichen Museums für Tierkunde Dresden befinden sich Bälge von 54 Formen von Taliabu (MENDEN legit), deren 47 ganz allgemein für die Sula-Inseln bekannt sind. Unter diesen 47 Formen befinden sich 7 der von VAN BEMMEL für Taliabu genannten 10 (es fehlen in der Dresdner Sammlung *Alcedo meninting meninting, Pelargopsis melanorhyncha eutreptorhyncha* und *Rhipidura teysmanni sulaensis).* FORSHAW beschrieb 1971 einen neuen Papagei von Taliabu (terra typica: Wai Koka) nach Material des Museums Bogor: *Prioniturus platurus sinerubris* (Bull. Brit. Orn. Club, 91: 163), so daß insgesamt für Taliabu 58 Formen nachweisbar sind. Von den 7 für die Sula-Inseln hier neu bekanntgegebenen Vögeln sind 5 nur Gäste *(Tringa glareola, Charadrius veredus, Motacilla flava simillima, Hirundo rustica gutturalis* aus der Palaearktis und *Cacomantis variolosus variolosus* aus Australien), während der 6. und 7., *Bubulcus ibis coromandus* und *Chalcophaps stephani wallacei,* einheimisch sein dürften. Die Taube *Chalcophaps stephani* ist bisher nur aus dem Raum von Neuguinea (ssp. *stephani)* und der Sulawesi-Region (ssp. *wallacei)* bekannt gewesen!

In jüngerer Zeit haben sowohl VAURIE als auch MEES verschiedene neue Subspezies von den Sula-Inseln beschrieben, die auch auf Taliabu vorkommen *(Corvus enca mangoli* VAURIE, *Anthreptes malacensis extremus* MEES, *Nectarinia jugularis robustirostris* MEES?, *Halcyon coromanda sulana* MEES), so daß es nützlich sein wird, hier eine Gesamtübersicht über die Formen von Taliabu zu bringen. Diese folgt in der systematischen Reihenfolge aus praktischen Gründen dem Verzeichnis VAN BEMMELs (1948), wobei hier und da inzwischen erfolgte nomenklatorische Änderungen berücksichtigt werden. Mitteilungen über einzelne Bälge, die sämtlich im September und Oktober 1938 gesammelt wurden, oder einzelne Formen werden in dieser Liste auf das Nötigste beschränkt. In meiner Arbeit über die Vögel der Banggai-Inseln finden sich verschiedentlich auch Angaben über die Vögel von Taliabu (t. t. = terra typica).

1. **Lonchura molucca molucca** (LINNAEUS, 1766)

Loxia molucca. Syst. Nat., ed. XII, p. 302 — t. t. Amboina.
2 Bälge, ♂ ♀.

2. **Zosterops atrifrons sulaensis** NEUMANN, 1939

Zosterops atrifrons sulaensis. Bull. Brit. Orn. Club., 59, p. 156 — t. t. Taliabu.
Holotypus, am 19. Oktober, nicht November, wie in der Originalbeschreibung steht, gesammelt. Flügel beiderseits 57, nicht 56 mm.

3. **Dicaeum hirundinaceum sulaense** SHARPE, 1884

Dicaeum Sulaense. Proc. Zool. Soc. London 1883, p. 579 — t. t. Sula-Inseln.
3 ♂, 2 ♀.

4. **Anthreptes malacensis extremus** MEES, 1966

Anthreptes malacensis extremus. Zool. Mededel., 41, p. 255 — t. t. Sula Besi (Sanana).
3 ♂, 1 ♀.

5. **Nectarinia sericea auriceps** G. R. GRAY, 1860

Nectarinia auriceps. Proc. Zool. Soc. London, 1860, p. 348 — t. t. Batjan und Ternate.
2 ♂, 1 ♀.

6. **Nectarinia jugularis robustirostris** MEES, 1964?

Nectarinia jugularis robustirostris. Zool. Verhandel., 66, p. 23 — t. t. Sula Besi (Sanana).
2 ♂, 3 ♀. Nach von mir ermittelten Flügel- und Schnabelmaßen (ECK 1976) bleiben die Vögel von Taliabu in der Größe hinter denen von Sanana zurück, überragen aber noch die der Banggai-Inseln. Letztere haben auch einen schwächeren Schnabel, gehören aber durchaus nicht zu den Subspezies von Sulawesi.

7. **Corvus enca mangoli** VAURIE, 1958

Corvus enca mangoli. Ameri. Mus. Nov., Nr. 1915, p. 3 — t. t. Mangole.
1 ♂, 2 ♀. Vgl. ECK 1975.

8. **Dicrurus hottentottus pectoralis** WALLACE, 1862

Dicrurus pectoralis. Proc. Zool. Soc. London, 1862, p. 342 — t. t. Sula-Inseln.
2 ♂, 2 ♀.

9. **Oriolus chinensis frontalis** WALLACE, 1863

Oriolus frontalis. Proc. Zool. Soc. London, 1862, p. 340 — t. t. Sula-Inseln.
2 ♂, 2 ♀.

10. **Aplonis mysolensis sulaensis** (SHARPE, 1890)

Calornis sulaensis. Cat. Birds Brit. Mus., 13, p. 149 — t. t. Sula-Inseln.
Ad.: 1 ♂, 2 ♀; juv.: 1 ♂, 1 ♀.

11. **Streptocitta albertinae** (SCHLEGEL, 1866)

Charitornis albertinae. Ned. Tijdsch. Dierk., 3, 1865, p. 1 — t. t. Sula-Inseln.
1 ♂, 3 ♀.

12. **Artamus monachus sulaensis** NEUMANN, 1939

Artamus monachus sulaensis. Bull. Brit. Orn. Club, 59, p. 156 — t. t. Taliabu.
5 ♂ (darunter der Holotypus), 3 ♀. Vgl. ECK 1974.

13. **Pachycephala rufiventris lineolata** WALLACE, 1863

Pachycephala lineolata. Proc. Zool. Soc. London, 1862, p. 341 – t. t. Sula-Inseln (HARTERT, Bull. Brit. Orn. Club 8, p. 14).
2 ♂, 2 ♀.

14. **Pachycephala pectoralis clio** WALLACE, 1863

Pachycephala clio. Proc. Zool. Soc. London, 1862, p. 341 – t. t. Sula-Inseln (HARTERT, Bull. Brit. Orn. Club 8, p. 33).
2 ♂, 1 ♀.

15. **Monarcha cinerascens** ssp.

2 ♂, 2 ♀. Vgl. ECK 1976.

16. **Muscicapa griseisticta** (SWINHOE, 1861)

Hemichelidon griseisticta. Ibis, 1861, p. 330 – t. t. Amoy und Taku.
1 ♀, 13. X.

17. **Rhipidura teysmanni sulaensis** NEUMANN, 1939

Rhipidura teijsmanni sulaensis. Bull. Brit. Orn. Club 59, p. 93 – t. t. Taliabu.
Kein Material.

18. **Monticola solitarius philippensis** (MÜLLER, 1776)

Turdus Philippensis. Natursyst., Suppl., p. 145 – t. t. Philippinen.
1 junges ♂.

19. **Ixos affinis longirostris** (WALLACE, 1863)

Criniger longirostris. Proc. Zool. Soc. London, 1862, p. 339 – t. t. Sula-Inseln.
In Zool. Abh. Mus. Tierk. Dresden, 34, p. 85 führte ich diese Art noch als *Hypsipetes affinis,* doch machte mich Herr Dr. MEES auf den Fehler aufmerksam (cf. Zool. Verhandel., 102, pp. 302–303).
2 ♂, 1 ♀?.

20. **Motacilla flava simillima** HARTERT, 1905

Motacilla flava simillima. Vög. pal. Fauna, I, p. 289 – t. t. Sula-Inseln.
4 ♂, 3 ♀. Längster Schwanz mißt 74 mm. – Die Schafstelze ist neu für die Sula-Inseln.

21. **Coracina novaehollandiae didimus** MATHEWS, 1912

Coracina novaehollandiae didimus. Austr. Av. Rec., 1, p. 42 – t. t. Melville Island.
2 ♂, 2 ♀.

22. **Coracina schistacea schistacea** (SHARPE, 1879)

Artamides schistaceus. Cat. Birds Brit. Mus., 4, p. 9 – t. t. Sula-Inseln.
1 ♂, 1 ♀; desgleichen von Mangole 1 ♂ und 1 ♀.

23. **Coracina tenuirostris sula** (HARTERT, 1917)

Edolisoma mindanense sula. Bull. Brit. Orn. Club, 38, p. 28 – t. t. Sula Besi (Sanana).
2 ♂, 2 ♀. Im Zoologischen Museum Berlin befinden sich noch 1 ♂ und 1 ♀. Zur Taxonomie dieser schwierigen Gruppe vgl. ECK 1976.

24. **Lalage nigra leucopygialis** WALDEN, 1872

Lalage leucopygialis. Trans Zool. Soc. London, 8, p. 69 – t. t. Menado, Nord-Celebes (Nord-Sulawesi).
1 ♂.

25. **Hirundo rustica gutturalis** SCOPOLI, 1786

Hirundo gutturalis. Del. Flor. et Faun. Insubr., fasc. 2, p. 96 — t. t. Antigua, Panay, Philippinen.
2 ♂. Neu für die Sula-Inseln.

26. **Pitta brachyura elegans** TEMMINCK, 1836

Pitta elegans. Pl. Col. Ois., 591, Text — t. t. Timor.
1 ♂.

27. **Eurystomus orientalis connectens** STRESEMANN, 1913

Eurystomus orientalis connectens. Nov. Zool., 20, p. 302 — t. t. Moa.
2 ♂, 2 ♀.

28. **Alcedo meninting meninting** HORSFIELD, 1821

Alcedo Meninting. Trans. Linn. Soc. London, 18, p. 172 — t. t. Java.
Kein Material.

29. **Halcyon australasia sancta** VIGORS und HORSFIELD, 1827

Halcyon sanctus. Trans. Linn. Soc. London, 15, p. 206 — t. t. New South Wales.
1 ♂, 2 ♀.

30. **Halcyon chloris chloris** (BODDAERT, 1783)

Alcedo Chloris. Table Pl. enlum., P. 49 — t. t. Buru.
4 ♂.

31. **Halcyon coromanda sulana** MEES, 1970

Halcyon coromanda sulana. Zool. Mededel., 44, p. 300 — t. t. Sula Besi (Sanana).
1 ♂, 1 ♀.

32. **Pelargopsis melanorhyncha eutreptorhyncha** HARTERT, 1898

Pelargopsis melanorhyncha eutreptorhyncha. Nov. Zool., 5, p. 128 — t. t. Sula Mangoli (Mangole).
Kein Material.

33. **Hemiprocne longipennis wallacei** (GOULD, 1859)

Dendrochelidon wallacii. Proc. Zool. Soc. London, 1859, p. 100 — t. t. Makassar, Süd-Sulawesi.

2 ♂, 1 ♀. Nach 6 Ex. von den Sula-Inseln (Taliabu 1, Mangole 1, Sanana 4) trennte SOMADIKARTA 1975 die dortigen Segler als *H. l. dehaani* ab. Nach 3 Altvögeln von Taliabu könnte man von ober- wie unterseits dunklerer Färbung als bei den Peleng-Vögeln sprechen, was SOMADIKARTA mit „Throat and breast silvery gray" nicht meinen kann. Auch sind diese Taliabu-Vögel um nichts kleiner als die westlicheren.

34. **Caprimulgus macrurus jungei** NEUMANN, 1939

Caprimulgus macrurus jungei. Bull. Brit. Orn. Club, 59, p. 92 — t. t. Taliabu.
2 ♂, 3 ♀; Paratypen.

35. **Tyto nigrobrunnea** NEUMANN, 1939

Tyto nigrobrunnea. Bull. Brit. Orn. Club, 59, p. 89 — t. t. Taliabu.
1 ♀; Holotypus (farbige Abb. bei ECK und BUSSE 1973, Eulen, Taf. I).

36. **Cacomantis variolosus aeruginosus** SALVADORI, 1878

Cacomantis aeruginosus. Ann. Mus. Civ. Gen., 13, p. 458 — t. t. Buru.
2 ♂, ad. und juv.

37. **Cacomantis variolosus variolosus** (VIGORS und HORSFIELD, 1826)

Cuculus variolosus. Trans. Linn. Soc. London 15, p. 300 — t. t. Paramatta, New South Wales.
1 ♂, Iris gelb (!). Neu für die Sula-Inseln.

38. **Cuculus saturatus horsfieldi** MOORE, 1857

Cuculus horsfieldi. Cat. Birds Mus. East India Co., 2, p. 703 — t. t. Java.
1 ♂, 2 ♀.

39. **Eudynamis melanorhyncha facialis** WALLACE, 1863

Eudynamis facialis. Proc. Zool. Soc. London, 1862, p. 339 — t. t. Sula-Inseln.
2 ♂, 2 ♀. Ein ♂ mit albinotischen Gesichtsfedern!

40. **Trichoglossus flavoviridis flavoviridis** WALLACE, 1863

Trichoglossus flavoviridis. Proc. Zool. Soc. London, 1862, p. 337 — t. t. Sula-Inseln.
3 ♂, 2 ♀.

41. **Alisterus amboinensis sulaensis** (REICHENOW, 1881)

Aprosmictus sulaensis. J. Orn., 29, p. 128 — t. t. Sula-Inseln.
1 ♀.

42. **Loriculus stigmatus sclateri** WALLACE, 1863

Loriculus sclateri. Proc. Zool. Soc. London, 1862, p. 336 — t. t. Sula-Inseln.
5 ♂, vgl. ECK 1976.

43. **Prioniturus platurus sinerubris** FORSHAW, 1971

Prioniturus platurus sinerubris. Bull. Brit. Orn. Club, 91, p. 163 — t. t. Wai Koka, Taliabu.
Kein Material.

44. **Chalcophaps indica „indica"** (LINNAEUS, 1758)

Columba indica. Syst. Nat., I, ed. X, p. 164 — t. t. „in India orientali".
2 ♂, 2 ♀. Revisionsbedürftiger Formenkreis, dessen Sula-Form kaum zur ssp. *indica* gehören wird, wenn die Banggai-Form bereits *„nana"* ist.

45. **Chalcophaps stephani wallacei** BRÜGGEMANN, 1877

Chalcophaps Wallacei. Abh. naturwiss. Ver. Bremen, 5, p. 464 — t. t. Celebes.
1 ♂ vom 15. 10. 1938, Iris braun, Schnabel und Füße rot. Flügel und Schwanz deutlich bestoßen, als wäre der Vogel einige Zeit gekäfigt gewesen. Neu für die Sula-Inseln.

46. **Columba vitiensis mendeni** NEUMANN, 1939

Columba vitiensis mendeni. Bull. Brit. Orn. Club, 59, p. 90 — t. t. Taliabu.
3 ♂, 2 ♀. NEUMANNs Beschreibung ist hinzuzufügen, daß die Irisfärbung eines ♂ als rotbraun (statt gelb oder goldgelb) angegeben war. Paratypen.

47. **Ducula aenea sulana** SIEBERS, 1929

Ducula aenea sulana. Treubia, 11, p. 152 – t. t. Sula Besi (Sanana).
2 ♂, 2 ♀. Die *aenea*-ähnlichen Formen der Sulawesi-Region sind in ihrer Verbreitung und Taxonomie von PETERS (Check-List of Birds of the World, 3, 1937) teilweise entstellt wiedergeben. Cf. WHITE, Bull. Brit. Orn. Club, 95, 1975, pp. 170–171.

48. **Ducula luctuosa** ssp.

2 ♂, 2 ♀. Auf den Sula-Inseln dürfte diese Taube deutlich kleiner sein als auf den Banggai-Inseln und Sulawesi; vgl. ECK 1976.

49. **Treron pompadora griseicauda** WALLACE, 1863

Treron griseicauda. Proc. Zool. Soc. London, 1862, p. 344 – t. t. Makassar.
4 ♂.

50. **Macropygia manadensis sulaensis** (FORBES und ROBINSON, 1900)

Turacoena menadensis subsp. *sulaensis.* Bull. Liverpool Mus., 2, p. 135 – t. t. Sula-Inseln.
3 ♀; vgl. ECK 1976.

51. **Macropygia amboinensis sedecima** NEUMANN, 1939

Macropygia amboinensis sedecima. Bull. Brit. Orn. Club, 59, p. 90 – t. t. Taliabu.
3 ♂, 2 ♀. Paratypen.

52. **Ptilinopus melanospila chrysorrhoa** (SALVADORI, 1875)

Iotreron chrysorrhoa. Ann. Mus. Civ. Gen., 7, p. 671 – t. t. Sula-Inseln und Ceram.
2 ♂, 2 ♀.

53. **Tringa glareola** LINNAEUS, 1758

Tringa Glareola. Syst. Nat., I, ed. X, p. 149 – t. t. Schweden.
1 ♂, 26. 9. Neu für die Sula-Inseln.

54. **Charadrius veredus** GOULD, 1848

Charadrius veredus. Proc. Zool. Soc. London, 1848, p. 38 – t. t. Port Essington, Nord-Australien.
1 ♀, 6. 10. Neu für die Sula-Inseln.

55. **Coturnix chinensis lineata** (SCOPOLI, 1786)

Oriolus lineatus. Del Flor. et Faun. Insubr., 2, p. 87 – t. t. Luzon.
2 ♀.

56. **Megapodius freycinet bernsteinii** SCHLEGEL, 1866

Megapodius Bernsteinii. Ned. Tijdschr. Dierk., 3, p. 261 – t. t. Sula-Inseln.
2 ♂, 2 ♀.

57. **Spilornis rufipectus sulaensis** (SCHLEGEL, 1866)

Circaetus sulaensis. Vog. Ned. Ind. Valkvogels, p. 38 – t. t. Sula-Inseln.
2 ♀, vgl. ECK 1976.

58. **Bubulcus ibis coromandus** (BODDAERT, 1783)

Cancroma coromanda. Tabl. Pl. Enl., p. 54 — t. t. Coromandel-Küste.

1 ♀, 15. 10., Iris, Augenrand und Schnabel gelb, Füße schwarz. Flügel 257 mm, Schwanz 89 mm, Schnabel ab Stirnbefiederung 63 mm. Ruhekleid. Neu für die Sula-Inseln.

Zusammenfassung

Eine Zusammenstellung der 58 dem Verfasser bekannten Vogelformen von Taliabu (Sula-Inseln), darunter 7 Neunachweise für die Sula-Inseln, unter denen *Chalcophaps stephani wallacei* und *Bubulcus ibis coromandus* besonders erwähnt zu werden verdienen. Das angeführte Balgmaterial befindet sich im Staatlichen Museum für Tierkunde Dresden.

Summary

COMPLETING REMARKS ON BIRDS OF THE ISLE OF TALIABU, SULA ISLANDS

A synopsis of 58 taxonomic units of birds on Taliabu (Sula Islands) which the author knows, among them seven new records for the Sula Islands. Stress should be laid on *Chalcophaps stephani wallacei* and *Bubulcus ibis coromandus* in particular. Mentioned skins belong to the collection of Staatliches Museum fuer Tierkunde Dresden.

Literatur

BEMMEL, A. C. V. VAN, 1948: A Faunal list of the Birds of the Moluccan Islands. — Treubia, **19:** 323—402.

— und K. H. VOOUS, 1953: Supplement to the Faunal list of the Birds of the Moluccan Islands. — Beaufortia, **4,** Nr. 32: 1—7.

ECK, S., 1974: Katalog der ornithologischen Sammlung des Staatlichen Museums für Tierkunde Dresden, VI. *Artamidae.* — Zool. Abh. Mus. Tierk. Dresden, **33,** Nr. 7, 95—102.

—, 1975: Über die Sunda-Krähe der Sula-Inseln. — Beitr. Vogelkd., **21:** 477—479.

—, 1976: Die Vögel der Banggai-Inseln, insbesondere Pelengs. — Zool. Abh. Mus. Tierk. Dresden **34,** Nr. 5: 53—100.

Anschrift des Autors:

Siegfried Eck, Staatliches Museum für Tierkunde, DDR — 801 Dresden, Augustusstr. 2

III-4-9-1200-1 105-34-76

ZOOLOGISCHE ABHANDLUNGEN

STAATLICHES MUSEUM FÜR TIERKUNDE IN DRESDEN

Bd. 34 Ausgegeben: 28. Februar 1977 Nr. 8

Bemerkungen zur Brutbiologie des Uhus (Bubo b. bubo L.) in Thüringen

(Aves, Strigidae)

Mit 4 Abbildungen

MARTIN GÖRNER

Jena

Genauere Angaben über die Brutbiologie des Uhus in der Natur sind schwer zu gewinnen, weil derartige Beobachtungen bzw. Untersuchungen meistens mit Störungen an den Horsten während der Brutzeit verbunden sind.

Der konsequente Schutz der Großeule, besonders an ihren Brutplätzen und im Verlauf der gesamten Brutzeit bis zur Flugfähigkeit der Jungvögel, steht aber nach wie vor im Vordergrund aller Schutzbestrebungen zur Erhaltung der Art. Aus diesem Grunde müssen brutbiologische Beobachtungen beim Uhu auch künftig mehr den „Zufällen" überlassen bleiben, auch wenn aus wissenschaftlicher Sicht noch manche diesbezügliche Frage einer dringenden Klärung bedarf.

Auf Grund der jährlichen Uhuhorstkontrollen[1] in Thüringen war es besonders im Jahr 1974 und 1975 möglich, brutbiologisches Material zusammenzutragen, das eine Veröffentlichung der Beobachtungsergebnisse rechtfertigt.

Brutbiologische Beobachtungen an Thüringer Uhuhorsten

Brutgebiet 1

Im Februar 1975 wurden beide Altvögel im Brutgebiet bestätigt. Hier wurde am 9. 3. 1975 der männliche Altuhu im Brutbereich tot gefunden. Ein Hinweis auf die Todesursache ließ sich nicht finden. Am 26. 3. und 9. 4. 1975 war der Horst verlassen, und von der Anwesenheit eines Altuhus war kein Nachweis zu erbringen.

Als am 25. 5. 1975 das Gebiet wegen Sicherungsmaßnahmen erneut aufgesucht wurde, flog das Weibchen aus der Brutwand. Eine durchgeführte Horstkontrolle ergab, daß zwei Eier im Horst lagen. Sofort wurde das Gebiet verlassen. Nach 4 Stunden wurde mit dem Fernglas der Horstbereich aus etwa 200 m Entfernung von einer erhöhten Warte kontrolliert. Das Weibchen saß im Horst und brütete. Ebenso brütete der Altvogel noch am 8. 6. 1975. Ab 11. 6. 1975 war der Horst ohne sichtbaren Grund verlassen. Interessant ist hierbei, daß offensichtlich ein nichtverpaartes Männchen zu dem Weibchen gefunden und daß mit Verspätung eine Balz stattgefunden hatte und die Eiablage erfolgte. Die beiden Eier waren befruchtet.

[1] Im Auftrage des Arbeitskreises zum Schutz der vom Aussterben bedrohten Tiere am Institut für Landschaftsforschung und Naturschutz Halle und mit Genehmigung des Vorsitzenden des Staatlichen Komitees für Forstwirtschaft – Zentrale Naturschutzverwaltung der DDR – in Berlin (jetzt Ministerium für Land-, Forst- und Nahrungsgüterwirtschaft, Hauptabteilung Forstwirtschaft). – Für das Anfertigen von einigen Fotos wurde von den gleichen Stellen dem Autor eine befristete Ausnahmegenehmigung erteilt.

Brutgebiet 2

Hier brütete das Uhupaar mehrere Jahre in der Felswand. 1974 waren alle möglichen Horststellen vom Uhu unberührt geblieben, obwohl ein Altvogel (wahrscheinlich das Weibchen) den Horstbetreuer angriff. Das Verhalten des Altuhus wies eindeutig auf das Vorhandensein von Jungvögeln hin. Nur durch Zufall konnte der Bodenhorst (vgl. Abb. 1 und 2) des Uhus mit einem Jungvogel (etwa Taubengröße) am 5. 6. 1974 gefunden werden.

Abb. 1. Bodenhorst des Uhus und seine Umgebung (Juli 1974). Foto: M. Görner

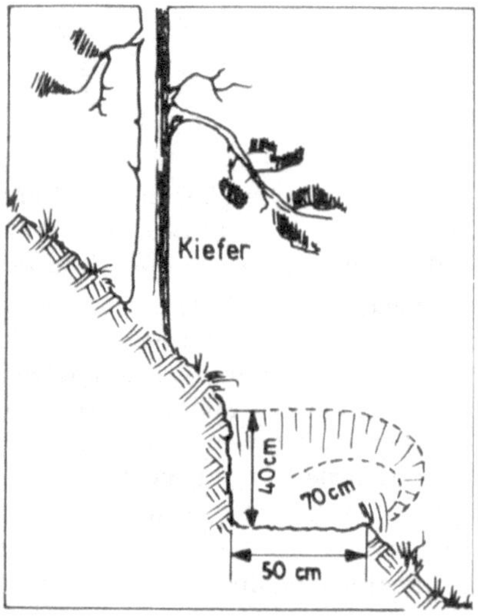

Abb. 2. Schematische Darstellung des Bodenhorstes und seine Abmessungen.
Entwurf: M. Görner
Ausführung: H. Frech

Es ist anzunehmen, daß das Uhupaar infolge mehrjähriger Störungen am Horstplatz einen neuen Brutplatz suchte und auf diesen Bodenhorst auswich. Da der Bodenbrutplatz unbekannt blieb, konnte die Brut erfolgreich verlaufen.

Eine solche Horststelle war bisher noch nicht von Thüringer Uhus bekannt geworden, obwohl Bodenbruten allgemein beim Uhu vorkommen können (FÖRSTEL 1973). 1975 fand ebenda die Brut statt. Als am 17. 5. 1975 die Kontrolle erfolgte, lagen 3 Eier verlassen im Horst. Die Untersuchung der Eier ergab, daß in zwei Eiern die Junguhus unmittelbar vor dem Schlüpfen standen, das dritte Ei war unbefruchtet. Der Zeitpunkt des Verlassens des Geleges durch die Altvögel läßt sich nicht genau ermitteln, jedoch muß eine größere Zeitdauer (mehr als 14 Tage) angenommen werden.

Diese Annahme wird auch dadurch bestärkt, daß im Horstbereich der Uhu mehrfach ab Ende April rief. Das Rufen des Uhus während der Brutzeit deutet in den meisten Fällen auf einen nicht ordnungsgemäßen Brutverlauf hin.

Brutgebiet 3

Die Altvögel wurden im Februar 1975 im Horstbereich bestätigt. Als am 15. 5. des Jahres die Horstkontrolle durchgeführt wurde, konnte festgestellt werden, daß eine Brut begonnen worden war, aber verlassen wurde. Gewöllmengen und Knochenreste, ebenso Reste von Eierschalen, lagen im bzw. vor dem Horst (vgl. Abb. 3).

Abb. 3. Nach der Eiablage verlassener Uhuhorst im Gebiet des Muschelkalkes. Eischalenreste, einzelne Gewölle und Knochensplitter von Beutetieren zeigen an, daß der Uhu brütete (Mai 1975).
Foto: M. Görner

Da sich dieses gleiche Bild an 14 Horsten wiederholte (vgl. auch Situation im Brutgebiet 2), mußte eine großräumige Ursache dafür verantwortlich sein. Hierbei muß berücksichtigt werden, daß vom Dezember 1974 bis Februar 1975 eine anhaltende Zufuhr milder Luftmassen, abgesehen von einigen Vorstößen polarer Luft, zu verzeichnen war. Da in der ersten Hälfte des Monats März ebenfalls die Zufuhr milder Luftmassen anhielt, muß dies offensichtlich den Brutbeginn beim Uhu verstärkt ausgelöst haben. Dieser günstige Witterungsverlauf für die Brut des Uhus wurde im April offensichtlich sehr negativ beeinflußt. Es war kennzeichnend für den April, daß mehrfach Polarluftvorstöße und verbreitete Niederschlagstätigkeit vorherrschten. Ein markanter Polarlufteinbruch erfolgte vom 24. bis 26. April, so daß der April insgesamt zu kalt und verbreitet zu feucht war. Nach den Angaben des Meteorologischen Amtes waren die Temperaturen vom 24. bis 26. 4. um maximal 2–3 Grad zu kalt.

Da sich, wie schon erwähnt, die Witterung besonders Ende April recht ungünstig gestaltete, darf dieser klimatische Faktor eindeutig als Ursache für die Aufgabe der zahlreichen Gelege verantwortlich gemacht werden.

Ferner war an diesem Horstbereich interessant, daß der Uhu vom Horst 82 m entfernt auf etwa gleicher Höhe des Horstplatzes ein Futterdepot unter vorhängenden

Felsplatten angelegt hatte. Am 15. 5. 1975 befanden sich an diesem Futterdepot (vgl. Abb. 4) drei frischtote Wanderratten; am 18. des Monats war nichts mehr von diesen Säugern zu finden, dagegen lag eine Rabenkrähe an dieser Stelle.

Abb. 4. Futterdepot des Uhus unter vorhängenden Kalkplatten in Horstnähe. Am 15. 5. 1975 drei frischtote Wanderratten.
Foto: M. Görner

Brutgebiet 4

Am 26. 3. 1975 wurden die Altvögel vom Betreuer[2] im Revier bestätigt. In der Brutwand hat der Uhu zwei Horstplätze. Am 2. 4. 1975 kontrollierte der Horstbetreuer mittels Fernglas den einen von etwa 300 m Entfernung einzusehenden Horstplatz, wo im Vorjahr ein Jungvogel flügge wurde. Dieser Horst war unberührt und leer. Da gemeldet wurde, daß der Uhu am 12. 4. 1975 im Revier gerufen habe, waren Hinweise auf einen gestörten Brutablauf gegeben. Aus diesem Grunde wurde der zweite Horstplatz am 4. 5. 1975 gegen Abend aufgesucht.

In diesem Horst lagen Eierschalenreste sowie Gewölle. Der Horstplatz war eindeutig vor mehreren Tagen vom Uhu ohne sichtbaren Grund verlassen worden. Es muß ausdrücklich erwähnt werden, daß diese Reste im Horst nicht vom Vorjahr stammen konnten, da nach Abschluß jeder Uhubrut im Spätsommer eine Nachkontrolle erfolgt und alle Beutereste aufgesammelt werden.

Beim Verlassen der Horstwand flog plötzlich ein Altuhu ab. Im zweiten Horst, wo 1974 die erfolgreiche Brut stattfand und der Horstplatz mit dem Fernglas eingesehen werden kann, lagen am 4. 5. 1975 drei Uhueier. Sowohl am 8. wie am 13. 5. konnte das Weibchen brütend beobachtet werden. Am 26. 5. war durch das Fernrohr deutlich auszumachen, daß sich Junguhus unter dem Altvogel bewegten.

[2] Für die Überlassung von Beobachtungsmaterial dankt der Verfasser besonders den Herren Dr. W. WALTHER und W. SEMMLER, die als Horstbetreuer tätig sind.

Da der Schlupftermin wie die Größe der Jungen nicht auszumachen war, erfolgte am 31. 5. 1975 gegen 20.30 Uhr die Horstkontrolle. Im Horst waren 3 Junge, die kein Futter hatten. Der größte Jungvogel war etwa 6 Tage alt, so daß dieser um den 25. 5. 1975 geschlüpft sein mußte.

Setzt man eine 35tägige Brutdauer voraus und nimmt man an, daß der Brutbeginn mit der Ablage des ersten Eies beginnt, so muß dieses Gelege etwa um den 20. 4. 1975 gezeitigt worden sein und damit eindeutig als Nachgelege angesprochen werden.

Am 7. 6. 1975 konnten die drei Junguhus sowie der Altvogel gegen 18.00 Uhr im Horst beobachtet werden. Durch das Fernrohr war deutlich zu erkennen, daß der Altvogel einen Ring trug. Dagegen konnten am nächsten Abend nur noch 2 Junguhus im Horst festgestellt werden, der kleinste Jungvogel fehlte spurlos. Wiederum lag keine Beute im Horst. Von diesem erfolgreichen Nachgelege wurden die zwei Junguhus flugfähig.

Brutgebiet 5

Das Uhupaar zieht mit Regelmäßigkeit pro Jahr 2–3 Junge groß. Charakteristisch ist bei dem Uhupaar, daß es ausreichende Nahrung zur Verfügung hat und den Jungvögeln im Horst stets ein Nahrungsdepot zur Verfügung steht. Ferner ist bemerkenswert, daß die Jungvögel in den ersten Maitagen eines jeden Jahres infolge ihrer Größe den Horst verlassen. Dieses Uhupaar beginnt offensichtlich als erstes von allen Uhupaaren in Thüringen mit seiner Brut.

Am 21. 4. 1975 waren 3 Junguhus im Horst, die mindestens 25 Tage alt waren. Dies würde bedeuten, daß die Jungen um den 28. März geschlüpft und die Eiablage um den 22. Februar 1975 begann. Ein solch früher Brutbeginn konnte bisher noch nicht für die Thüringer Uhupopulation bestätigt werden. Hier darf ebenfalls die klimatische Situation in diesem Frühjahr nicht außer acht gelassen werden; ebenso die Neigung des Paares zum zeitigen Brüten. Die drei Junguhus wurden flugfähig.

Brutgebiet 6

Ohne daß die Ursachen bekannt sind, begann dieses Uhupaar erst am 8. 5. 1975 mit der Ablage des ersten Eies. Hieraus läßt sich das zweite Extrem bezogen auf den Zeitpunkt der Eiablage sowohl innerhalb eines Jahres und einer Population erkennen. Somit liegt zwischen dem Uhupaar im Brutgebiet 5 und 6 eine Zeitspanne von rund 70 Tagen bezüglich der Eiablage.

Am 20. 5. 1975 war das immer noch aus einem Ei bestehende Gelege zerstört. Das Ei war befruchtet.

Beide Altvögel waren ab Februar des Jahres im Brutrevier. Die Möglichkeit, einen Wechselhorst zu beziehen, scheidet in diesem Fall aus.

Brutgebiet 7

Hier war, wie bereits an mehreren Horsten (vgl. Brutgebiet 3) festgestellt, das Gelege verlassen worden. Die Horstkontrolle am 13. 5. 1975 ergab, daß einige Gewölle im aufgegebenen Horst lagen. Interessant ist hierbei der Fund von 2 Gewöllen, deren Hauptinhalt aus unzähligen Eierschalenresten bestand. Die Untersuchung dieser Eierschalenreste läßt keinen Zweifel an Uhueiern aufkommen. Derartige Beobachtungen lassen den vorsichtigen Schluß zu, daß der Uhu (unter welchen Bedingungen?) seine Eier zu fressen vermag. Dies wäre neben dem Verschleppen von

Eiern durch Raubzeug eine weitere Erklärung für das oftmals spurlose Verschwinden von Uhueiern im Horst.

Bemerkungen über den Einfluß der Witterung auf den Brutverlauf

Es steht außer Zweifel, daß die Witterung einen entscheidenden Einfluß auf den Brutverlauf des Uhus ausübt. Die Witterung vermag in zweifacher Hinsicht das Brutgeschehen der Großeule zu beeinflussen. Einerseits kann ein lang andauernder und schneereicher Winter und die dadurch für den Uhu eintretende Nahrungsverknappung bei vielen Brutpaaren den Brutausfall bewirken. Andererseits kann bei plötzlichen Kälteeinbrüchen, starkem Schneefall oder anhaltenden Regentagen das bereits begonnene Brutgeschäft der Eule verzögert oder gar abgebrochen werden. Daß derartige Witterungssituationen ebenfalls das Nahrungsangebot des Uhus – auch wenn nur für wenige Tage – negativ beeinflussen, ist durchaus vorstellbar. Wenn das Männchen infolge solcher ungünstigen Witterungslagen das brütende Weibchen nicht ausreichend mit Futter versorgen kann, dann ist es möglich, daß das Weibchen das Gelege verläßt, um selbst auf Beutefang zu gehen. Hierdurch wird der Horst nicht mehr ausreichend bewacht, tierische Räuber vermögen das Gelege in solchen Situationen zu zerstören oder aber die Embryonen in den Eiern sterben mangels fehlender Wärme ab.

Setzen derartige Witterungsunbilden, die einen spürbaren Nahrungsmangel für die Altvögel zur Folge haben können, zu einem Zeitpunkt ein, wo bereits Jungvögel im Horst sind, so vermögen die Uhus (welches Geschlecht der Altvögel?; sind daran auch die Jungvögel beteiligt?) eins oder mehrere ihrer Jungen zu töten.

Hierüber liegen übereinstimmende Beobachtungen mehrerer Autoren wie z. B. SCHNURRE (1936), NIETHAMMER (1940), MÄRZ (1953) und STEINBACHER (1960) vor. Ebenso kann bei einsetzendem Nahrungsmangel das kleinste Junge eingehen (MEBS 1966), weil es von den größeren bzw. stärkeren Jungen von der Nahrung abgedrängt wird. Die Untersuchungen zur Ernährungssituation des Uhus in Thüringen (GÖRNER und KNOBLOCH, im Druck) ergaben, daß die landschaftlichen Unterschiede selbst innerhalb des Verbreitungsgebietes des Uhus bei Betrachtung der Uhunahrung keinesfalls außer acht gelassen werden dürfen.

Bemerkungen zur Eiablage, Gelegegröße und zu Nachgelegen

Es versteht sich von selbst, daß der genaue Zeitpunkt der Eiablage sowie die Gelegegrößen nicht ermittelt werden, da eben alle Störungen an dem Horst zu unterbinden sind. Nur gelegentlich bieten sich Möglichkeiten, derartige Angaben zu erhalten. Legt man für die Brutzeit 35 Tage zugrunde, so ergeben sich Anhaltspunkte für die Eiablage. In der Regel liegt der Zeitpunkt der Eiablage beim Uhu in Thüringen etwa ab Mitte März (vgl. auch GUGG 1934).

Es muß aber berücksichtigt werden, abgesehen von den mit ungünstigem Witterungsverlauf bedingten Verschiebungen in der Eiablage, daß auch individuelle Unterschiede für den Zeitpunkt der Eiablage beim Uhu bestehen. Neben anderen Autoren bestätigt dies auch FREY (1973) für die niederösterreichischen Uhus.

Was die Gelegegrößen Thüringer Uhus betrifft, so wurden Gelege von 1 bis zu 5 Eiern, letztere auch nur in sehr vereinzelten Fällen, festgestellt. Es gibt einzelne Horstplätze, wo nahezu mit Stetigkeit 3 oder 4 Junguhus jährlich aufgezogen werden. Das diesbezügliche Material muß einer späteren Arbeit vorbehalten bleiben.

Daß der Uhu in Thüringen Nachgelege zeitigt, war lange Zeit umstritten, es fehlten auch eindeutige Nachweise. MÄRZ (1953) schrieb, daß in der Regel Nachgelege nicht stattfinden. SCHNURRE (1936), KÖNIG und HAENSEL (1968) sowie FREY (1973) konnten Nachgelege anführen. Für Thüringen führte FISCHER (1959) ein Nachgelege an. Weitere derartige Beobachtungen liegen aus der Vergangenheit vor, jedoch fehlt die eindeutige Beweisführung, so daß die Publizierung der Fälle unterblieb. In jüngster Zeit (1974 und 1975) konnten nun sichere Nachgelege in Thüringen bestätigt werden. Es entsteht die Frage, welche Faktoren müssen gegeben sein, damit ein Nachgelege gezeitigt werden kann.

FREY (1973) hält den Zeitpunkt, zu dem die Brutunterbrechung einsetzt, für wesentlich. Wenn während der Brutzeit oder kurz vor dem Schlüpfen der Jungen das Gelege verlassen wird, dann dürfte ein Nachgelege ausbleiben. Wird das Gelege zu Brutbeginn vernichtet, so kann es zur Ablage eines zweiten Geleges kommen. Dieser Erklärung kann man sich anschließen; ich halte dabei außerdem für wichtig, daß das Erstgelege nicht zu spät im Frühjahr gezeitigt wurde und daß ausreichende Nahrung dem Uhupaar — zumindestens während der Balzzeit — zur Verfügung steht.

Zusammenfassung

An verschiedenen Horstplätzen des Uhus in Thüringen (Bezirke Erfurt und Gera) konnte besonders in den Jahren 1974 und 1975 Material zur Brutbiologie der Großeule gesammelt werden. An Hand von Beispielen wird dargelegt, daß der Witterungsverlauf sowie das Nahrungsangebot das Brutgeschehen des Uhus zu beeinflussen vermag. Die Eiablage erfolgte beim Uhu unter Berücksichtigung der Witterungssituation im Frühjahr 1975 zu sehr unterschiedlichen Terminen. Bodenbruten des Uhus, die erfolgreich verliefen, konnten für Thüringen bestätigt werden. Der Uhu vermag Nachgelege zu zeitigen, die dafür möglichen Ursachen werden diskutiert.

Summary

NOTES ON BREEDING BIOLOGY OF THE EAGLE OWL (BUBO B. BUBO L.) IN THURINGIA

Information on breeding biology of the Eagle Owl could be gathered in various nesting sites in Thuringia (counties of Erfurt and Gera) in 1974 and 1975 in particular. Examples help to prove that weather cycle and food offer are qualified to influence breeding processes of the Eagle Owl. Eggs were laid in 1975 spring at quite differing dates due to weather situation. Successful ground breeding of Eagle owls in Thuringia could be confirmed. Second clutches of this species are possible; their possible reasons are debated.

Literatur

FISCHER, W., 1959: Vom Uhu *(Bubo bubo)* in Südost-Thüringen. — Beitr. z. Vogelk., **6**, 395—407.

FREY, H., 1973: Zur Ökologie niederösterreichischer Uhupopulationen. — Egretta, **16**, 1—68.

FÖRSTEL, A., 1973: Uhu als Bodenbrüter. — Die Pirsch, **25**, 699.

GÖRNER, M. und H. KNOBLOCH, 1976: Zur Ernährungssituation des Uhus *(Bubo bubo)* in Thüringen. — Arch. Naturschutz u. Landschaftsforsch. (im Druck).

GUGG, C., 1934: Der Uhu in Thüringen. — J. Orn., **82**, 269—293.

KÖNIG, H. und J. HAENSEL, 1968: Ein Beitrag zum Vorkommen und zur Biologie des Uhus *(Bubo b. bubo* [L.]) im Nordharzgebiet. — Beitr. z. Vogelk., **13**, 335—365.

MÄRZ, R., 1953: Der Uhu. Leipzig.

MEBS, T., 1966: Eulen und Käuze. Stuttgart.
NIETHAMMER, G., 1940: Handbuch der deutschen Vogelkunde. Leipzig.
SCHNURRE, O., 1936: Ein Beitrag zur Biologie des deutschen Uhus. – Beitr. z. Fortpflanzungsbiol. d. Vögel, **12**, 1–12 und 54–69.
STEINBACHER, G., 1960: Zur Brutbiologie des Uhus. – Die Vogelwelt, **81**, 32.
Witterungsübersicht für die Bezirke Erfurt, Gera und Suhl. – Amt für Meteorologie Weimar, 30, Nr. 1–5, 1975.

Anschrift des Autors:

Martin Görner, DDR – 69 Jena, Thymianweg 25

III-4-9-1200-1 105-34-76

ZOOLOGISCHE ABHANDLUNGEN
STAATLICHES MUSEUM FÜR TIERKUNDE IN DRESDEN

Bd. 34 Ausgegeben: 28. Februar 1977 Nr. 9

Vergleichende Untersuchungen über Proportionalität und Sexualdimorphismus im Skelett von Asio otus otus (L.)

(Aves, Strigidae)

HERBERT WINDE

Hartmannsdorf (bei Karl-Marx-Stadt)

Als ich 1970 meine osteologischen Untersuchungen an einigen mitteleuropäischen Eulenarten abschloß, war mir klar, daß es nur ein Anfang sein konnte. Mit den vorliegenden Untersuchungen, welche sich mit dem Sexualdimorphismus im Skelettbau der Waldohreule befassen, möchte ich meine oben angeführten osteologischen Untersuchungen im Detail fortsetzen. Zur Feststellung des Geschlechtsunterschiedes der in Mitteleuropa vorkommenden Waldohreule, *Asio otus otus* (L.), standen mir die Maße von 50 männlichen und 60 weiblichen Brustbeinen mit Schultergürtel zur Verfügung. Des weiteren wurden von 17 ♂♂ und 18 ♀♀ die Becken verglichen und von 8 ♂♂ und 18 ♀♀ die Vorder- und Hinterextremitäten untersucht.

Brustbein – Schultergürtel

Die Männchen der Waldohreule sind durchschnittlich kleiner als die Weibchen. Das zeigt sich sowohl äußerlich in ihren Großgefiedermaßen als auch anatomisch in ihren Skelettmaßen. Morphologisch unterscheiden sich die Geschlechter in ihrem Skelettbau nicht voneinander. Da die oberen Extreme der männlichen und die unteren weiblichen Brustbeinmaße in ihrer Variationsbreite weit übereinandergreifen, bleibt nur ein kleiner Spielraum, in dessen Grenzen sich die kleineren Männchen von den größeren Weibchen unterscheiden.

Von den Brustbeinen und den übrigen Skeletteilen sind die Maße in Millimetern angegeben. Sie bilden die Grundlage für die Berechnung der Indizes, die ihrerseits die Größe des Geschlechtsunterschiedes kennzeichnen.

Die aus den Mittelwerten der männlichen und weiblichen Brustbeine errechneten Indizes zeigen in der Brustbeinlänge und -höhe fast die gleichen Werte (Tab. 1). Mit ihnen verglichen liegt der Index von der Brustbeinbreite um einen geringeren Betrag höher. Nach den vorliegenden Materialien ist das Brustbein der ♂♂ durchschnittlich schmaler als das der ♀♀, wenn man ihre Breite mit der durchschnittlichen Sternumlänge vergleicht (Index ♂♂ = 64,1 %, ♀♀ = 63,1 %).

Die Sternumhöhe beträgt bei den ♂♂ = 44,9 % der Länge des Brustbeines und bei den ♀♀ 44,7 %.

Im Vergleich zur Sternumlänge beträgt der Anteil der

Coracoidlänge:	bei den ♂♂ 81,6 %;	bei den ♀♀ 80,1 %
Scapulalänge:	bei den ♂♂ 95,3 %;	bei den ♀♀ 97,4 %
Claviculalänge:	bei den ♂♂ 89,6 %;	bei den ♀♀ 86,8 %

Nach ihren durchschnittlichen Längen sind Scapula und Clavicula länger als das Coracoid.

Der durch die Indizes ausgedrückte Geschlechtsunterschied ist bei allen 3 Skelettelementen verschieden. Zwischen dem niedrigsten Wert des Coracoid und dem höchsten der Scapula liegt der Wert der Clavicula. Die Differenz zwischen Coracoid- und Scapula-Wert beträgt 3,2 %.

Tab. 1. Skelettmaße (in mm) von *Asio otus otus.*

Skelettelement	Sex.	Variations-breite	Differenz	Mittel-wert	Diff. ♂:♀	Index %	n
Sternumlänge	♂	31,5–39,8	4,7	37,074			50
Sternumlänge	♀	36,1–41,6	5,5	39,208	2,134	94,5	60
Sternumbreite	♂	22,2–25,8	3,6	23,794			50
Sternumbreite	♀	23,1–26,9	3,8	24,781	0,987	96,0	60
Sternumhöhe	♂	15,1–17,8	2,7	16,668			48
Sternumhöhe	♀	16,1–19,2	3,1	17,516	0,848	95,1	60
Coracoidlänge	♂	28,2–31,2	3,0	30,272			48
Coracoidlänge	♀	29,9–33,1	3,2	31,438	1,166	96,3	57
Scapulalänge	♂	32,5–39,8	7,3	38,877			45
Scapulalänge	♀	34,2–41,9	7,7	38,216	0,661	98,3	54
Claviculalänge	♂	32,0–35,0	3,0	33,225			40
Claviculalänge	♀	31,8–35,7	3,9	33,938	0,713	97,8	54
Humeruslänge	♂	74,0–81,6	7,6	77,500			9
Humeruslänge	♀	78,2–82,3	5,1	80,837	3,337	92,1	19
Ulnalänge	♂	81,2–92,5	11,3	87,312			8
Ulnalänge	♀	88,9–95,9	7,0	91,026	3,714	95,9	18
Metacarpuslänge	♂	37,0–41,6	4,6	40,012			8
Metacarpuslänge	♀	39,8–42,6	2,8	41,327	1,315	96,7	18
Phalangeslänge	♂	31,2–36,4	5,2	33,450			8
Phalangeslänge	♀	31,5–35,6	4,1	34,405	0,955	97,2	18

Flügelskelett

Das Flügelskelett ist bei den Männchen und Weibchen einheitlich ausgebildet. Es gibt keine morphologischen Differenzen. Die einzelnen Knochen des Flügelskeletts sind bei beiden Geschlechtern gleich proportioniert. Das heißt, die Maße des einzelnen Knochen, ins Verhältnis zum Gesamtskelett des Flügels gesetzt, ergeben den gleichen Index, wie aus der Aufstellung hervorgeht:

	Flügelskelett ♂♂			
Humerus	77,50 mm	=	32,48 %	n=9
Ulna	87,31 mm	=	36,64 %	n=8
Metacarpus	40,01 mm	=	16,78 %	n=8
Phalangen	33,45 mm	=	14,10 %	n=8
Gesamtlänge	238,27 mm	=	100,00 %	n=8
	Flügelskelett ♀♀			
Humerus	80,83 mm	=	32,63 %	n=19
Ulna	91,02 mm	=	36,70 %	n=18
Metacarpus	41,32 mm	=	16,68 %	n=18
Phalangen	34,40 mm	=	13,69 %	n=18
Gesamtlänge	247,67 mm	=	100,00 %	n=18

Der Geschlechtsindex der einzelnen Skelettelemente des Flügels ist aus der Tab. 1 zu ersehen. Seine Werte liegen, bis auf den Humerus, bei allen Skeletteilen nicht höher als bei der Schultergürtelregion und dem Brustbein. Der niedrigere Indexwert des Humerus dürfte in der größeren Variationsbreite der männlichen gegenüber den weiblichen Humeri begründet liegen, aber auch in dem zu geringem Material.

Äußere Flügellänge und Länge des Flügelskeletts verhalten sich im Geschlechtsindex völlig synchron. Der Index beträgt beim Flügelskelett 96,6 % und bei der Flügellänge 96,3 %. Auf Grund des unterschiedlichen Materials wurden jeweils 9 Skelette und 9 Flügellängenmaße zugrunde gelegt.

Flügelskelett:

♂♂ = 238,27 mm, ♀♀ = 246,23 mm, Index = 96,6 %.

Flügellänge:

♂♂ = 287,40 mm, ♀♀ = 293,80 mm, Index = 96,3 %.

Becken — Hinterextremität

Wie an den bisher untersuchten Skeletteilen besteht auch im Becken und in der Hinterextremität ein durchschnittlicher Größenunterschied der Geschlechter. Die beiden Hauptelemente des Rumpfes, Sternum und Becken, haben fast die gleichen metrischen Abmessungen in ihrer Länge und Breite. Ihre Indexwerte weichen nur wenig voneinander ab, und zwar in der Länge um 0,5 % und in der Breite um 1,1 %. Das Flügelskelett ist viel länger als das Beinskelett, auch ohne Phalangen. In ihrer Gesamtlänge und in ihren einzelnen Knochenabschnitten sind die Indexwerte fast gleich groß. Beim Flügelskelett liegen die Abweichungen nicht höher als 0,7 %, beim Beinskelett bis zu 1,7 %. Sie sind aber nur so groß, daß dadurch der Zusammenhang der Einheitlichkeit im Sexualdimorphismus der einzelnen Skeletteile an den Extremitäten nicht verwischt wird (Tab. 2).

Tab. 2. Skelettmaße (in mm) von *Asio otus otus.*

Skelettelement	Sex.	Variations-breite	Differenz	Mittel-wert	Diff. ♂:♀	Index %	n
Beckenlänge	♂	35,0—39,1	4,1	37,28			24
Beckenlänge	♀	36,8—41,5	4,7	39,45	2,17	94,5	20
Beckenbreite	♂	23,2—25,7	2.5	24,66			23
Beckenbreite	♀	24,3—27,1	2,8	25,68	1,02	96,0	19
Femurlänge	♂	49,6—55,5	5,9	51,95			24
Femurlänge	♀	49,8—55,2	5,4	53,80	1,85	96,5	30
Tibiotarsuslänge	♂	71,1—79,0	7,9	74,40			9
Tibiotarsuslänge	♀	74,0—79,9	5,9	79,86	5,46	93,2	19
Tarsometatarsus-länge	♂	36,0—41,2	5,2	38,21			8
Tarsometatarsus-länge	♀	38,2—41,6	3,4	39,87	1,66	96,0	18
Schädellänge	♂	37,1—39,1	2,0	37,56			5
Schädellänge	♀	35,0—38,9	3,9	37,22	0,34	99,1	15
Schädelbreite	♂	41,3—44,8	3,5	42,48			6
Schädelbreite	♀	39,4—44,8	5,4	42,63	0,15	99,6	17
Schädelhöhe	♂	28,1—31,9	3,8	30,45			6
Schädelhöhe	♀	28,3—35,0	6,7	30,62	0,17	99,4	16

Für die mir gewährte Unterstützung bei der Beschaffung des Materials und für die Durchsicht des Manuskripts möchte ich den Herren Dr. R. PIECHOCKI (Halle), Dr. sc. B. STEPHAN (Berlin), Dr. U. BÄHRMANN (Lauchhammer) . und Präp. G. FRANCKE (Velmede, Sauerland, BRD) auf das herzlichste danken.

Zusammenfassung

Von mitteleuropäischen Waldohreulen *(Asio otus otus)* wurden die Mittelwerte der Maße von den wichtigsten Skeletteilen der beiden Geschlechter ermittelt. Sie bilden die Grundlage für die Berechnung der entsprechenden Indizes. Diese zeigen bei den verschiedenen Skeletteilen einen Sexualdimorphismus von fast gleicher Höhe. Voraussetzung hierfür ist eine übereinstimmende Proportionalität der gleichartigen Skeletteile im Skelettbau der beiden Geschlechter.

Summary

COMPARING INVESTIGATION ON PROPORTIONALITY AND SEXUAL DIMORPHISM IN THE SKELETON OF ASIO OTUS OTUS (L.)

Dimensional averages of the most important skeleton elements of both sexes of Central European Long-eared owls *(Asio otus otus)* have been determined and used as the basis for calculation of corresponding coefficients. They show a sexual dimorphism of almost identical level for the different skeleton elements. Its prerequisite is concordant proportionality of uniform skeleton elements within the skeleton structure of both sexes.

Literatur

WINDE, H., 1970: Osteologische Untersuchungen an einigen deutschen Eulenarten. — Zool. Abh. Mus. Tierk. Dresden, **30**, Nr. 12, p. 149—157.

Anschrift des Autors: Herbert Winde, DDR — 9116 Hartmannsdorf, Geschwister-Scholl-Straße 20

III-4-9-1200-1 105-34-76

ZOOLOGISCHE ABHANDLUNGEN
STAATLICHES MUSEUM FÜR TIERKUNDE IN DRESDEN

Bd. 34 Ausgegeben: 28. Februar 1977 Nr. 10

Zur Ausbreitung der Türkentaube (Streptopelia decaocto [Friv.]) im europäischen Teil der Sowjetunion

(Aves, Columbiformes)

Mit 1 Karte

DIETRICH VON KNORRE
Jena

Hatte die Arealerweiterung der Türkentaube, beginnend in den dreißiger Jahren bis etwa 1965, eine Flut von Meldungen über Neuansiedlungen ausgelöst, so ist es in der Folgezeit um diese Frage wesentlich stiller geworden. Diese Tatsache darf jedoch nicht darüber hinwegtäuschen, daß auch heute nach der Besiedlung ganz Mittel- und weiter Teile Westeuropas die Ausbreitung in West-, Süd-, Nord- und besonders Osteuropa beständig weiter fortschreitet. Beschränkten sich die Grenzsiedlungen – abgesehen von einzelnen, besonders weit entfernten Vorposten wie Kostiwere (Estnische SSR), Stavanger oder Kiew – nach STRESEMANN und NOWAK (1958) noch auf Jugoslawien, Oberitalien, Ostfrankreich, Belgien, Dänemark und in Polen entlang der Weichsel, so sind bereits 1963 aus weiten Teilen Frankreichs bis auf den Südwesten zahlreiche Neuansiedlungen bekannt, ebenso aus Südschweden, Litauen und der Ukraine (NOWAK 1965).

In der Folgezeit hat sich die von NOWAK (1965) dargelegte Vorstellung über die vermuteten Wege der Ausbreitung der Türkentaube in Europa und über das Tempo der Arealerweiterung weiter bestätigt. Eine neuerliche Berechnung der Ausbreitungsgeschwindigkeit erscheint jedoch recht fraglich, da gegenwärtig Gebiete besiedelt werden, in denen die Art mangels geübter Beobachter meist erst einige Jahre nach ihrem Einflug festgestellt wird. Wie die rasche Besiedlung von Großbritannien, Irland und den angrenzenden Inseln zeigte (HUDSON 1972), blieb auch in den Jahren nach 1957 das hohe durchschnittliche Tempo der Ausbreitung in Europa in der nordwestlichen Richtung bestehen. Demgegenüber muß die scheinbar verlangsamte Arealerweiterung in Südfrankreich (LAFERRERE 1972) und darüber hinaus nach Nordspanien (CASTROVIJO 1972) nicht unbedingt natürliche Ursachen haben. Hier könnte die Vogeljagd eventuell einen nicht unerheblichen Einfluß ausüben.

Die gegenwärtige Arealerweiterung in Osteuropa vollzog sich praktisch gleichzeitig entlang einer Grenzlinie vom Schwarzen Meer zur Ostsee. Für diese Neubesiedlungen gilt aber weiterhin, wie bereits NOWAK (1965) ausführte, ein wesentlich geringeres Ausbreitungstempo, wobei sich zusätzlich ein Geschwindigkeitsgefälle von Süden nach Norden abzeichnet. Erwähnt sei kurz noch die Tatsache, daß sich auch in Mittelasien im Gebiet der Kasachischen SSR die Türkentaube nach Norden ausbreitet. Da es sich dabei um eine andere Unterart handelt, soll hier nicht weiter darauf eingegangen werden.

Abgesehen von einzelnen, besonders entfernten Vorposten vollzieht sich die Besiedlung in allen von der Türkentaube neu besetzten Gebieten übereinstimmend in folgenden Phasen:

Phase 1: Erscheinen von 1–3 Paaren, gefolgt vom ersten Brut- und Überwinterungsversuch.

Phase 2: Erneuter, nun wesentlich stärkerer Zuzug weiterer Exemplare und Besiedlung der Ortschaften in der Umgebung des ersten Siedlungsplatzes. Diese zweite Phase ist im wesentlichen ein Ausdruck für die Ausbreitungsgeschwindigkeit in der betreffenden Richtung. Sie läßt sich daher nicht generell in Beziehung zur Erstansiedlung mit einer Jahresangabe fassen.

Phase 3: Ausgehend von der vorhandenen örtlichen Population erfolgt vermutlich ohne weitere Zuwanderung die Besiedlung aller geeigneten Örtlichkeiten.

Phase 4: Wachstum der Population und Erreichung der maximalen Siedlungsdichte.

Durch die starke Bindung der Türkentaube an städtische Parkanlagen und ihre von freistehenden Warten — Dächern, Fernsehantennen — zu vernehmenden Rufe werden die Phasen 1 und 2 allgemein leicht erfaßt. Scheitert die Ansiedlung z. B. durch das Erfrieren der Tauben im ersten Winter, so wird von verschiedenen Autoren übereinstimmend das erneute Erscheinen (wie unter Phase 1 beschrieben) aus dem folgenden oder späteren Jahren berichtet. Weit unauffälliger gestalten sich dagegen die Phasen 3 und 4, wobei für letztere bislang keine vergleichbaren Daten vorliegen. Wohl infolge der geringen Zahl an Beobachtern blieben die ersten Nachrichten über das Auftreten der Türkentaube in den westlichen Gebieten der Sowjetunion längere Zeit auf wenige Orte beschränkt. Nach IVANOV et al. (1953) zeigten sich die ersten Türkentauben im Westen der Ukraine im Gebiet der Städte Ushgorod und Lwow und brüteten dort nicht alljährlich. Bereits 1957 (STRESEMANN und NOWAK 1958) erfolgte die Ansiedlung in Kostiwere in der Estnischen SSR, und gegenwärtig sind alle Sowjetrepubliken entlang der Westgrenze der UdSSR besiedelt. Der beigefügten Karte sind die wesentlichsten Fundpunkte zu entnehmen. Abweichende Jahresangaben in den einzelnen Berichten für ein und denselben Ort beruhen darauf, daß einige Autoren das Jahr mit gesichertem Brutnachweis angeben, andere das Jahr der ersten Sichtbeobachtung einer Türkentaube. Darüber hinaus wurden mancherorts nach der Veröffentlichung der vermutlichen Erstbeobachtung frühere Daten bekannt. In den Anmerkungen sind zusätzliche Angaben zur Lösung derartiger Diskrepanzen enthalten.

Das derzeitige Verbreitungsbild im europäischen Teil der Sowjetunion

Moldauische SSR

Lange vor der deutlichen Expansion in nordöstlicher Richtung erfolgte bereits 1939 eine Ansiedlung der Türkentaube in Neu-Borodino (STRESEMANN und NOWAK 1958). Der vorliegenden zusammenfassenden Darstellung von AVERIN und GANJA (1970) läßt sich entnehmen, daß, abgesehen von einer einmaligen Beobachtung von zwei Paaren im August 1943 in Soroki, die eigentliche Massenausbreitung dann erst um das Jahr 1957 einsetzte. Entsprechend der als Phase 2 gekennzeichneten Etappe stieg z. B. die Zahl der Paare in Kischinjow von 4 Paaren 1957 bereits 1961 auf ungefähr 400 Paare an. Gleichzeitig trat die Türkentaube nicht nur in den größeren Städten, sondern auch in den Dörfern der gesamten Moldaurepublik auf.

Ukrainische SSR

Eine Zusammenfassung der bis 1965 bekanntgewordenen Daten verdanken wir TALPOŠ (1967). Danach gelang die erste Beobachtung 1944 in Ushgorod. In den Jahren zwischen 1947–1949 folgte die Besiedlung zahlreicher Orte des Sakarpatskaja Oblast und der östlich Lwow gelegenen Städte. Als vom geschlossenen Siedlungsgebiet entferntere Vorposten trat die Türkentaube 1955 in Kiew und 1957 in Odessa auf (GREKOV 1962). Diese Punkte erhielten jedoch bald Anschluß an das geschlossene Siedlungsgebiet durch Neuansiedlungen im Raum westlich des Dnepr – Tscherkassy 1961 (PETROV 1965), Alexandrija und Kirowgrad 1967 sowie im Verlauf der folgenden Jahre auch zahlreicher Städte und Dörfer der gesamten Gebiete um diese Zentren (JARMOLENKO 1973). Der Dnepr stellte dabei nicht etwa eine Grenzlinie dar. Bereits am 21. 7. 1960 folgte die erste Feststellung der Türkentaube (jedoch noch ohne Brutnachweis) in Poltawa, ebenda erneut 1962 (GAVRILENKO 1968) und 1965 sogar mit Brutverdacht für das Vorjahr im 300 km östlich von Kiew gelegenen Sumy (MATVIENKO 1967).

Belorussische SSR

Dem Mangel an Beobachtern ist es zuzuschreiben, daß wir bislang nur sehr wenig Daten über die Ausbreitung der Türkentaube aus Belorußland besitzen. Noch 1962 konnten A. und E. NOWAK keine Beobachtungen für dieses Gebiet anführen, bald folgten aber auch hier die ersten Brutnachweise für Brest und Minsk aus dem Jahr 1963 (NOWAK 1965). Die Population in Brest, wo die Art nach DOLBIK (1974) erstmals 1960 festgestellt wurde, ist inzwischen auf etwa 100 Paare angewachsen. Als bislang nordöstlichster Punkt gilt Novo-Polozk im Oblast Witebsk, wo im Winter 1973 zwei Türkentauben festgestellt wurden. Als mögliche östliche Verbreitungsgrenze in Belorußland gibt DOLBIK (1974) eine von Polozk über das Gebiet östlich von Bobruisk fast genau nach Süden verlaufende Linie an.

Litauische SSR

Durch die Publikationen von IVANAUSKAS (1961a+b) und die Zusammenfassung aller bekannten Daten durch NAVASJTIE (1968) sind wir über die Ausbreitung der Türkentaube in Litauen sehr umfassend informiert. Nachdem die erste Taube im Sommer 1954 bei Taurage geschossen wurde, folgten weitere Beobachtungen 1955 bei Kaisiadorys und im Winter 1959/60 in Kaunas (NAVASJTIE 1968). Bruten konnten 1960 bereits für Kaunas, Palanga, Siauliai und Panevezys (IVANAUSKAS 1961a) vermutet oder nachgewiesen werden. Zahlreiche weitere Ansiedlungen wurden in der Folgezeit bekannt und gegenwärtig dürften alle größeren und kleineren Städte bis auf die östlichen Landesteile besiedelt sein (VALIUS u. a. 1974).

Lettische SSR

Die bisher publizierten Daten dürften sicher nicht dem tatsächlichen Wissensstand um die Besiedlung dieses Landes durch die Türkentaube entsprechen. Nach NOWAK (1962 und 1965) lagen noch keine Nachweise vor, doch soll bereits 1962 die Art nach VON TRANSEHE (1965) am Engure-See (Angerscher See) gebrütet haben. VIKSNE (1967) bestätigte diese Vorkommen, jedoch nicht die Brut, und führte für das Jahr 1962 als weitere Beobachtungsorte die Stadt Tukums sowie Salaspils (17 km südlich von Riga) an. 1963 konnte die Türkentaube dann in Riga und Liepāja

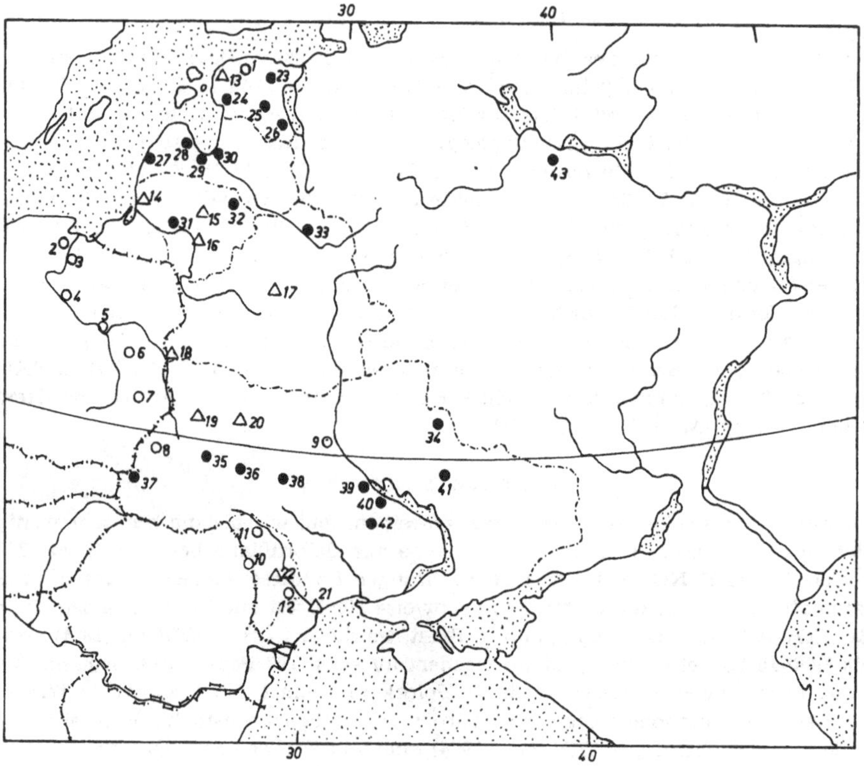

Karte: Ausbreitung der Türkentaube in der Sowjetunion.

O: Grenzsiedlungen nach STRESEMANN u. NOWAK (1958) – △: Grenzsiedlungen nach NOWAK (1965) – ●: Ergänzungen und Neuansiedlungen.

1: Kostiwere 1957; 2: Gdansk 1955; 3: Malbork (= Marienburg) 1957; 4: Torun (= Thorn) 1951; 5: Warszawa 1953; 6: Minsk Maz. 1956 (1–6: STRESEMANN u. NOWAK 1958); 7: Lublin 1943 (NOWAK, A. u. E., 1962); 8: Lwow 1948; 9: Kiew 1955; 10: Iasi 1952; 11: Soroki 1956; 12: Neu-Borodino 1939 (8–12: STRESEMANN u. NOWAK 1958); 13: Sutlepa 1962 (NOWAK, A. u. E., 1962); 14: Palanga (= Polangen); 15: Panevezys 1960; 16: Kaunas 1959/60 (14–16: IVANAUSKAS 1961a); 17: Minsk 1962 (NOWAK 1965); 18: Brest 1960 (DOLBIK 1974); 19: Luzk 1961 (TALPOŠ 1967); 20: Rowno 1962 (NOWAK 1965); 21: Odessa 1957 (GREKOV 1962); 22: Kischinjow 1957 (AVERIN u. GANJA 1970); 23: Tapa 1959 (TAMM 1970); 24: Pärnu-Jaagupi 1969 (SÜGAV 1969); 25: Tartu 1966 (TAMM 1970); 26: Räpina 1967 (TAMM 1970); 27: Liepāja (= Libau) 1963; 28: Engures ez. (= Angerscher See) 1962; 29: Tukum 1962; 30: Riga 1963 (27–30: VIKSNE 1967); 31: Taurage (= Tauroggen) 1954 (IVANAUSKAS 1961); 32: Rokiškis? (NAVASJTIE 1968); 33: Novo-Polozk 1973 (DOLBIK 1974); 34: Sumy 1965 (MATVIENKO 1967); 35: Ternopol 1963; 36: Chmelnicki 1961; 37: Uschgorod 1944; 38: Winniza 1961 (35–38: TALPOŠ 1967); 39: Tscherkassy 1961 (PETROV 1965); 40. Alexandriia 1967 (JARMOLENKO 1973); 41: Poltawa 1960 (GAVRILENKO 1968); 42: Kirowograd 1967 (JARMOLENKO 1973); 43: Karabicha 1974 (v. KNORRE, unveröff.).

Anmerkungen

Zu 1: Eine genaue Darstellung der Besiedlung dieses Vorpostens gibt TAMM (1970). In den Jahren 1957 und 1958 jeweils erfolgreiche Brut und anschließende Überwinterung am Ort. 1959 konnten mehrere kleine Flüge von Türkentauben in der weiteren Umgebung umherstreichend festgestellt werden. In Kostiwere selbst 1959 zwei erfolglose Bruten; fünf Tauben hielten sich hier bis zum Dezember auf. Danach verschwand die Art völlig und trat in diesem Ort erst wieder 1969 auf.

Zu 9: Anders als bei dem vom geschlossenen Siedlungsgebiet weit entfernten Vorposten in Kostiwere vergrößerte sich die Zahl der in Kiew brütenden Türkentauben rasch. Bereits 1961 war die Art über verschiedene Stadtteile und Dörfer im Oblast Kiew verbreitet (ŽEŽERIN 1961).

Zu 11: Nach AVERIN u. GANJA (1970) konnten von August bis November 1943 zwei Pärchen in Soroki beobachtet werden. Danach jedoch erst wieder ab 1957; am 28. 5. 1957 ein Paar beim Nestbau, doch sollen sich nach Angabe des für das Grundstück zuständigen Hauswirtes die Türkentauben dort schon seit drei Jahren aufgehalten haben.

Zu 16: Bereits im Winter 1959/60 hielten sich zwei Paare auf dem Gehöft der Landwirtschaftlichen Akademie in Kaunas auf und im folgenden Sommer 1960 nisteten mindestens zwei Paare im dortigen Botanischen Garten (IVANAUSKAS 1961). NAVASJTIE (1968) gibt für die Bruten das Jahr 1959 an.

Zu 18: NOWAK (1965) nennt unter Bezug auf eine briefliche Mitteilung Brest unter den Orten, in denen 1963 erstmals die Art brütend festgestellt wurde. Nach DOLBIK (1974) wurde die Türkentaube bereits im Frühjahr 1960 beobachtet und ist die dortige Population gegenwärtig auf etwa 100 Paare angewachsen (DOLBIK 1974).

Zu 19: TALPOŠ (1967) meldet die erste Beobachtung für Luzk von Ende Februar 1961 und vermerkt ferner, daß das Auftreten der Türkentaube in dieser Stadt auf Grund von Befragungen nicht vor 1954 erfolgt sein kann.

Zu 21: PUSANOV u. NASARENKO (1962) führen die erste Beobachtung der Türkentaube in Odessa aus dem Winter Ende 1959 und den ersten Nestfund ebenda von Anfang Juni 1960 an, dem danach ein sprunghafter Anstieg folgte. GREKOV (1962) berichtet ebenfalls über diese im Dezember 1959 beobachteten Tauben, vermerkt jedoch weiter, daß nach Angaben anderer Personen die Türkentaube bereits 1957 in Odessa genistet habe. Danach hat sich der Bestand wie folgt entwickelt: Im Winter 1957/58 etwa 8 Expl., 1958/59 18 Expl., 1959/60 32–34 Expl., 1960/61 50–52 Expl. TALPOŠ (1967) – unter Bezug auf GREKOV – führt daher das Jahr 1957 für die Besiedlung von Odessa an.

Zu 22: NOWAK (1965) gibt unter Hinweis auf PUSANOV u. NASARENKO (1962) als Jahr des ersten Brutnachweises 1955 (?) an. Das Fragezeichen ergibt sich durch die etwas ungenaue Auskunft der genannten Autoren, die lediglich angeben: „In den letzten 5 Jahren wurde sie in den Großstädten Kiew und Kischinjow beobachtet." Nach AVERIN u. GANJA (1970) wurden 4 Pärchen am 20. 7. 1957 im Puschkinpark in Kischinjow beobachtet, und bereits 1961 nisteten in dieser Stadt etwa 400 Paare.

Zu 23: Am 15. 10. 1959 wurden zwei Türkentauben in Tapa beobachtet (TAMM 1970).

Zu 25: Wenigstens 1 Paar 1966 in Tartu. Im selben Jahr an insgesamt acht Orten Estlands beobachtet.

Zu 31: Hierbei handelt es sich nicht um einen frühen Brutnachweis, sondern lediglich um das bei Taurage am 27. 7. 1954 geschossene Expl. (IVANAUSKUS 1961).

Zu 34: Am 10. 3. 1965 wurde in einem Wäldchen im Zentrum der Stadt Sumy (300 km östlich Kiew) ein Paar beobachtet. Ebenda am 11. 3. 1965 neben diesem Paar in unmittelbarer Nähe ein weiteres Exemplar, von dem der Beobachter vermutet, daß es sich um einen Jungvogel des vergangenen Jahres gehandelt habe (MATVIENKO 1967). Aus dieser Beobachtung leitet der Autor die gewagt erscheinende Vermutung ab, daß die Türkentaube bereits 1964 in Sumy gebrütet und ebenda überwintert hat.

Zu 37: Die erste Beobachtung der Türkentaube in Ushgorod gelang bereits 1944; wann der erste Brutnachweis folgte, geht aus den Angaben nicht hervor (IVANOV u. a. 1953, TALPOŠ 1967). Die Siedlungsdichte stieg mit der weiteren Ausbreitung stark an und betrug 1965 für Ushgorod bereits 12 Expl./km² (TALPOŠ 1967).

Zu 40: Nach Auskunft der Einwohner von Alexandrija war die Türkentaube bereits mindestens seit 1965 in diesem Ort anwesend (JARMOLENKO 1973).

Zu 41: Die erste Beobachtung erfolgte in Poltawa am 21. 7. 1960, eine zweite ebenfalls im Stadtzentrum am 3. 7. 1962. Brutnachweise gelangen dabei nicht (GAVRILENKO 1968).

Zu 42: 1967 wurden bereits mindestens 20 Individuen festgestellt und ein Nest gefunden. Ferner konnte die Türkentaube zu diesem Zeitpunkt auch in den Städten des Kirowograder Oblasts Snamenka, Zwetlowodsk, Dolinskaja, Babrinez, Nowomirgorod sowie in den Siedlungen Alexandrowka, Kompanijewka, Nowogorodkovka und anderen nachgewiesen werden. Nach einem Kälteeinbruch zählte man am 4. 3. 1970 am Kolchosmarkt in Kirowograd über 300 Türkentauben (JARMOLENKO 1973). Aus den genannten Daten ist auch für dieses Gebiet eine Besiedlung vor 1967 anzunehmen.

nachgewiesen werden. Neuere Daten zur Ausbreitungsgeschichte liegen aus Lettland bislang nicht vor, obwohl sicherlich entsprechend den estnischen und litauischen Nachbargebieten die weitere Ansiedlung auch hier in der Zwischenzeit erfolgt ist. SPURA (1974) vermerkte lediglich, daß die als neu für die Fauna zu nennende Türkentaube zunächst in Liepāja und danach in Riga aufgetreten sei.

Estnische SSR

Weit vom geschlossenen Verbreitungsgebiet als Vorposten in nordöstlicher Richtung erfolgte die erste Ansiedlung, verbunden mit einer erfolgreichen Brut, im Jahr 1957 in Kostiwere (JAANSON 1958, STRESEMANN und NOWAK 1958). Aus der zusammenfassenden Darstellung über die Ausbreitung der Türkentaube in Estland von TAMM (1970) ergibt sich, daß nach weiteren einzelnen Beobachtungen aus den verschiedensten Landesteilen die Art ab 1966 rasch zugenommen hat. Sie wurde 1967 in 12 und 1969 in 15 Orten beobachtet. SÜGAV (1969) führte weitere 5 Orte in Südwest-Estland ebenfalls für 1969 an und berichtete in einer späteren Mitteilung (SÜGAV 1973) Einzelheiten über die Entwicklung des Bestandes in der Umgebung von Tori. Nach VEROMAN (briefl. Mitt.) erfolgte dann 1970 ein Masseneinflug, wodurch wir nunmehr die Estnische SSR zum geschlossenen Verbreitungsgebiet der Türkentaube zählen können.

Russische SFSR

Bislang liegen noch keine publizierten Daten über Nachweise der Türkentaube aus den nordwestlichen Landesteilen vor, doch ist hier mit den ersten Ansiedlungen zu rechnen.

Während eines Besuches der Nekrassow-Gedenkstätte in Karabicha, wenige Kilometer südlich von Jaroslawl, vernahm ich am 10. 7. 1974 die Rufe von zwei Türkentauben. Die Vögel hielten sich im alten Baumbestand der Parkanlage an der Gedenkstätte auf. Leider verhinderte ein einsetzender Gewitterregen eine genauere Nachsuche. Weitere Beobachtungen während längerer Aufenthalte in den Städten Jaroslawl und dem 60 km südlich gelegenen Rostow gelangen trotz vorhandener Parkanlagen nicht.

In ihrem Buch über die Vögel der UdSSR vermerkten FLINT u. a. (1968) für die Türkentaube „Standvogel, teils Zugvogel“, ohne dafür eine Begründung anzugeben. Es bleibt abzuwarten, ob sich bei der weiteren Ausbreitung nach Osten regelmäßig ziehende Populationen herausbilden. Gegenwärtig läßt sich dies aus den vorliegenden Berichten nicht ableiten. Es wird lediglich vermerkt, daß die Türkentauben nach der ersten Besiedlung einer Gegend im folgenden Winter strengen Frösten auszuweichen versuchen oder umkommen. Auch darf hierbei nicht die Konzentration der Türkentauben zu größeren Flügen in den Wintermonaten in der Nähe von Plätzen mit günstigen Nahrungsbedingungen vergessen werden. Falls diese bei der geringen Zahl an Beobachtern unbemerkt bleiben, kann der Abzug der örtlichen Populationen vorgetäuscht werden. Die bereits vorliegenden Winterbeobachtungen aus den verschiedenen Landesteilen der Sowjetunion lassen somit nicht den Schluß zu, daß die Türkentaube dort als Zugvogel bezeichnet werden kann.

Für ihre Unterstützung bei der Literaturbeschaffung gilt mein Dank den Herren Dr. sc. B. STEPHAN, Berlin, Dipl.-Landw. H. KÖNIG, Halberstadt, und besonders Herrn Dr. H. VEROMAN, Tartu, der mir neben Hinweisen durch die Übersetzung der estnischen Publikationen behilflich war.

Zusammenfassung

Dargelegt wird die zeitliche Folge der Einwanderung und Ausbreitung der Türkentaube in dem europäischen Teil der Sowjetunion. Eine natürliche Grenze dieser Expansionsbewegung in östlicher Richtung zeichnet sich bislang nicht ab. Die Frage möglicher Zugbewegungen dieser Populationen während der Wintermonate wird diskutiert.

Summary

TO THE EXPANSION OF THE COLLARED TURTLE-DOVE (STREPTOPELIA DECAOCTO [FRIV.]) IN THE EUROPEAN PART OF THE SOVIET UNION

The sequence of immigration and spreading of the Collared Turtle-Dove in the European part of the Soviet Union is described. A natural eastern border of this expansion cannot be observed so far. The question of possible migrations of these populations during winter time is discussed.

Резюме

РАССЕЛЕНИЕ КОЛЬЧАТОЙ ГОРЛИЦЫ (STREPTOPELIA DECAOCTO [FRIV.]) В ЕВРОПЕЙСКОЙ ЧАСТИ СОВЕТСКОГО СОЮЗА

Описана последовательность расселения и распространения кольчатой горлицы в европейской части Советского Союза. Естественная граница этого продвижения в восточном направлении до сих пор не обозначена. Обсуждается вопрос о возможности перелета птиц этой популяций во время зимнего периода.

Literatur

AVERIN, JU. V. und I. M. GANJA, 1970: Pticy moldavii, Bd. 1, Kischinjow. (Kol'čataja gorlica – *Streptopelia decaocto* Friv. p. 21–23)

CASTROVIEJO, J., 1972: Premières donneés sur la tourterelle turque *Streptopelia decaocto* en Espagne. – Alauda, **40**, p. 98.

DOLBIK, M. S., 1974: Landšaftnaja struktura ornitofauny Belorussii. Minsk. (Granicy arealov otdel'nych vidov i geografija nachodok p. 21–38)

FLINT, V. E., R. L. BÖME, J. V. KOSTIN und A. A. KUZNECOV, 1968: Pticy SSSR. Moskva. (p. 344)

GAVRILENKO, N. I., 1968: Ėkologičeskie zametki o pticach Ukrainy. – Ornitologija, **9**, (p. 343)

GREKOV, V. S., 1962: Kol'čataja gorlica v Odesse. – Ornitologija, **4**, p. 328–332.

HUDSON, R., 1972: Collared Doves in Britain and Ireland during 1965–70. – Brit. Birds, **65**, p. 139–155.

IVANAUSKAS, T., 1961a: Faunistische Mitteilungen aus Litauen. – J. Orn., **102**, p. 468–469.

IVANAUSKAS, T., 1961b: Novye gnezdjaščiesja vidy ptic v litve. Trudy IV. Pribaltijskoj ornitologičeskoj konferencii Riga, p. 329–331.

IVANOV, A. I., E. V. KOZLOVA, L. A. PORTENKO und A. JA. TUGARINOV, 1953: Pticy SSSR, Čast' II. Moskva/Leningrad. *(Streptopelia decaocto* [Friv.] – Kol'čataja gorlica p. 237–238)

JAANSON, A., 1958: The Collared Turtle-Dove – a Newcomber to the Nesting Avifauna of Estonia. – Ornitholoogiline kogumik (Tartu) I, 1958, p. 225.

JARMOLENKO, B. N., 1973: Gorlica kol'čataja *(Streptopelia decaocto* Friv.) na kirovogradščine. – Vest. Zoologii (Kiew), **5**, p. 82–83.

LAFERRERE, M., 1972: *Streptopelia decaocto* Frivaldsky sur la Riviera francaise. – Oiseau et Rev. franc. ornithol., **42**, p. 76–77 (zitiert nach Referat).

MATVIENKO, M. E., 1967: O rasširenii areala kol'čatoj gorlicj na Ukraina. – Zool. Ž., **46**, p. 1124.

NAVASJTIE, A. V., 1968: Kol'čataja gorlica v Litve. – Ornitologija, **9**, p. 362–365.

NOWAK, A. und E., 1962: Weitere Ausbreitung der Türkentaube in Polen und Osteuropa. – J. Orn., **103**, p. 229–235.

NOWAK, E., 1965: Die Türkentaube *(Streptopelia decaocto)*. Die Neue Brehm-Bücherei, Nr. 353. Wittenberg.

PETROV, I. K., 1965: Kol'čataja gorlica v Čerkassach. – Ornitologija, **7**, p. 485.

PUSANOV, I. I. und L. F. NASARENKO, 1962: Neue Angaben über einige seltene Vögel des nordwestlichen Schwarzmeergebietes. – Acta Orn., **6**, p. 107–115.

SÜGAV, P., 1969: Türgi turteltuvi Pärnu rajoonis. – Eesti Loodus, **12**, p. 735.

SÜGAV, P., 1973: Türgi turteltuvi Tori ümbruses. – Eesti Loodus, **16**, p. 493.

SPURA, Z., 1974: Latvijas dzīvnieku pasaule. Riga. (p. 61)

STRESEMANN, E. und E. NOWAK, 1958: Die Ausbreitung der Türkentaube in Asien und Europa. – J. Orn., **99**, p. 243–296.

TALPOŠ, V. S., 1967: Kol'čataja gorlica na Ukraine. In: Ėkologija mlekopit. i ptic. Moskva, p. 285–291.

TAMM, R., 1970: Türgi turteltuvi Euroopat vallutamas. – Eesti Loodus, 13, p. 293–295.
TRANSEHE, N. VON, 1965: Die Vogelwelt Lettlands. Hannover-Döhren. (p. 226)
VALIUS, M., V. SKUODIS und A. PETRAITIS, 1974: Some pages from the history of ornithofaunistical studies in Lithuania. In: Ornitologija ajaloost baltikumis – Ornitoloogiline kogumik VII, Tallinn, p. 53–66 (Ed.: KUMARI, E., A. JÕGI u. V. LILLELEHT).
VIKSNE, J. A., 1967: Novye nachodki redkich i zaletnych ptic v Latvii. – Proceedings of the Vth Baltic Ornithological Conference (Tartu, July 5–10, 1963), Tallinn, p. 57–62.
ŽEŽERIN, V. P., 1961: K rasšireniju areala nekotorych zapadnych ėlementov ornitofauny ukrainy. – Trudy IV. Pribaltijskoj ornitologičeskoj konferencii, Riga, p. 333–336.

Anschrift des Autors:

Dr. Dietrich von Knorre, Phyletisches Museum – Sektion Biologie
der Universität Jena, DDR – 69 Jena

III-4-9-1200-1 105-34-76 D 2/4/76

ZOOLOGISCHE ABHANDLUNGEN

STAATLICHES MUSEUM FÜR TIERKUNDE IN DRESDEN

Bd. 34 Ausgegeben: 28. Februar 1977 Nr. 11

Gebiß- und Zahnvariationen an einer Serie von 257 Hauskatzen (Felis silvestris f. catus L., 1758)

(Mammalia, Felidae)

Mit 6 Fotos und 2 Diagrammen

PETER LÜPS

Bern

Bei der Untersuchung einer umfangreichen Serie streunender Hauskatzen im Hinblick auf die Abklärung der Bedeutung solcher Tiere als Beutemacher in Feld und Wald ist uns der schlechte Gebißzustand vieler Individuen aufgefallen. Dies hat uns veranlaßt, eine größere Anzahl Schädel zu präparieren und eventuelle Zusammenhänge zwischen Gebißqualität und aufgenommener Nahrung zu finden.

Neben der Frage von Zahnabnutzung und -krankheiten sind stammesgeschichtliche Kriterien und solche der Domestikation von Interesse. Die Feliden besitzen das spezialisierteste, in der Zahnzahl am stärksten reduzierte Raubtiergebiß, wobei eine weiterschreitende Reduktion der Zahnzahl zu beobachten ist. Einzelfälle von Polyodontie und Oligodontie wurden bereits für viele Arten beschrieben, Untersuchungen an größeren Serien liegen jedoch nur in geringer Zahl vor (z. B. COLYER 1936, HALL 1940, MANVILLE 1963, KRATOCHVIL 1971).

Ziel dieser Zusammenstellung ist die Suche nach Zusammenhängen zwischen Nahrung, Freßgewohnheiten und Gebißzustand einerseits; einen Beitrag zur Kenntnis der Evolution des Katzengebisses zu liefern andererseits.

Material

Alle Katzen wurden in den Monaten Januar—Juni 1971 und Mai 1973—Mai 1974 im Kanton Bern (Schweiz) von den Wildhütern als „streunend" oder „verwildert" im Wald und auf dem Felde abgeschossen (Details vgl. LÜPS 1972, VON GOLDSCHMIDT-ROTHSCHILD u. LÜPS 1976). Präpariert wurden nur unzerstörte Schädel, die eine spätere Messung zu gestatten schienen. Eine Auswahl nach anderen Kriterien fand nicht statt.

Die Sammlung der so gewonnenen und hier ausgewerteten Schädel setzt sich wie folgt zusammen:

Tiere mit Milchgebiß oder im Zahnwechsel (2 ♀/1 ♂): 3; Tiere mit Dauergebiß: 257. Die letzte Gruppe gliedert sich auf in: 98 Weibchen (Kätzinnen), 152 Männchen (Kater) und 7 kastrierte männliche Tiere.

Mit Ausnahme von 3 Jungtieren handelt es sich durchwegs um mehr als 7 Monate alte Katzen (vgl. HABERMEHL 1975; NICKEL, SCHUMMER u. SEIFERLE 1968). Eine weitere Unterteilung nach Altersklassen fand nicht statt.

Methode

Alle Schädel wurden vermessen (LÜPS, in Vorber.) und auf Unregelmäßigkeiten im Gebiß hin untersucht. Die gefundenen Gebißvariationen wurden in folgende Gruppen aufgegliedert:

I Vollständige Gebisse
II Polyodontie
III Oligodontie
IV Stellungsanomalien
V Lageanomalien
VI Anomalien der Zahnform
VII Defekte oder verlorengegangene Zähne

Unter II bis VI sind somit angeborene Abweichungen vom Normalgebiß berücksichtigt, d. h. genetische und vor oder während des Zahnwechsels erworbene.

Zähne, die offensichtlich beim Abschuß verletzt worden sind (scharfe Kanten, Bleispuren), wurden als vollständig erhalten taxiert. Je nach Grad des festgestellten Defektes wurde ein Zahn einer der folgenden Kategorien zugeordnet:

1. Zähne mit leichten Defekten (meistens abgebrochene Spitzen) — 2. Zähne, von denen nur noch Wurzelreste vorhanden sind — 3. Prämortal verlorengegangene Zähne.

Der Entscheid, ob es sich um einen verlorengegangenen oder um einen gar nicht angelegten Zahn handelt, fällt oft nicht leicht (vgl. auch KRAPP u. LAMPEL 1973, HEINRICH 1974, MEYER 1975). Offene oder erst unvollständig geschlossene Alveolen bereiten keine Interpretationsschwierigkeiten. Häufig läßt auch die Struktur des Knochens in der Umgebung auf einen früher vorhanden gewesenen Zahn schließen. Bei solchen Stellen im Kiefer, wo weder Reste eines Zahnes oder einer Alveole, noch irgendwelche Veränderungen des Knochens zu sehen waren, wurde der Zahn als nicht angelegt taxiert.

Zahnstein und „Karies": Fast sämtliche Schädel zeigten ganz geringe bis sehr starke Spuren von Zahnsteinablagerungen. Diese werden vor allem an den oberen Reißzähnen (P^4) deutlich, wo sie auch zuerst auftreten. Als „zahnstein-positiv" wurden Katzen gewertet, bei denen der P^4 auf der ganzen Länge des Zahnes eine deutliche Schicht Zahnstein aufwies, ohne jedoch deren Dicke zu berücksichtigen. Gebisse mit Löchern in den Zähnen der Backenzahnreihen wurden als „karies-positiv" gewertet, ohne Rücksicht darauf, ob es sich um Karies, Dysplasien oder anderweitige Beschädigungen infolge eines fortschreitenden Prozesses handelt (z. B. Parodontitis).

Normalgebiß und Zahnwechsel

Normalgebiß

Das Normalgebiß der Hauskatze setzt sich, wie dasjenige der Wildkatze, aus 30 Zähnen zusammen:

$$\frac{I^1\ I^2\ I^3\ C\ P^2\ P^3\ P^4\ M^1}{I_1\ I_2\ I_3\ C\ \quad P_3\ P_4\ M_1} = 30$$

Gegenüber dem ursprünglichen Raubtiergebiß (THENIUS 1969) fehlen im Oberkiefer 1 Prämolar und 1 Molar, im Unterkiefer 2 Prämolaren und 2 Molaren (Details vgl. ACHERMANN 1970, HOCHSTRASSER 1970). Durch über- oder unterzählige Zähne können Abweichungen auftreten; durch Gebrauch verlorengegangene Zähne können den Eindruck von nicht angelegten vortäuschen. Die Eckzähne werden auch als Fangzähne, der P^4 und der M^1 als Reißzähne bezeichnet.

Das Milchgebiß weist keine Molaren auf, der P^2 erscheint erst sehr spät. In unserem Untersuchungsmaterial weisen zwei Schädel ein vollständiges Milchgebiß auf. Bei einem von diesen ist der Zahnwechsel in vollem Gange, wobei die Folge des Wechsels mit der von HEMMER (1966) beschriebenen übereinstimmt (vgl. auch SLAUGHTER, PINE u. PINE 1974).

I **Vollständige Gebisse**

Der Prozentsatz vollständig erhaltener Gebisse liegt bei den ♀♀ höher als bei den ♂♂. Unterkiefer sind häufiger vollständig erhalten als Oberkiefer (Verhältnis 3:2).

	n	Oberkiefer vollständig	Unterkiefer vollständig	Gesamtgebiß Ober- und Unterkiefer vollständig
♀	98	5 (5,1 %)	25 (25,5 %)	32 (32,6 %)
♂	152	10 (6,8 %)	34 (23,29 %)	43 (28,3 %)
♂ kastr.	7	—	2	2 (28,5 %)
Total	257	15 (5,8 %)	61 (23,7 %)	77 (29,9 %)
Gesamt		92 (35,8 %) (15 + 77)	138 (53,7 %) (61 + 77)	

Im Unterkiefer verteilen sich die vollständigen Gebißhälften regelmäßig, im Oberkiefer überwiegen sie auf der rechten Seite (121:109) leicht.

II **Polyodontie**

In allen 6 beobachteten Fällen von Polyodontie handelt es sich um Prämolaren bei Katern.

Oberkiefer

Nr. 6016: Rechts stehen zwischen C und P^3 zwei kleine Zähne (Durchmesser 2 mm), von denen der vordere auf der Höhe des Alveolarrandes abgebrochen ist.

Nr. 6078: Links und rechts befinden sich zwischen C und P^3 je zwei Zähne (Durchmesser 1,4 mm), den Alveolarrand um rund 2 mm überragend. Der hintere berührt P^3.

Nr. 6122: Rechts steht zwischen C und P^2 ein kleiner Zahn (Durchmesser 1,5 mm), den Alveolarrand um 2,5 mm überragend (Abb. 1a).

In allen drei Fällen handelt es sich um nahezu identische Erscheinungen.

Unterkiefer

Nr. 5111: Im linken Kieferast befindet sich zwischen C und P_3 ein den Alveolarrand um 2,5 mm überragender Zahn (Durchmesser 2 mm). Er steht nicht direkt in der Verlängerung der Backenzahnreihe, sondern ist um 1 mm nach lingual verschoben.

Nr. 6157: Im rechten Kieferast steht ein dem bei 5111 gefundenen sehr ähnlicher Zahn, der ebenfalls leicht lingual verschoben ist (Abb. 1b).

Nr. 6173: Beiderseitig stehen zwischen C und P_3 Zähne von 1,5 mm Durchmesser, analog zu den obengenannten. Sie sind beide auf der Höhe des Alveolarrandes abgebrochen.

III **Oligodontie** (angeborenes Fehlen einzelner Zähne)

Zähne, von denen keine Spuren einer früheren Anwesenheit (Zahnreste oder Veränderungen in der Knochenstruktur an der Stelle einer früheren Alveole) feststellbar

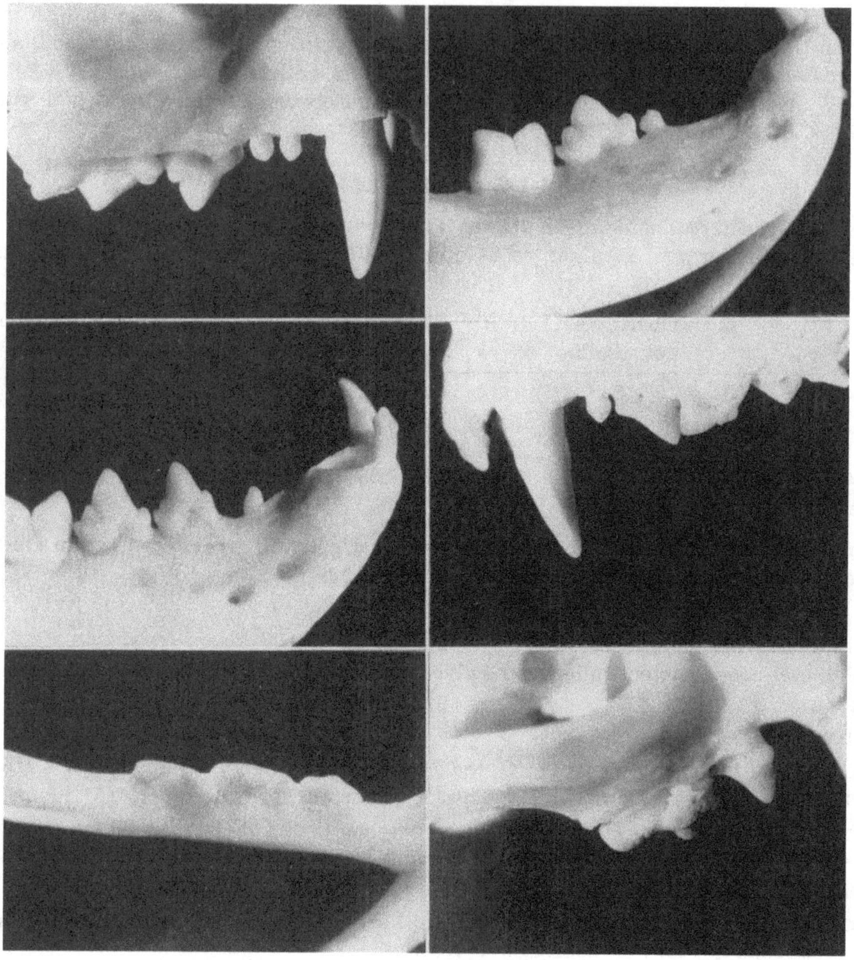

a d b e c f

Abb. 1a–f.
a: Polyodontie bei Tier Nr. 6122 — b: Polyodontie bei Tier Nr. 6157 — c: Kulissenstellung des M_1 (Nr. 6016) — d: Anomalie P_3 bei Tier Nr. 6064 — e: Anomalie P^3 bei Tier Nr. 6055 — f: starker Zahnsteinbefall am oberen Reißzahn (Nr. 6049).

(alle Fotos Verf.)

sind, fanden wir im Bereich des oberen Molaren (1×) und des zweiten Prämolaren (45× = 8,8 %). 22× fehlt dieser Zahn bei ♀♀ (11,3 %) und 23× bei ♂♂ und ♂♂ kastr. (7,5 %). Insgesamt weisen 29 Individuen (= 11,28 %) diesen Mangel auf. Rechts fehlt dieser Zahn häufiger als links (3:2).

IV, V **Stellungs- und Lageanomalien**

Abweichungen von der normalen Lage und Stellung sind selten. Kulissenstellung tritt auf (Abb. 1c), jedoch wesentlich seltener als beim Haushund (HUBER u. LÜPS 1968, HEINRICH 1974).

VI **Anomalien der Zahnform**

Geringfügige Abweichungen vom „Normalzahn“ wurden hier nicht berücksichtigt. Auffallend sind folgende Erscheinungen:

6064: ♂ kastr., P_3 dex., nur einwurzlig, stiftförmig (1,8 mm Durchmesser, 2 mm Höhe über dem Alveolarrand). Der Zahn steht am Platze der distalen Wurzel bei normalausgebildetem P_3 (Abb. 1d). Einen analogen Fall beschreibt KRATOCHVIL (1971).

6055: ♂. Anstelle des linken P^3 steht ein dreiwurzliger, offensichtlich durch Verwachsung eines doppelt angelegten P^3 entstandener, 12 mm langer Zahn. Gegenüber P^4 ist er kulissenartig verschoben, P^4 wird dabei nach lingual abgedrängt (Abb. 1e).

Recht häufig finden sich kleine bis sehr kleine P^2, wobei verschiedene Übergänge feststellbar sind und individuelle Links-/Rechts-Unterschiede auftreten. Bei 50 Individuen (Nr. 6001–6076) wurden die Längen des linken P^2 und P^4 am Alveolarrand ermittelt:

	N	$\bar{x}$	Min.	Max.	s	v
P^2	50	20,54	13	28	3,55	17,28
P^4	50	92,16	82	105	13,96	15,15

P^2 zeigt die höhere Streuung und auch den größeren Variationskoeffizienten als P^4. Auf die beträchtliche Variabilität des P^2, bei welchem zudem Formunterschiede auftreten, weist auch POCOCK (1916) hin.

VII **Defekte und verlorengegangene Zähne**

Lediglich 77 Tiere (29,9 %) weisen ein vollständig erhaltenes Gebiß auf. Abgebrochene Zähne sind der weitaus häufigste Defekt im Gebiß der 257 untersuchten Katzen (Abb. 2). I^2 fehlt 142×, d. h. 27,63 % dieser Zähne sind abgebrochen, wobei der Wurzelrest noch vorhanden ist. Die andern oberen Incisivi und diejenigen des Unterkiefers zeigen ein ähnliches Bild. Bei allen finden sich noch häufig Reste der Wurzel, und in weniger als 10 % der Fälle sind sie völlig verschwunden. Im Oberkiefer sind die Schneidezähne bei 30,48 % der Fälle in irgendeiner Weise lädiert oder fehlen ganz, im Unterkiefer liegt der Wert etwas tiefer (22,9 %). Bei 11 ♂♂ und 9 ♀♀ (20 Tiere, 7,8 %) war keiner der 12 Schneidezähne mehr funktionstüchtig. Auffallend selten sind Beschädigungen oder Verlust des Fangzahnes (Caninus) und des Reißzahnes (P^4/M_1). Fehlen diese Zähne oder sind sie an ihrer Basis abgebrochen, handelt es sich durchwegs um Tiere mit starkem Zahnsteinbefall. Mit Ausnahme des kleinen stiftförmigen P^2 weist keiner der Vorbacken- oder Backenzähne Verluste oder Beschädigungen in mehr als 10 % der Fälle auf. Bemerkenswert ist der häufige Verlust der beiden Endglieder der oberen Backenzahnreihe, P^2 und M_1, die infolge ihrer nur schwachen Verankerung im Kiefer leichter verlorengehen als abbrechen.

Zahnstein und Parodontitis

Bei 150 (62,5 %) von 240 Katzen mit kontrollierbarem oberem Reißzahn fanden sich deutliche Spuren von Zahnsteinablagerungen, bei 61 (25,42 %) starke Parodontitis (Abb. 1f). Unter den 77 Tieren mit vollständig erhaltenem Gebiß fanden sich 4 (5,19 %) mit Spuren von Parodontopathien, 36 (46,75 %) mit Zahnsteinablagerungen. Zwischen Zahnsteinablagerung und Gesamtzustand des Gebisses besteht ebenso ein gesicherter Zusammenhang wie zwischen Parodontitis und Gebißzustand: bei Katzen mit Zahnstein und/oder Parodontitis finden sich mehr Tiere mit beschädigten Gebissen als bei Tieren ohne diese pathologischen Veränderungen.

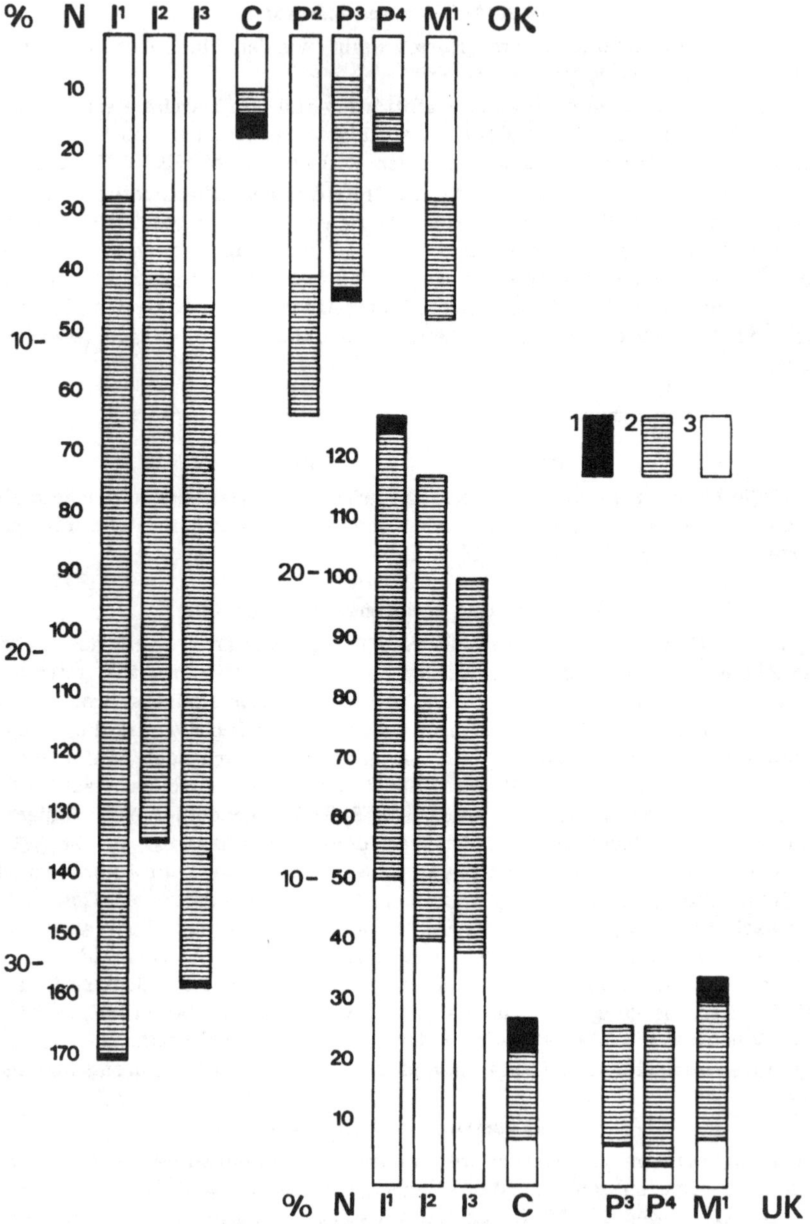

Abb. 2. Zahndefekte und -verluste durch Gebrauch und Krankheit.
1: angebrochene Spitzen — 2: Wurzelreste des Zahnes noch vorhanden — 3: ganzer Zahn fehlend.

Diskussion

Polyodontie

Die sechs Fälle überzähliger Zähne (2,3 %) beziehen sich ausschließlich auf das Maxillare und das Dentale (je 3), immer beim männlichen Geschlecht. Ausnahmslos handelt es sich um Zähne, die am vorderen Ende der Backenzahnreihe stehen, an Stellen, wo die im Felidengebiß nicht mehr angelegten Prämolaren P^1 und P_2 stehen würden, also um typische Polyodontien (MEYER 1975). Analoge Fälle fanden POCOCK (1916), COLYER (1936), HOCHSTRASSER (1970) und KRATOCHVIL (1971) bei *Felis silvestris;* COLYER (1936), HALL (1940), HEROLD (1956), MANVILLE (1963), HELL (1966) und andere bei verschiedenen Vertretern der Gattungen *Felis* und *Lynx.* Bei Hauskatzen fand KRATOCHVIL (1971) keine überzähligen Zähne; BATEMAN (zit. in POCOCK 1916) und COLYER (1936) dagegen beobachteten solche in mehreren Fällen, ohne aber Angaben über ihre Häufigkeit machen zu können.

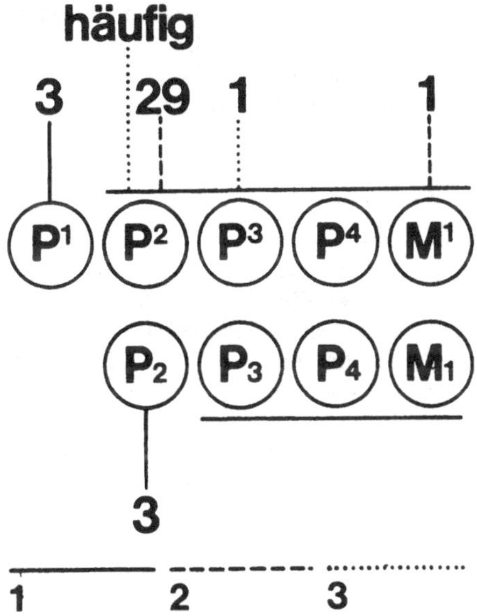

Abb. 3. Angeborene Gebiß- und Zahnvariationen.
1: Echte Polyodontie (Polyodontia typica) — 2: Oligodontie — 3: Größenreduktion.

Die Heterogenität verschiedener Sammlungen (einzelne Schädel sind möglicherweise nur deshalb gesammelt worden, weil sie Zahnvariationen aufweisen) verunmöglicht es leider, einen Vergleich zwischen verschiedenen Felidenarten zu ziehen. Immerhin sei auf die 20 überzähligen Prämolaren bei Wildkatzen im Material KRATOCHVILs (1971) und die 33 bei POCOCK (1916) hingewiesen, sowie auf die 22,6 % der Fälle bei Luchsen aus der Slowakei (HELL 1968). In HELLs Material überwiegt Polyodontie in der rechten Gebißhälfte deutlich. Auch KRATOCHVIL fand mehr überzählige P^1 im rechten Kiefer. In unserem Material ist P^1 rechts ebenfalls häufiger. Das Auftreten dieser zusätzlichen Zähne darf wohl als Atavismus interpretiert werden, da sie an Stellen stehen, wo im ursprünglichen Raubtiergebiß tatsächlich Prämolaren vorhanden sind (POCOCK 1916; KRATOCHVIL 1961, 1971; HELL 1966). Obwohl ein als Atavismus mögliches Auftreten von Distomolaren durchaus denkbar wäre, fanden sich in unserem Material keine solchen, ebensowenig zusätzliche Schneidezähne (vgl. dazu MANVILLE 1963 und KRATOCHVIL 1965).

Oligodontie

Wie bereits erwähnt (p. 156), bereitet es oft erhebliche Schwierigkeiten, mit Sicherheit festzustellen, ob ein Zahn nie angelegt war, oder ob er früh intra vitam wieder verlorengegangen ist. Wir haben nur Fälle als „nicht angelegt" taxiert, die gar keine Spuren eines früher vorhandenen Zahnes erkennen ließen. Mit Ausnahme eines oberen Molaren handelt es sich um nicht angelegte Zweite Prämolaren. Dieser kleine stiftförmige Zahn zeigt eine sehr hohe Variabilität in seiner Größe (vgl. p. 159) und ist in 8 % der Fälle intra vitam verlorengegangen. Es handelt sich um das (gegenwärtige) mesiale Endglied der Backenzahnreihe. Hier manifestiert sich die fortschreitende Rückbildung in den bei QUINET (1966) beschriebenen Schritten sehr auffällig: Übergang mehrwurzlig-einwurzlig, Größenreduktion, Variabilität in Form und Position, vollständiges Ausbleiben einer Zahnbildung. Für den Verlust des P_1 beim Deutschen Schäferhund glaubt ROSIN (1949) einen rezessiven Erbgang mit unvollständiger Penetranz verantwortlich machen zu können. Über die Art und Weise der Ausbildung dieser gegenwärtigen Endglieder der Backenzahnreihe im Katzengebiß und ihre Abhängigkeit von der Ausbildung der Nachbarzähne fehlen jedoch sichere Unterlagen.

Anomalien der Zahnform

Die bei den Tieren 6055 und 6064 gefundenen Abweichungen stehen isoliert da, ihre Entstehung dürfte traumatischen Ursprungs sein. Sie lassen sich in keinen größeren Zusammenhang einordnen, wie z. B. die bei Füchsen gefundenen dreiwurzligen Prämolaren (VAN BREE & SINKELDAM 1969, LÜPS 1974). Auffallend dagegen ist die heterogene Ausgestaltung des P^2, auf die auch COLYER (1936) aufmerksam macht. Die bei vielen Individuen sehr kleinen P^2, die hohe Zahl nicht angelegter und der häufige Verlust des P^2 intra vitam weisen auf die fortschreitende Reduktion dieses Zahnes hin. Dies gibt zugleich einen Hinweis auf die Bedeutungslosigkeit dieses Zahnes im Gebiß der Hauskatze (vgl. dazu die Diskussion in MEYER 1975).

Ökologische Aspekte

Vergleicht man die hier gewonnenen Resultate mit denjenigen KRATOCHVILs und ZAJIČEKs (in KRATOCHVIL 1971), so fällt eine sehr große Übereinstimmung auf, und zwar nicht nur, was die prozentualen Verluste des gesamten Gebisses anbetrifft. Auch die Häufigkeit des Fehlens einzelner Zähne zeigt eine große Übereinstimmung. Dieser Umstand weist auf eine ähnliche Ernährungsweise der beiden bearbeiteten Hauskatzen-Gruppen hin, wobei innerhalb des von KRATOCHVIL publizierten Materials die von ZAJIČEK bearbeiteten Katzen höhere Verluste aufweisen als diejenigen KRATOCHVILs aus Brno.

Die von KRATOCHVIL ausgewerteten und die von uns gesammelten Katzen weisen einen wesentlich schlechteren Gebißzustand auf als Wildkatzen (vgl. KRATOCHVIL 1971). Hierfür sind sicher nicht nur eine bessere Qualität des Wildtier- gegenüber dem Haustiergebiß verantwortlich, sondern ebensosehr andere Freßgewohnheiten und ein anderes Nahrungsangebot. Die bei Hauskatzen häufig gefundene Hauskost als Nahrung (vgl. LÜPS 1972, VON GOLDSCHMIDT & LÜPS 1976) ist dem Zustand des Gebisses nicht förderlich (Bildung von Zahnstein und Entstehung von Parodontopathien). Tatsächlich weisen 60,4 % der untersuchten Tiere starke Ablagerungen von Zahnstein auf und 25 % leiden unter leichter bis starker Parodontitis. Solche ist in vielen Fällen direkt für Defekte oder gänzlichen Verlust der Zähne verantwortlich. STUDER & STAPLEY (1973) haben auf die Wichtigkeit harter Nahrung für ein gesundes Katzengebiß aufmerksam gemacht und die Bedeutung dieses Faktors experimentell überprüft. Für die hohe Zahl an Schneidezahn-Verlusten bei Hauskatzen glauben WINK & KETSCH (1973) unsachgemäße Fütterung (Abnagen großer Knochen) verantwortlich zu machen, für die das Katzengebiß nicht geeignet ist. Tatsächlich ist die Wildkatze *(Felis silvestris* SCHREBER, 1777), von deren einer oder mehrerer Unterarten die Hauskatze abstammt (PETZSCH 1968, HERRE & RÖHRS 1973), ein hochspezialisierter Kleinsäuger-Jäger (CONDÉ et al. 1972, SLADEK 1973). Kleinsäuger machen jedoch bei den von uns untersuchten Katzen keinen sehr hohen Prozentsatz der Nahrung aus (nachgewiesen in weniger als 50 % aller untersuchten Mägen, siehe oben), was die starken Verluste teilweise erklären dürfte. Ein gesicherter Zusammenhang zwischen der aufgenommenen Nahrung (Hauskost, Hauskost/Feldkost, Feldkost) und dem Zahnstein- bzw. „Karies"-Befall der entsprechenden Tiere ließ sich nicht nachweisen. Dies läßt vermuten, daß sich auch unter den Tieren mit Feldkost im Magen viele regelmäßig von Küchenabfällen ernähren.

Interessant ist der Vergleich mit dem Gebißzustand von Füchsen *(Vulpes vulpes* L.) aus demselben Gebiet (LÜPS, NEUENSCHWANDER & WANDELER 1972). Obwohl der Fuchs im schweizerischen Mittelland bei seiner Nahrungssuche wie die Katze in einem hohen Maß von der Anwesenheit des Menschen profitiert (WANDELER & HÖRNING 1972, FUCHS 1975), tritt bei ihm weder Zahnstein noch Karies auf. Seine in der Nähe menschlicher Siedlungen erbeutete Nahrung besteht aus Schlachtabfällen (Fleisch und Knochen) und muß stark zerkleinert und gekaut werden. Die Hauskatze nimmt häufig Brot, gekochte Kartoffeln, Teigwaren und Gemüse auf, eine Nahrung, die wenig zerkleinert werden muß und z. T. sehr stärkereich ist. Fuchs und Hauskatze sind im schweizerischen Mittelland Kleinsäugerjäger und zusätzlich Profiteure menschlicher Schlacht- und Küchenabfälle, nützen diese zweite Nahrungsquelle jedoch ganz unterschiedlich aus. Diese Unterschiede äußern sich entsprechend im sehr verschiedenen Gebißzustand.

Zusammenfassung

257 Hauskatzen, die als streunend oder „wildernd" in Feld und Wald erlegt worden waren, sind auf Zahnvariationen hin untersucht worden. Bei 6 Katern finden sich überzählige Zähne, am vordern Ende der Backenzahnreihe, je dreimal im Ober- und Unterkiefer. Ein offensichtlich angeborenes Fehlen des zweiten oberen Prämolaren konnte bei 29 Individuen festgestellt werden. Dieser Zahn variiert stark in seiner Ausgestaltung und seiner Lage zwischen Eckzahn und P^3. Andere Lage-, Stellungs- und Formanomalien sind selten.

Lediglich 77 Tiere (30 %) weisen ein vollständig erhaltenes Gebiß auf. Abgebrochene Zähne sind der weitaus häufigste Defekt. Am stärksten von Verlusten und Defekten betroffen sind die Schneidezähne, von denen bei 20 Tieren kein einziger mehr funktionstüchtig war. 63 % aller Katzen weisen deutliche Spuren von Zahnsteinablagerungen auf. Diese Daten werfen nahrungsökologische Fragen auf. Diese Tiere hatten sich vor allem, wie die Magenuntersuchungen gezeigt haben, von Hauskost ernährt (durch Menschen gefüttert oder Küchenabfälle), was sich auf den Gebißzustand negativ auszuwirken scheint.

Résumé

VARIATIONS DE LA DENTITION ET DE LA FORME DES DENTS D'UNE SERIE DE 257 CHATS DOMESTIQUES (FELIS SILVESTRIS f. CATUS L., 1758)

L'analyse des variations de dention chez 257 chats domestiques tués comme chats «retournés à l'état sauvage» et errants dans les champs ou dans les bois a révélé l'existence des anomalies suivantes: 6 mâles possédaient des dents supplémentaires devant les prémolaires antérieures, dont trois à la machoire supérieure et trois à la inférieure. Dans 29 cas l'absence — visiblement de naissance — de la deuxième prémolaire supérieure fut constatée. Cette deuxième prémolaire supérieure montre en général une grande variabilité de forme et de position entre la canine et P^3. D'autres anomalies innées dans la position ou la forme des dents sont rares.

Seulement 77 (30 %) avaient une dentition complète, alors que chez les autres chats l'imperfection la plus courante étaient des dents cassées. Ce sont le plus souvent les incisives qui manquent ou qui sont endommagées; 20 individus n'avaient plus une seule incisive en bon état. 63 % des chats avaient des dents faiblement tartrées et 25 % des dents avec forte parodontitis. Ces résultats soulèvent des questions à propos de l'écologie alimentaire des chats errants. Signalons que les estomacs des animaux examinés contenaient pour une part importante des déchets domestiques ce qui montre qu'ils avaient été nourris ou s'étaient servis de restes de cuisines dans ou près des maisons. Une abrasion insuffisante des dents consécutive à ce comportement alimentaire pourrait être à l'origine du mauvais état des dents.

Trad. O. BIBER

Literatur

ACHERMANN, M., 1970: Vergleich des räumlichen Verhaltens von Schmelz- mit Dentinkronenrelief im Dauergebiß der Katze. — Rev. Suisse Zool., **77**, p. 877 bis 893.

VAN BREE, P. J. H. u. E. J. SINKELDAM, 1969: Anomalies in the dentition of the Fox, *Vulpes vulpes* (Linnaeus, 1758), from continental Western Europe. — Bijdragen tot de Dierkunde, **39**, p. 3—5.

COLYER, F., 1936: Variations and diseases of the teeth of animals. London.

CONDÉ, B., NGUYEN-THI-THU-CUC, VAILLENT, F. u. P. SCHAUENBERG, 1972: Le régime alimentaire du chat forestier (*F. silvestris* Schr.) en France. — Mammalia, **36**, p. 112—119.

FUCHS, F., 1975: Über die Nahrung des Rotfuchses (*Vulpes vulpes* L.) im bernischen Hügelland. — Jb. Nat. hist. Mus. Bern, **5**, p. 119—131.

VON GOLDSCHMIDT-ROTHSCHILD, B. u. P. LÜPS, 1976: Untersuchungen zur Nahrungsökologie „verwilderter" Hauskatzen (*Felis silvestris* f. *catus* L.) im Kanton Bern (Schweiz). — Rev. Suisse Zool., **83**, p. 723—735.

HABERMEHL, K.-H., 1975: Die Altersbestimmung bei Haus- und Labortieren. Berlin und Hamburg.

HALL, E. R., 1940: Supernumerary and missing teeth in wild mammals of the orders Insectivora and Carnivora, with some notes on disease. — J. Dent. Res., **19**, p. 103—119.

HEINRICH, D., 1974: Die Hunde der prähistorischen Siedlung Feddersen Wierde. — Z. Säugetierk., **39**, p. 284—312.

HELL, P., 1966: Polydontie beim europäischen Luchs, Lynx lynx (L.). — Z. Säugetierk., **31**, p. 392—393.

HELL, P., 1968: Oligodontie beim europäischen Luchs, *Lynx lynx* (L.). – Lynx (Praha), S. N., **9**, p. 114.
HEMMER, H., 1966: Mitteilung zum Backenzahnwechsel der Hauskatze (*Felis catus* L.). – Zool. Garten, N. F., **32**, p. 323–327.
HEROLD, W., 1956: Überzählige Schneidezähne bei einem Luchs, *Lynx lynx* (Linné, 1758). – Säugetierkundl. Mitt., **4**, p. 81–82.
HERRE, W. u. M. RÖHRS, 1973: Haustiere – zoologisch gesehen. Stuttgart.
HOCHSTRASSER, G., 1970: Zur Prämolarenzahl der europäischen Wildkatze, *Felis silvestris silvestris* Schreber, 1777, anhand der Population aus dem Banat in Westrumänien. – Säugetierkundl. Mitt., **18**, p. 274–277.
HUBER, W. u. P. LÜPS, 1968: Biometrische und entwicklungsmechanische Kennzeichnung der Brachycephalie beim Haushund. – Arch. J. Klaus-Stift., **43**, p. 57–65.
KRAPP, F. u. G. LAMPEL, 1973: Zahnanomalien bei Altweltaffen (Catarrhina). – Rev. Suisse Zool., **80**, p. 83–150.
KRATOCHVIL, Z., 1961: Atavismen und Regressionserscheinungen im Gebiß von Wölfen, Hunden und Füchsen (Tschechisch, mit deutscher Zusammenfassung). – Acta univ. agricult. Brno, **9**, p. 183–193.
KRATOCHVIL, Z., 1965: Das Vorkommen von überzähligen Schneidezähnen beim Luchs, *Lynx lynx* (L., 1758). – Folia zool., **14**, p. 186–187.
KRATOCHVIL, Z., 1971: Oligodonty and Polyodonty in the domestic cat (*Felis silvestris* f. *catus* L.) and the wild cat (*Felis silvestris silvestris* Schreber). – Acta vet. Brno, **40**, p. 33–40.
LÜPS, P., 1972: Untersuchungen an streunenden Hauskatzen im Kanton Bern. – Nat. hist. Mus. Bern, Kleine Mitt., **4**, p. 1–8.
LÜPS, P., 1974: Dreiwurzlige Prämolaren bei Rotfüchsen. – Z. Jagdwiss., **20**, p. 163 bis 165.
LÜPS, P., NEUENSCHWANDER, A. & A. WANDELER, 1972: Gebißentwicklung und Gebißanomalien bei Füchsen (*Vulpes vulpes* L.) aus dem schweizerischen Mittelland. – Rev. Suisse Zool., **79**, p. 1090–1103.
MANVILLE, R. H., 1963: Dental anomalies in North American *Lynx*. – Z. Säugetierk., **28**, 166–169.
MEYER, P., 1975: Beispiele angeborener Zahn- und Gebißanomalien beim Europäischen Reh (*Capreolus capreolus* Linné, 1758) nebst einigen Bemerkungen zu deren Genese und Terminologie. – Z. Jagdwiss., **21**, p. 89–105.
NICKEL, R., SCHUMMER, A. & E. SEIFERLE, 1967: Lehrbuch der Anatomie der Haustiere, Bd. II. Hamburg und Berlin.
PETZSCH, H., 1968: Die Katzen. Leipzig, Jena, Berlin.
POCOCK, R. I., 1916: Some Dental and Cranial Variations in the Scotch Wild Cat (*Felis sylvestris*). – Ann. Mag. Nat. Hist. London, **18**, p. 272–277.
QUINET, G. E., 1966: Gradients morphogénétiques, seuils, seuils quantitatifs minimum et maximum. – Bull. Group. Int. Rech. Sc. Stomat., **9**, p. 443–456.
ROSIN, S., 1949: Kann dem Deutschen Schäferhund sein volles Gebiß erhalten werden? – Schweiz. Hundesport, **65**, p. 48–50, p. 63–64.
SLADEK, J., 1973: Beitrag zur Kenntnis der Ernährung der Wildkatze (*Felis silvestris* Schreber, 1777) in den Westkarpaten. – Lynx (Praha), S. N., **14**, p. 38 bis 52. (Tschechisch, mit deutscher Zusammenfassung.)
SLAUGHTER, B. H., PINE, R. H. & N. E. PINE, 1974: Eruption of cheek teeth in Insectivora and Carnivora. – J. Mammal., **55**, p. 115–125.
STUDER, E. & R. B. STAPLEY, 1973: The role of dry foods in maintaining healthy teeth and gums in the cat. – Vet. med. small anim. clin., **68**, p. 1124–1126.
THENIUS, E., 1969: Stammesgeschichte der Säugetiere (einschließlich der Hominiden). – Handb. Zool., **8** (48. Lief.), p. 1–722. Berlin.
WANDELER, A. & B. HÖRNING, 1972: Aspekte des Cestodenbefalls bei bernischen Füchsen. – Jb. Nat. hist. Mus. Bern, **4**, p. 231–252.
WINK, U. & F. KETSCH, 1973: Keysers praktisches Katzenbuch. München.

Anschrift des Autors:

Dr. Peter Lüps, Naturhistorisches Museum, Abt. Wirbeltiere, Bernastraße 15, CH – 3005 Bern, Schweiz

III-4-9-1200-1 105-34-76

ZOOLOGISCHE ABHANDLUNGEN
STAATLICHES MUSEUM FÜR TIERKUNDE IN DRESDEN

Bd. 34 Ausgegeben: 28. Februar 1977 Nr. 12

Herpetologische Taxa von Eduard Poeppig (1798–1868)

FRITZ JÜRGEN OBST

Dresden

Im Zuge der Einordnung der Amphibien- und Reptilienkollektion des Zoologischen Institutes (heute Sektion Biowissenschaften) der Karl-Marx-Universität Leipzig in unsere Herpetologische Sammlung seit 1968, über die teilweise bereits in dieser Zeitschrift berichtet wurde (KABISCH und OBST 1968), erfaßte ich auch drei als Typusexemplare ausgewiesene Präparate, die von EDUARD POEPPIG aufgestellten Taxa zugrunde liegen. Anhand der Durchsicht des zur Leipziger Reptiliensammlung gehörigen Kataloges, den HENNIG (1933) im Zusammenhang mit der von ihm damals durchgeführten Revision der Sammlung anlegte, wurde ich noch auf zwei weitere, ebenfalls von POEPPIG aufgestellte Reptiliennamen aufmerksam, über die hier ebenfalls kurz berichtet werden soll. Leider waren die dazugehörigen, von HENNIG noch erfaßten Präparate inzwischen verlorengegangen und konnten somit nicht mit von uns übernommen werden.

Der Ursprung der POEPPIGschen Benennungen verschiedener Reptilien geht auf das von ihm als Direktor des Zoologischen Museums der Universität 1866 angelegte „Verzeichnis der Reptilien des zoologischen Museums der Universität" zurück. POEPPIG folgte bei der Anlage seines Kataloges eng dem Amphibien- und Reptilienkatalog des Berliner Museums aus der Feder LICHTENSTEINs (1856). Der POEPPIGsche Katalog, der damit als literarische Quelle der hier diskutierten Taxa zu gelten hat, wurde nur in zwei Exemplaren ausgefertigt. Eines verblieb bei der Sammlung und wird heute von uns verwahrt, das zweite ging zu den Akten des Königlich-Sächsischen Staatsministeriums als der damals für die Universität zuständigen Regierungsbehörde. Aus den geschilderten historischen Umständen geht bereits eindeutig hervor, daß die herpetologischen Taxa POEPPIGs nicht den Anforderungen der Internationalen Regeln für die Zoologische Nomenklatur, insbesondere den Artikeln 9, 12 und 16 entsprechen und somit sämtlich als nomina nuda zu behandeln sind. Ihre Bedeutung ist damit wohl noch wissenschaftsgeschichtlich, nicht aber mehr praktisch. Die außerordentliche und im konkreten Falle auch bedauerliche Bescheidenheit POEPPIGs hat als wesentliche Ursache dafür zu gelten, daß er seine Entdeckungen nicht ordnungsgemäß publizierte. Daneben mag es auch das enorme Pensum mühseliger Museumsarbeit gewesen sein, das POEPPIG als vorbildlicher Verwalter der zum großen Teil von ihm selbst zusammengebrachten Sammlungen mit eigener Hand leistete, welches ihm die Zeit zur Veröffentlichung seiner Ergebnisse raubte. Zudem war er damals bereits krebsleidend und erlag schon zwei Jahre nach der Erarbeitung des Katalogs jener heimtückischen Krankheit. Mit der hier erfolgenden Bekanntmachung seiner herpetologischen Taxa im Rahmen der neuen musealen Verwaltung der dazugehörigen Typen soll auch ein bescheidener Beitrag zur Würdigung der Verdienste POEPPIGs geleistet werden.

Eucnemis bilineatus POEPPIG, 1866, nomen nudum

Material: Drei Syntypen, fehlen in HENNIGs Katalog wie alle Amphibia (heute: MTKD D 11678–11680), von Port Natal, A. GUEINZIUS leg. (vermutlich 1841).

Unter diesem Namen erfaßte POEPPIG südafrikanische Riedfrösche, die als *Hyperolius horstockii semidiscus* HEWITT erst 1927 Eingang in die wissenschaftliche Literatur fanden. Der Sammler der Tiere war POEPPIGs Schüler ADOLF GUEINZIUS, der ursprünglich im Auftrage des Leipziger Museums in Südafrika sammelte, nach einem Zerwürfnis mit POEPPIG aber auch als Lieferant für verschiedene Naturalienhandlungen auftrat.

Das Erkennen der neuen Art in der auch heute noch selbst für den Spezialisten recht schwierigen Gruppe durch POEPPIG bereits 70 Jahre vor ihrem Eingang in die Literatur kann als treffliches Beispiel für die feinsinnige Beobachtungsgabe und die Gründlichkeit seiner Ordnungsbemühungen in der Sammlung gelten.

Hemidactylus auritus POEPPIG, 1866, nomen nudum

Material: Holotypus, HENNIGs Katalog R Va 34 (heute: MTKD D 6966), von den „Insulae Moluccae", FÖRSTER leg., ohne Datum.

Dieser Gecko wurde bereits von HENNIG (1933) als *Hemidactylus triedrus* (DAUDIN, 1802) erkannt.

Chamaeleo natalensis POEPPIG, 1866, nomen nudum

Material: Ursprünglich drei Syntypen, POEPPIGs Katalog von 1866, S. 4a (fehlen wie alle Chamaeleonen der Leipziger Sammlung in HENNIGs Katalog von 1933), heute nicht mehr vorhanden, von „Natalia", ohne Sammler und Datum.

Diese vermutlich ebenfalls aus der Ausbeute GUEINZIUSscher Sammeltätigkeit in Südafrika stammenden Chamaeleons sind leider nicht mehr zu deuten.

Agama affinis POEPPIG, 1866, nomen nudum

Material: Zwei Syntypen, HENNIGs Katalog R Va 115 (bei Übernahme der Sammlung durch uns leider nicht mehr vorhanden), von Port Natal, A. GUEINZIUS leg. 1841.

Es ist außerordentlich schade, daß dieses Taxon POEPPIGs infolge des Verlustes der Typen nicht mehr deutbar ist, zumal HENNIG keine Determination der Exemplare gelang und er dieselben als *Agama* sp. bzw. unter POEPPIGs Bezeichnung in seinem Katalog führte. Dieser Umstand läßt vermuten, daß sich POEPPIGs Taxon auf interessante Vertreter der auch heute noch nicht zufriedenstellend erforschten afrikanischen Agamen bezogen hat.

Tropidogaster hispidus POEPPIG, 1866, nomen nudum

Material: Holotypus, HENNIGs Katalog R Va 172 (bei Übernahme der Sammlung durch uns leider nicht mehr vorhanden), von der Insel Colares, Provinz Pará, E. POEPPIG leg. 1832.

Dieses Stück von der letzten Station der POEPPIG-Expedition von Chile und Peru aus durch das Quellgebiet bis zur Mündung des Amazonas 1829–1832, der ersten naturwissenschaftlichen Durchquerung des gewaltigen Areals (noch dazu im Alleingang POEPPIGs!), wurde von HENNIG als *Tropidurus hispidus* (SPIX) determiniert.

Himantodes fulviventer POEPPIG, 1866, nomen nudum

Material: Holotypus, HENNIGs Katalog R IVa 308 (heute: MTKD D 6967), von Ega, Amazonas, E. POEPPIG leg. 1831.

Diese interessante Schlange stellt ein weiteres, noch erhaltenes Stück aus der Ausbeute der POEPPIGschen Amazonas-Expedition dar. HENNIG (1933) vermochte die Schlange nicht zu determinieren und führte sie unter dem POEPPIGschen Namen in seinem Katalog.

Ich stelle sie zu *Imantodes lentiferus* (COPE, 1894), obwohl sie in der Pholidosis gegenüber den Forderungen des Schlüssels von PETERS und OREJAS-MIRANDA abweicht: die Schlange besitzt nur 14 Schuppenreihen um die Körpermitte (einschließlich der Ventralschuppe). Die Anzahl der Ventralia beträgt 189, die der Caudalia 111. Trotz des leichten Ausbleichens des fast 150 Jahre alten Spirituspräparates ist die aus zu Querbinden vereinigten großen Seitenflecken bestehende Zeichnung des Rückens noch gut erkennbar.

Zusammenfassung

Es werden sechs von EDUARD POEPPIG (1798–1868) aufgestellte herpetologische Taxa vorgestellt:

Eucnemis bilineatus POEPPIG, 1866, nomen nudum, gehörig in die Synonymie von *Hyperolius horstockii semidiscus* HEWITT, 1927 – *Hemidactylus auritus* POEPPIG, 1866, nomen nudum, gehörig in die Synonymie von *Hemidactylus triedrus* (DAUDIN, 1802) – *Chamaeleo natalensis* POEPPIG, 1866, nomen nudum, nicht deutbar – *Agama affinis* POEPPIG, 1866, nomen nudum, nicht deutbar – *Tropidogaster hispidus* POEPPIG, 1866, nomen nudum, gehörig in die Synonymie von *Tropidurus hispidus* (SPIX) – *Himantodes fulviventer* POEPPIG, 1866, nomen nudum, gehörig in die Synonymie von *Imantodes lentiferus* (COPE, 1894).

Die Typus-Exemplare zu den Taxa *Eucnemis bilineatus, Hemidactylus auritus* und *Himantodes fulviventer* befinden sich heute in der Herpetologischen Kollektion des Staatlichen Museums für Tierkunde Dresden. Die Typen der anderen Taxa sind nicht mehr vorhanden.

Summary

HERPETOLOGICAL TAXA OF EDUARD POEPPIG (1798–1868)

Six herpetological taxa nominated by EDUARD POEPPIG are presented:

Eucnemis bilineatus POEPPIG, 1866, nomen nudum, belonging to the synonyms of *Hyperolius horstockii semidiscus* HEWITT, 1927 – *Hemidactylus auritus* POEPPIG, 1866, nomen nudum, belonging to the synonyms of *Hemidactylus triedrus* (DAUDIN, 1802) – *Chamaeleo natalensis* POEPPIG, 1866, nomen nudum, not explicable – *Agama affinis* POEPPIG, 1866, nomen nudum, not explicable – *Tropidogaster hispidus* POEPPIG, 1866, nomen nudum, belonging to the synonyms of *Tropidurus hispidus* (SPIX) – *Himantodes fulviventer* POEPPIG, 1866, nomen nudum, belonging to the synonyms of *Imantodes lentiferus* (COPE, 1894).

The type-specimens of the taxa *Eucnemis bilineatus, Hemidactylus auritus,* and *Himantodes fulviventer* nowadays are deposited in the Herpetological Collection of Staatliches Museum fuer Tierkunde Dresden. The types of the other taxa are no more existing.

Literatur

HENNIG, W., 1933: Katalog der Reptilien-Sammlung des Zoologischen Museums der Universität Leipzig. 3 Hefte, Handschrift, Leipzig.

KABISCH, K. und F. J. OBST, 1968: Katalog der herpetologischen Sammlung des Zoologischen Institutes der Karl-Marx-Universität Leipzig, übernommen vom Staatl. Museum für Tierkunde Dresden. I. Testudines. — Zool. Abh. Mus. Tierk. Dresden, **29**, Nr. 23, S. 293—300.

LICHTENSTEIN, H., 1856: Nomenclator Reptilium et Amphibiorum Musei Zoologici Berolinensis. Berlin, Kgl. Akademie der Wissenschaften, 48 S.

PETERS, J. A. and B. OREJAS-MIRANDA, 1970: Catalogue of the Neotropical Squamata, Part I. Snakes. — U. S. Nation. Mus. Bull., **297**, S. 1—347.

POEPPIG, E., 1866: Verzeichnis der Reptilien des zoologischen Museums der Universität Leipzig. Handschrift, Leipzig, 45 S.

o. V., 1970: Internationale Regeln für die Zoologische Nomenklatur (deutscher Text). — Senckenberg-Buch 51, Frankfurt/M., 92 S.

Anschrift des Autors:

Dipl.-Biol. F. J. Obst, Staatl. Museum für Tierkunde,
DDR — 801 Dresden, Augustusstraße 2

III-4-9-1200-1 105-34-76

ZOOLOGISCHE ABHANDLUNGEN

STAATLICHES MUSEUM FÜR TIERKUNDE IN DRESDEN

Bd. 34 Ausgegeben: 28. Februar 1977 Nr. 13

Die Herpetologische Sammlung des Staatlichen Museums für Tierkunde Dresden und ihre Typusexemplare

FRITZ JÜRGEN OBST

Dresden

Innerhalb der Wirbeltiersammlungen unseres Museums hat die Herpetologische Sammlung neben der besonders umfangreichen und wertvollen Vogelsammlung besonderes Gewicht. Mit der Übernahme der Expeditionsausbeuten A. B. MEYERs aus dem papuanisch-indoaustralischen Raum in den Besitz des Museums erhielt der herpetologische Sektor wesentlichen Zuwachs, so daß im April 1880 die Einrichtung einer speziellen Sammlung für diesen Bereich erfolgte. Leider war es in den unmittelbar darauffolgenden Jahren nicht möglich, zugleich einen Spezialisten für die Betreuung der neuen Sammlung anzustellen. Dank der organisatorischen Umsicht MEYERs erfolgte jedoch eine kontinuierliche Erweiterung der Bestände und deren technische Betreuung, während für die wissenschaftliche Aufarbeitung des Sammelgutes verschiedene auswärtige Fachleute herangezogen wurden, sofern nicht MEYER selbst als Bearbeiter in Erscheinung trat (1874). Einer der ersten Fachkollegen, der sich unserer Sammlung annahm, war J. G. FISCHER aus Hamburg. Ihm gelangen genauso wie den nachfolgenden Bearbeitern OSKAR BOETTGER aus Frankfurt/M. und FRANZ WERNER aus Wien eine Anzahl Entdeckungen neuer Formen in unseren Materialien, deren Typusexemplare den Wert der Sammlung steigerten. Durch den Erwerb von Expeditionsausbeuten aus dem nördlichen Südamerika, Neuguinea, dem Indo-australischen Archipel und Westafrika, dabei vorwiegend aus den damaligen deutschen Kolonialgebieten, sowie durch lebhafte Tauschbeziehungen mit verschiedenen bedeutenden Museen repräsentierte die Sammlung bald einen Querschnitt durch das ganze Reich der Amphibien und Reptilien und erhielt zudem ein bestimmtes zoogeographisches Gesicht. 1898 wurde schließlich mit der Anstellung BENNO WANDOLLECKs ein ständiger Verwalter der Herpetologischen Sammlung berufen. Seiner Tätigkeit verdankt die Wissenschaft ebenfalls eine Reihe Neubeschreibungen. Nach dem Ausscheiden WANDOLLECKs (1924) oblag die Verwaltung der Sammlung erneut als kommissarische Aufgabe Kollegen anderer Fachrichtungen. Unter ihnen gebührt SCHÜZ das Verdienst, 1927 eine Liste der inzwischen zusammengekommenen Typen erarbeitet und publiziert zu haben. In den 30er Jahren verwaltete WILHELM MEISE neben seiner ornithologischen Hauptaufgabe die Herpetologische Sammlung. In diese Zeit fällt auch die umfangreiche Gastarbeit WILLY HENNIGs über die reichhaltigen Bestände des Flugdrachen (Genus *Draco*) unseres Museums.

Mit der Zerstörung Dresdens am 13. Februar 1945 wurden auch 90 Prozent der Herpetologischen Sammlung des Museums vernichtet. Während andere bedeutende Sammlungsteile sowie die umfangreiche Bibliothek größtenteils ausgelagert und damit gerettet werden konnten, verblieben die schweren Alkoholpräparate am Ort und wurden ein Raub der Flammen. Dabei wurde auch der Bestand an Typusexemplaren zum größten Teil mit vernichtet. Die Kataloge hingegen blieben erhalten.

Nach dem 2. Weltkrieg erfolgte bald auch der Wiederaufbau einer Reptiliensammlung im Rahmen der Erneuerung des Museums. Neben der Bergung zufällig verschont gebliebener Überreste der alten Sammlung wurde zielstrebig neues Material konserviert und durch Ankäufe, Geschenke und Tauschaktionen die Sammlung planmäßig erweitert. Geographische Schwerpunkte der neuen Sammlung wurden Südosteuropa,. der kaukasische Raum und Mittelasien, während aus systematischer Sicht den Schildkröten und Urodelen besondere Aufmerksamkeit zuteil wurde. Im Rahmen der Hochschulreform wurde 1968 die infolge ihrer faunistischen und systematischen Struktur sehr wertvolle Amphibien- und Reptilienkollektion des Zoologischen Institutes (heute Sektion Biowissenschaften) der Karl-Marx-Universität Leipzig in unser Museum übernommen. Durch derartige Zugänge wuchs die Sammlung rasch an, so daß heute bereits wieder 15 000 herpetologische Objekte zu verzeichnen sind.

Die gelegentliche Nachfrage nach den Typusexemplaren und anderen Beständen unserer Sammlung veranlaßt mich nun, eine – leider umfangreichere – Liste der vernichteten Typusexemplare sowie eine kurze Liste der erhalten gebliebenen bzw. inzwischen in die Sammlung gelangten Typusexemplare aufzustellen. Es wurde dabei versucht, aus den erhalten gebliebenen alten Katalogen Hinweise über den Verbleib paratypischen Materials zu entnehmen, um dadurch künftigen Revisoren Anhaltspunkte für eigene Nachforschungen an anderen Museen zu geben.

Die folgenden Listen bringen die Taxa gemäß den Originalbeschreibungen ohne Diskussionen über die derzeitige Bewertung. Die Hinweise über eventuell anderen Ortes verhandenes paratypisches Material beruhen ausschließlich auf den Vermerken unserer Kataloge und wurden nicht durch eigene Nachforschungen überprüft.

Die Wiedergabe der Namen erfolgt getreu der Originalbeschreibung, wobei lediglich die Kleinschreibung von Eigennamen, die als Speziesnamen Verwendung fanden, sowie die Klein- und Zusammenschreibung von Speziesnamen nach geographischen Bezeichnungen, die aus Wortkombinationen bestehen, gemäß den Internationalen Regeln für die Zoologische Nomenklatur angewendet wurde, sofern das im Originalzitat noch nicht geschehen war.

Die Katalognummern mit der Buchstabenkombination MTKD D bezeichnen die Präparate, die im seit 1880 bis heute geführten Numerus-currens-Katalogbuch der Herpetologischen Sammlung aufgeführt sind. Einige ältere, größtenteils vernichtete Typen waren darin nicht enthalten, sondern trugen eine Nummer des Realkatalogs, der als systematischer Katalog von 1879 bis 1903 geführt wurde. Nach 1903 wurde an Stelle des Realkataloges ein Blattkatalog für den systematischen Überblick zur Sammlung eingerichtet, der bis heute geführt wird. Dieser neue systematische Katalog verwendet selbstverständlich dieselben Sammlungsnummern und die Buchstabenkombination MTKD D, die den Präparaten nach ihrem Eingang in den Numerus-currens-Katalog zugeteilt wurde.

Liste der vernichteten Typusexemplare

Gymnophiona

Amphiumophis andicola WERNER

Abhandlungen und Berichte des Königlichen Zoologischen und Anthropologisch-Ethnographischen Museums zu Dresden, 1900/01, IX, Nr. 2: S. 14.

Holotypus: MTKD D 1689, von Chanchamayo, Peru, Dr. A. BAESSLER leg. 1899.

Salientia

Batrachophrynus microphthalmus WERNER
Abhandlungen und Berichte des Königlichen Zoologischen und Anthropologisch-Ethnographischen Museums zu Dresden, 1900/01, IX, Nr. 2: S. 13, 2 Fig.
Holotypus: MTKD D 1790, von Jauja, Peru, Dr. A. BAESSLER leg. 1894.

Bufo limensis WERNER
Abhandlungen und Berichte des Königlichen Zoologischen und Anthropologisch-Ethnographischen Museums zu Dresden, 1900/01, IX, Nr. 2: S. 14.
Holotypus: MTKD D 1795, Umgegend von Lima, Peru, Dr. A. BAESSLER leg. 1899.

Ceratophrys ohausi WANDOLLECK
Abhandlungen und Berichte des Königlichen Zoologischen und Anthropologisch-Ethnographischen Museums zu Dresden, 1907, XI, Nr. 1: S. 10, Fig. 2, 2a.
Holotypus: MTKD D 2038, von Petropolis, Brasilien, Dr. OHAUS leg. 1906.

Chaperina quatuorlobata WANDOLLECK
Abhandlungen und Berichte des Königlichen Zoologischen und Anthropologisch-Ethnographischen Museums zu Dresden, 1911, XIII, Nr. 6: S. 9, Taf. VI, Fig. 36.
Syntypen: 2 Exemplare unter Nr. MTKD D 2215, Torricelligebirge, Neuguinea, Dr. SCHLAGINHAUFEN leg. 1910.

Copiula rostellifer WANDOLLECK
Abhandlungen und Berichte des Königlichen Zoologischen und Anthropologisch-Ethnographischen Museums zu Dresden, 1911, XIII, Nr. 6: S. 11, Fig. 47—49 und A—B.
Holotypus: MTKD D 2210, Torricelligebirge, Neuguinea, Dr. SCHLAGINHAUFEN leg. 1910.

Elosia divisa WANDOLLECK
Abhandlungen und Berichte des Königlichen Zoologischen und Anthropologisch-Ethnographischen Museums zu Dresden, 1907, XI, Nr. 1: S. 4, Fig. 7, 7a.
Holotypus: MTKD D 2041, von Petropolis, Brasilien, Dr. OHAUS leg. 1906.

Hyla albolabris WANDOLLECK
Abhandlungen und Berichte des Königlichen Zoologischen und Anthropologisch-Ethnographischen Museums zu Dresden, 1911, XIII, Nr. 6: S. 12, Fig. 60—82.
Holotypus: MTKD D 2220, Eitapé, Neuguinea, Dr. SCHLAGINHAUFEN leg. 1910.
Paratypus: 1 Exemplar an Museum Wien 1931 abgegeben.

Hyla ohausi WANDOLLECK
Abhandlungen und Berichte des Königlichen Zoologischen und Anthropologisch-Ethnographischen Museums zu Dresden, 1907, XI, Nr. 1: S. 14, Fig. 8, 8a, b.
Holotypus: MTKD D 2033, ♀ von Petropolis, Brasilien, Dr. OHAUS leg. 1906.

Hyla pulchra WANDOLLECK
Abhandlungen und Berichte des Königlichen Zoologischen und Anthropologisch-Ethnographischen Museums zu Dresden, 1911, XIII, Nr. 6: S. 12.
Syntypen: 4 Exemplare unter Nr. MTKD D 2219, von Sacksackhütte, Torricelligebirge, Neuguinea, Dr. SCHLAGINHAUFEN leg. 1910.

Hylodes petropolitanus WANDOLLECK
Abhandlungen und Berichte des Königlichen Zoologischen und Anthropologisch-

Ethnographischen Museums zu Dresden, 1907, XI, Nr. 1: S. 7, Fig. D–F und 9, 9a–f.
Syntypen: 4 Exemplare adult, 5 Larven und 2 Eierhaufen unter Nr. MTKD D 2037, von Petropolis, Brasilien, Dr. OHAUS leg. 1906.

Hyperolius nigropunctatus MEYER
Monatsberichte der Königlichen Preußischen Akademie der Wissenschaften zu Berlin, 1874, S. 139.
Holotypus: Realkatalog Nr. 226, von Ansus, Jobi, Dr. A. B. MEYER leg. 1873.

Hyperolius pygmaeus MEYER
Monatsberichte der Königlichen Preußischen Akademie der Wissenschaften zu Berlin, 1874, S. 139.
Syntypen: 2 Exemplare unter Realkatalog Nr. 303, von Ansus, Jobi, Dr. A. B. MEYER leg. 1873.

Litoria obtusirostris MEYER
Monatsberichte der Königlichen Preußischen Akademie der Wissenschaften zu Berlin, 1874, S. 139.
Holotypus: Realkatalog Nr. 228, von Ansus, Jobi, Dr. A. B. MEYER leg. 1873.

Mehelyia affinis WANDOLLECK
Abhandlungen und Berichte des Königlichen Zoologischen und Anthropologisch-Ethnographischen Museums zu Dresden, 1911, XIII, Nr. 6: S. 8, Fig. 27–35.
Syntypen: nicht exakt feststellbare Anzahl Exemplare unter MTKD D 2214, Torricelligebirge, Sacksackhütte, Neuguinea, Dr. SCHLAGINHAUFEN leg. 1910.
Paratypen: 2 Exemplare an das Brit. Museum abgegeben 29. 3. 1929, 1 Exemplar an das Naturhistorische Museum Wien abgegeben 3. 11. 1931.

Mehelyia lineata WANDOLLECK
Abhandlungen und Berichte des Königlichen Zoologischen und Anthropologisch-Ethnographischen Museums zu Dresden, 1911, XIII, Nr. 6: S. 7, Fig. 18–26.
Syntypen: 10 Exemplare unter Nr. MTKD D 2213, von Sacksackhütte, Torricelligebirge, Neuguinea, Dr. SCHLAGINHAUFEN leg. 1910.
Paratypen: 1 Exemplar an das Brit. Museum abgegeben am 29. 3. 1929, 1 Exemplar an das Zoologische Museum Berlin abgegeben am 17. 12. 1935.

Platymantis corrugata var. *papuensis* MEYER
Monatsberichte der Königlichen Preußischen Akademie der Wissenschaften zu Berlin, 1874, S. 139.
Holotypus: Realkatalog Nr. 175, von Mysore, Dr. A. B. MEYER leg. 1873.

Rana arfaki MEYER
Monatsberichte der Königlichen Preußischen Akademie der Wissenschaften zu Berlin, 1874, S. 139.
Syntypen: 2 Exemplare unter Realkatalog Nr. 45 und 46, vom Arfak-Gebirge, Neuguinea, Dr. A. B. MEYER leg. 1873.

Rhacophorus pardalis ryssocephalus WOLF
Bulletin of the Raffles Museum, Singapore, 1936, 12: S. 137–217.
Holotypus: MTKD D 786, von Sangi, Dr. PLATEN leg. (?) 1888.

Rhacophorus rizali BOETTGER
Abhandlungen und Berichte des Königlichen Zoologischen und Anthropologisch-Ethnographischen Museums zu Dresden, 1898/99, Nr. 1: S. 2.
Holotypus: MTKD D 1537, ♀, von Dapitan, Mindanao, Dr. RIZAL leg. vor 1897.

Sphenophryne schlaginhaufeni WANDOLLECK
Abhandlungen und Berichte des Königlichen Zoologischen und Anthropologisch-Ethnographischen Museums zu Dresden, 1911, XIII, Nr. 6: S. 5, Tafel VI, Fig. 3.
Syntypen: 2 Exemplare unter MTKD D 2212, vom Oberlauf des Rienjamur, Torricelligebirge, Neuguinea, Dr. SCHLAGINHAUFEN leg. 1910.

Sauria

Amphisbaena polygrammica WERNER
Abhandlungen und Berichte des Königlichen Zoologischen und Anthropologisch-Ethnographischen Museums zu Dresden, 1900/01, IX, Nr. 2: S. 5, (3 Abb.).
Holotypus: MTKD D 1741, von Chanchamayo, Peru, Dr. A. BAESSLER leg. 1899.

Cophias peruanus WERNER
Abhandlungen und Berichte des Königlichen Zoologischen und Anthropologisch-Ethnographischen Museums zu Dresden, 1900/01, IX, Nr. 2: S. 5 (3 Abb.).
Holotypus: MTKD D 1698, von Chanchamayo, Peru, Dr. A. BAESSLER leg. 1899.

Draco formosus laetepictus HENNIG
Temminckia, Leiden, 1936, 1: S. 217.
Holotypus: MTKD D 2574, ♂, von Siberut, Mentawei-Inseln, ohne Sammler und Datum, Museum Singapore don. 1924.
Paratypen: 2 ♀ und 1 ♂ im Raffles Museum Singapore.

Draco quinquefasciatus longibarba HENNIG
Temminckia, Leiden, 1936, 1: S. 193.
Holotypus: MTKD D 2580, ♂, von Baram, ohne Sammler und Datum, Museum Singapore don. 1934.
Paratypen: weitere Stücke in den Museen Amsterdam, Leiden und Singapore.
Bemerkung: HENNIG hat in seiner Beschreibung (S. 194) übersehen, daß das von ihm als Typus ausgewiesene Stück vom Museum Singapore als Geschenk nach Dresden gekommen war und erst nach seiner Bearbeitung eines der topotypischen Stücke als Paratypus dem Raffles Museum Singapore wiederum überlassen wurde, der Holotypus hingegen in Dresden verblieb.

Draco rizali WANDOLLECK
Abhandlungen und Berichte des Königlichen Zoologischen und Anthropologisch-Ethnographischen Museums zu Dresden, 1900, IX, Nr. 3: S. 15, Fig. 6 und 17.
Holotypus: MTKD D 1168, von Dapitan, Mindanao, Dr. RIZAL leg. 1894.

Draco volans boschmai HENNIG
Temminckia, Leiden, 1936, 1: S. 180.
Holotypus: Museum Amsterdam.
Paratypen: MTKD D 2588, ♂, von Endeh, Flores, M. WEBER leg. 1888, Mus. Amsterdam don. 1934.
Weitere Paratypen in den Museen Amsterdam und Leiden.

Eumeces gracilis FISCHER
Jahrbuch der wissenschaftlichen Anstalt Hamburg, 1885, II: S. 85, Taf. III, Fig. 1.
Holotypus: MTKD D 373, von Mindanao, Dr. A. SCHADENBERG leg. 1884.

Eumeces microlepis FISCHER
Abhandlungen des Naturwissenschaftlichen Vereins Hamburg, 1886, IX: S. 58, Taf. II, Fig. 4.
Holotypus: MTKD D 490, von Upolo, Samoa, BRÖCKER leg. 1885.

Eumeces schadenbergi FISCHER
Jahrbuch der wissenschaftlichen Anstalt Hamburg, 1885, II: S. 87, Taf. III, Fig. 2.
Holotypus: MTKD D 372, von Mindanao, Dr. A. SCHADENBERG leg. 1884.

Eumeces serratus FISCHER
Abhandlungen des Naturwissenschaftlichen Vereins Hamburg, 1886, IX: S. 58, Taf. II, Fig. 3.
Holotypus: MTKD D 510, von Murray-Island, Süd-Neuguinea, GERRARD leg. 1885.

Eumeces uniformis MEYER
Monatsberichte der Königlichen Preußischen Akademie der Wissenschaften zu Berlin, 1874: S. 133.
Syntypen: Realkatalog Nr. 242, von Rubi, Neuguinea, Dr. A. B. MEYER leg. 1873; Realkatalog Nr. 243, von Mafaor, Neuguinea, Dr. A. B. MEYER leg. 1873.

Euprepes carteretii var. *mysorensis* MEYER
Monatsberichte der Königlichen Preußischen Akademie der Wissenschaften zu Berlin, 1874: S. 133.
Holotypus: Realkatalog Nr. 216, von Kordo, Mysore, Dr. A. B. MEYER leg. 1873.

Euprepes kordoanus MEYER
Monatsberichte der Königlichen Preußischen Akademie der Wissenschaften zu Berlin, 1874: S. 133.
Holotypus: Realkatalog Nr. 307, von Kordo, Mysore, Dr. A. B. MEYER leg. 1873.

Gehyra papuana MEYER
Monatsberichte der Königlichen Preußischen Akademie der Wissenschaften zu Berlin, 1874: S. 129.
Holotypus: Realkatalog Nr. 610, von Doré, Neuguinea, Dr. A. B. MEYER leg. 1873.

Gonyocephalus auritus MEYER
Monatsberichte der Königlichen Preußischen Akademie der Wissenschaften zu Berlin, 1874: S. 130.
Lectotypus: Realkatalog Nr. 401, von Doré, Neuguinea, Dr. A. B. MEYER leg. 1873; festgelegt durch L. MÜLLER, München, 1913.
Paratypen: Realkatalog Nr. 398, von Rubi, Neuguinea, Dr. A. B. MEYER leg. 1873. Ein weiteres paratypisches Exemplar mit gleichen Daten wie der Lectotypus von L. MÜLLER wurde im August 1913 an die Zool. Staatssammlungen München abgegeben.

Gonyocephalus binotatus MEYER
Monatsberichte der Königlichen Preußischen Akademie der Wissenschaften zu Berlin, 1874: S. 130.
Lectotypus: Realkatalog Nr. 390, von Jobi, Neuguinea, Dr. A. B. MEYER leg. 1873; festgelegt durch L. MÜLLER, München 1913.
Paratypus: Realkatalog Nr. 391, mit gleichen Daten wie der Lectotypus.

Gonyocephalus modestus MEYER
Monatsberichte der Königlichen Preußischen Akademie der Wissenschaften zu Berlin, 1874: S. 130.
Lectotypus: Realkatalog Nr. 392, von Jobi, Neuguinea, Dr. A. B. MEYER leg. 1873; festgelegt durch L. MÜLLER, München, 1913.
Paratypus: Realkatalog Nr. 393, mit gleichen Daten wie der Lectotypus.

Gymnodactylus arfakianus MEYER
Monatsberichte der Königlichen Preußischen Akademie der Wissenschaften zu Berlin, 1874: S. 129.
Syntypen: 2 Exemplare unter Realkatalog Nr. 608 und 609, von Doré, Neuguinea, Dr. A. B. MEYER leg. 1873

Heteropus tricarinatus MEYER
Monatsberichte der Königlichen Preußischen Akademie der Wissenschaften zu Berlin, 1874: S. 133.
Syntypen: 3 Exemplare unter Realkatalog Nr. 170, 176 und 262, von Doré, Neuguinea, Dr. A. B. MEYER leg. 1873.

Heteropus tricarinatus var. *striata* MEYER
Monatsberichte der Königlichen Preußischen Akademie der Wissenschaften zu Berlin, 1874: S. 134.
Holotypus: Realkatalog Nr. 172, von Passim, Neuguinea, Dr. A. B. MEYER leg. 1873.

Lacerta erhardi amorgensis WERNER
Sitzungsberichte der Akademie der Wissenschaften Wien, Mathem.-Naturwissenschaftl. Klasse, Abt. 1, 1933, 142: S. 110, Abb. 3 und 4.
Holotypus: Naturhistorisches Museum Wien.
Paratypus: MTKD D 2756 und 2757, von Amorgos, Cycladen, Dr. F. WERNER leg. 1932.

Lacerta erhardi thermiensis WERNER
Sitzungsberichte der Akademie der Wissenschaften Wien, Mathem.-Naturwissenschaftl. Klasse, Abt. 1, 1935, 144: S. 96, 101, Abb. 1, Fig. 1, 2.
Holotypus: Naturhistorisches Museum Wien.
Paratypen: MTKD D 2760 und 2761, von Kythnos, Cycladen, Dr. F. WERNER leg. 28. 5. 1934.

Lacerta taurica gaigei WERNER
Occasional Papers of the Museum of Zoology, University of Michigan, Ann Arbor, 1930, 214: S. 1–34, 6 pls.
Paratypen: MTKD D 2764 und 2765, von Skyros, Dr. F. WERNER leg. 2. 5. 1927.

Liocephalus lineogularis WERNER
Abhandlungen und Berichte des Königlichen Zoologischen und Anthropologisch-Ethnographischen Museums zu Dresden, 1900, IX, Nr. 2: S. 3.
Holotypus: MTKD D 1781, von Chanchamayo, Peru, Dr. A. BAESSLER leg. 1899.

Lygosoma aurea MEYER
Monatsberichte der Königlichen Preußischen Akademie der Wissenschaften zu Berlin, 1874: S. 132.
Holotypus: Realkatalog Nr. 310, von Ansus, Jobi, Dr. A. B. MEYER leg. 1873.

Lygosoma jobiense MEYER
Monatsberichte der Königlichen Preußischen Akademie der Wissenschaften zu Berlin, 1874: S. 131.
Syntypen: 5 Exemplare unter Realkatalog Nr. 196–200, von Ansus, Jobi, Neuguinea, Dr. A. B. MEYER leg. 1873.

Lygosoma latifasciata MEYER
Monatsberichte der Königlichen Preußischen Akademie der Wissenschaften zu Berlin, 1874: S. 131.
Holotypus: Realkatalog Nr. 219, von Doré, Neuguinea, Dr. A. B. MEYER leg. 1873.

Lygosoma minuta MEYER
Monatsberichte der Königlichen Preußischen Akademie der Wissenschaften zu Berlin, 1874: S. 132.
Holotypus: Realkatalog Nr. 308, von Doré, Neuguinea, Dr. A. B. MEYER leg. 1873.

Lygosoma mülleri jobiana MEYER
Monatsberichte der Königlichen Preußischen Akademie der Wissenschaften zu Berlin, 1874: S. 132.
Holotypus: Realkatalog Nr. 175, von Jobi, Dr. A. B. MEYER leg. 1873.

Lygosoma novaeguinea MEYER
Monatsberichte der Königlichen Preußischen Akademie der Wissenschaften zu Berlin, 1874: S. 132.
Holotypus: Realkatalog Nr. 309, von Rubi, Neuguinea, Dr. A. B. MEYER leg. 1873.

Lygosoma subnitens BOETTGER
Abhandlungen und Berichte des Königlichen Zoologischen und Anthropologisch-Ethnographischen Museums zu Dresden, 1896/97, VII: S. 2.
Holotypus: MTKD D 1400, von Bongu, Astrolabebai, C. WAHNES leg. 1896.

Lygosoma werneri triviale SCHÜZ
Abhandlungen und Berichte der Museen für Tierkunde und Völkerkunde zu Dresden, 1927/29, XVII, Nr. 2: S. 8.
Holotypus: Realkatalog Nr. 208d, von Doré, Neuguinea, Dr. A. B. MEYER leg. 1873.
Paratypen: Realkatalog Nr. 208a, b, c, e, f, g, mit gleichen Daten wie Holotypus.

Monitor doreanus MEYER
Monatsberichte der Königlichen Preußischen Akademie der Wissenschaften zu Berlin, 1874: S. 130.
Holotypus: Realkatalog Nr. 26, von Doré, Neuguinea, Dr. A. B. MEYER leg. 1873.

Monitor kordensis MEYER
Monatsberichte der Königlichen Preußischen Akademie der Wissenschaften zu Berlin, 1874: S. 131.
Holotypus: Realkatalog Nr. 10, von Kordo, Mysore, Dr. A. B. MEYER leg. 1873.

Peripia mysorensis MEYER
Monatsberichte der Königlichen Preußischen Akademie der Wissenschaften zu Berlin, 1874: S. 129.
Holotypus: Realkatalog Nr. 607, von Kordo, Mysore, Dr. A. B. MEYER leg. 1873.

Phyllodactylus baessleri WERNER
Abhandlungen und Berichte des Königlichen Zoologischen und Anthropologisch-Ethnographischen Museums zu Dresden, 1900/01, IX, Nr. 2: S. 2.
Holotypus: MTKD D 1780, von Chanchamayo, Peru, Dr. A. BAESSLER leg. 1899.

Phyllodactylus variegatus WERNER
Abhandlungen und Berichte des Königlichen Zoologischen und Anthropologisch-Ethnographischen Museums zu Dresden, 1900/01, IX, Nr. 2: S. 2.

Holotypus: MTKD D 1766, aus der Umgebung von Lima, Peru, Dr. A. BAESSLER leg. 1899.
Paratypen: MTKD D 1767, 1770–1774, mit gleichen Daten wie der Holotypus; MTKD D 1783, von Chanchamayo, Peru, Dr. A. BAESSLER leg. 1899.
Ein weiteres Stück mit gleichen Daten wie der Holotypus wurde an das Naturhistorische Museum Wien abgegeben im März 1900.

Pseudodelma impar FISCHER
Archiv für Naturgeschichte, Berlin, 1882, 48: S. 287, Taf. 16, Fig. 1–4.
Holotypus: MTKD D 158, von Melbourne, Victoria, Australien, SEMPER leg. 1881.

Typhlosaurus meyeri BOETTGER
Abhandlungen und Berichte des Königlichen Zoologischen und Anthropologisch-Ethnographischen Museums zu Dresden, 1893, V: S. 3.
Holotypus: MTKD D 967, von Angra Pequena, Südwestafrika, KREISCHER leg. 1890.

Urocentrum meyeri WERNER
Abhandlungen und Berichte des Königlichen Zoologischen und Anthropologisch-Ethnographischen Museums zu Dresden, 1900/01, IX, Nr. 2: S. 4.
Holotypus: MTKD D 1764, aus der Umgebung von Lima, Peru, Dr. A. BAESSLER leg. 1899.

Serpentes

Ablabes baliodirus var. *cinctus* FISCHER
Abhandlungen des Naturwissenschaftlichen Vereins Hamburg, 1886, IX: S. 8, Taf. I, Fig. 2.
Holotypus: MTKD D 466, von Nias, Dr. SCHREIBER leg. 1885.

Aspidopython jakati MEYER
Monatsberichte der Königlichen Preußischen Akademie der Wissenschaften zu Berlin, 1874: S. 135.
Syntypen: 2 Exemplare unter Realkatalog Nr. 634 und 899, von Jobi, Neuguinea, Dr. A. B. MEYER leg. 1873.

Calamophis jobiensis MEYER
Monatsberichte der Königlichen Preußischen Akademie der Wissenschaften zu Berlin, 1874: S. 135.
Holotypus: Realkatalog Nr. 1026, von Ansus, Jobi, Dr. A. B. MEYER leg. 1873.

Chondropython azureus MEYER
Monatsberichte der Königlichen Preußischen Akademie der Wissenschaften zu Berlin, 1874: S. 134.
Syntypen: 2 Exemplare unter Realkatalog Nr. 638 und 639, von Kordo, Mysore, Dr. A. B. MEYER leg. 1873.

Chrysopelea viridis FISCHER
Archiv für Naturgeschichte, 1880, 46: S. 222, Taf. IX, Fig. 13–17.
Holotypus: Realkatalog Nr. 871, von Tabukan, Sangi, Dr. A. B. MEYER leg. 1873.

Dendrophis calligaster distinguendus MEISE und HENNIG
Zoologischer Anzeiger, Leipzig, 1932, 99: S. 273–297.
Holotypus: MTKD D 2107, von Muliama, Süd-Neumecklenburg (Neuguinea), Dr. SCHLAGINHAUFEN leg. 1907.
Paratypen: MTKD D 2483, von Muliama, Süd-Neumecklenburg, Dr. SCHLAG-

INHAUFEN leg. 1908; MTKD D 2484, von Namatanai, Ost-Neumecklenburg, Dr. SCHLAGINHAUFEN leg. 1908.

Dendrophis punctulatus var. *atrostriata* MEYER
Monatsberichte der Königlichen Preußischen Akademie der Wissenschaften zu Berlin, 1874: S. 136.
Lectotypus: MTKD D 2474, von Kordo, Mysore, Dr. A. B. MEYER leg. 1873 (festgelegt durch MEISE und HENNIG 1932).

Dendrophis punctulatus var. *fasciata* MEYER
Monatsberichte der Königlichen Preußischen Akademie der Wissenschaften zu Berlin, 1874: S. 136.
Lectotypus: MTKD D 2472, von Passim, Neuguinea, Dr. A. B. MEYER leg. 1973 (festgelegt durch MEISE und HENNIG 1932).

Dipsas subaequalis FISCHER
Archiv für Naturgeschichte, 1880, 46: S. 224, Taf. IX, Fig. 18—21.
Holotypus: Realkatalog Nr. 1040, von Ogowé, Westafrika, VON KOPPENFELS leg. o. D.

Geophis schadenbergi FISCHER
Jahrbuch der wissenschaftlichen Anstalt Hamburg, 1885, II: S. 93, Taf. III, Fig. 4.
Syntypen: 2 Exemplare unter MTKD D 366 und 367, von Mindanao, Dr. A. SCHADENBERG leg. 1884.

Glauconia albifrons var. *rubrolineata* WERNER
Abhandlungen und Berichte des Königlichen Zoologischen und Anthropologisch-Ethnographischen Museums zu Dresden, 1900/01, IX, Nr. 2: S. 6.
Holotypus: MTKD D 1752, aus der Umgebung von Lima, Peru, Dr. A. BAESSLER leg. 1899.

Hypsirhina polylepis FISCHER
Abhandlungen des Naturwissenschaftlichen Vereins Hamburg, 1886, IX: S. 62.
Holotypus: MTKD D 437, vom Fly-River, Süd-Neuguinea, GERRARD leg. 1885.

Lachesis bilineatus var. *oligolepis* WERNER
Abhandlungen und Berichte des Königlichen Zoologischen und Anthropologisch-Ethnographischen Museums zu Dresden, 1900/01, IX, Nr. 2: S. 12.
Holotypus: MTKD D 1714, von Bolivien, Dr. A. BAESSLER leg. 1899.

Leptognathus boettgeri WERNER
Abhandlungen und Berichte des Königlichen Zoologischen und Anthropologisch-Ethnographischen Museums zu Dresden, 1900/01, IX, Nr. 2: S. 11.
Holotypus: MTKD D 1671, von Chanchamayo, Peru, Dr. A. BAESSLER leg. 1899.

Lycodon magnus MEYER
Monatsberichte der Königlichen Preußischen Akademie der Wissenschaften zu Berlin, 1874: S. 136.
Holotypus: Realkatalog Nr. 573, von Kordo, Mysore, Dr. A. B. MEYER leg. 1873.

Lycodon parvus MEYER
Monatsberichte der Königlichen Preußischen Akademie der Wissenschaften zu Berlin, 1874: S. 137.
Syntypen: 2 Exemplare unter Realkatalog Nr. 876, von Jobi, Neuguinea, Dr. A. B. MEYER leg 1873.

Micrurus waehnerorum MEISE
Zoologischer Anzeiger, Leipzig, 1938, 123: S. 20.
Holotypus: MTKD D 2671, von S. Paulo de Olivenca, Amazonas, S. und I. WAEHNER leg. 1935.
Paratypen: MTKD D 2664 und 2668, mit gleichen Daten wie der Holotypus; MTKD D 2685, mit gleichen Daten wie der Holotypus, wurde am 20. 5. 1938 an das Museum Para übergeben.
Bemerkung: KLEMMER (1963) zitierte in seiner Giftschlangen-Liste das Taxon falsch als *Micrurus waehneriorum*. In unserem Numerus-currens-Katalog ist es (vermutlich von MEISE eigenhändig) interimistisch als *Micrurus waehneri* eingetragen, während er in der Originalbeschreibung die auch hier verwendete Schreibweise wählte.

Oligodon schadenbergi BOETTGER
Abhandlungen und Berichte des Königlichen Zoologischen und Anthropologisch-Ethnographischen Museums zu Dresden, 1895, VII: S. 4.
Syntypen: 3 Exemplare unter MTKD D 1142, 1143 und 1147, von den Busuanga-Inseln, Calamianes, Philippinen, Dr. A. SCHADENBERG leg. 1894.

Ophiophagus ikaheka var. *fasciatus* FISCHER
Abhandlungen des naturwissenschaftlichen Vereins Hamburg, 1884, VIII: S. 50, Taf. VII, Fig. 3.
Holotypus: MTKD D 277, von Aru, RIBBE und KÜHN 1884.

Simotes affinis FISCHER
Abhandlungen des naturwissenschaftlichen Vereins Hamburg, 1886, IX: S. 4, Taf. 1, Fig. 1.
Syntypen: 2 Exemplare unter MTKD D 441 und 448, von Nias, Dr. SCHREIBER leg. 1885.

Tachymenis peruviana var. *dorsalis* WERNER
Abhandlungen und Berichte des Königlichen Zoologischen und Anthropologisch-Ethnographischen Museums zu Dresden, 1900, IX, Nr. 2: S. 8.
Syntypen: 2 Exemplare unter MTKD D 1711 und 1713, von Bolivien, Dr. A. BAESSLER leg. 1899.

Trimeresurus schadenbergi FISCHER
Jahrbuch der wissenschaftlichen Anstalt Hamburg, 1885, II: S. 116.
Syntypen: 2 Exemplare unter MTKD D 330 und 1516, von Mindanao, Dr. A. SCHADENBERG leg. 1884.
Paratypus: Ein weiteres Exemplar mit gleichen Daten wie die Syntypen an das Naturhistorische Museum Wien abgegeben am 27. 12. 1913.

Ultrocalamus latisquamatus SCHÜZ
Abhandlungen und Berichte der Museen für Tierkunde und Völkerkunde zu Dresden, 1927/29, XVII, Nr. 2: S. 15.
Holotypus: MTKD D 2360, vom Tal des Flusses Garub, Torricelligebirge, Neuguinea, Dr. SCHLAGINHAUFEN leg. 3. 9. 1909.

Liste der vorhandenen Typusexemplare

Salientia

Eucnemis bilineatus POEPPIG
Verzeichnis der Reptilien des zoologischen Museums der Universität Leipzig, 1866: S. 36b.

Syntypen: 3 Exemplare unter MTKD D 11678–11680, von Port Natal, A. GUEINZIUS leg. (1841?).

Limnodytes papuensis MEYER
Monatsberichte der Königlichen Preußischen Akademie der Wissenschaften zu Berlin, 1874: S. 138.
Syntypus: Ein Exemplar skelettiert unter Realkatalog Nr. 457, von Jobi, Neuguinea, Dr. A. B. MEYER leg. 1873.
Weitere 10 Syntypen (als Alkoholpräparate unter Realkatalog Nr. 219 und 225) wurden vernichtet.

Testudines

Platemys novaeguineae MEYER
Monatsberichte der Königlichen Preußischen Akademie der Wissenschaften zu Berlin, 1874: S. 128.
Holotypus: MTKD D 8222, von Passim, Neuguinea, Dr. A. B. MEYER leg. 1873.

Sauria

Agama stoliczkana altaica PETERS
Mitteilungen aus dem Zoologischen Museum in Berlin, 1971, 47: S. 357–381.
Holotypus: Zoolog. Museum Berlin.
Paratypus: MTKD D 10319, von Ulstjan-Gol-Schlucht, Mongolischer Altai, SW-Mongolei, Dr. G. PETERS leg. 8. 7. 1964.
Weitere Paratypen in den Museen Berlin, Halle, Bonn, Leningrad und Ulan-Bator.

Gonyocephalus nigrigularis MEYER
Monatsberichte der Königlichen Preußischen Akademie der Wissenschaften zu Berlin, 1874: S. 129.
Holotypus: MTKD D 2967, von Rubi, Neuguinea, Dr. A. B. MEYER leg. 1873.

Hemidactylus auritus POEPPIG
Verzeichnis der Reptilien des zoologischen Museums der Universität Leipzig, 1866: S. 5a.
Holotypus: MTKD D 6966, von den Insul. Moluccae, FÖRSTER leg. o. D.

Lacerta erhardii weigandi GRUBER und SCHULTZE-WESTRUM
Bonner zoologische Beiträge, 1971, 22: S. 101–130.
Holotypus: Zoolog. Museum A. Koenig, Bonn.
Paratypen: MTKD D 11749–50, von Insel Piperi, Nördl. Sporaden, Ägäis, TH. SCHULTZE-WESTRUM und WEIGAND leg. 26. 9. 1957.
Weitere Paratypen mit den gleichen Daten in Bonn.

Lacerta muralis adolfjordansi BUCHHOLZ
Bonner zoologische Beiträge, 1962, 13: S. 216–218.
Holotypus: Zoolog. Museum A. Koenig, Bonn.
Paratypen: MTKD D 11751–11752, von der größeren, östlichen der beiden Ananes-Inseln bei Milos, Cycladen, K. F. BUCHHOLZ leg. 20. 5. 1953.
Weitere Paratypen mit gleichen Daten in Bonn.

Lacerta peloponnesiaca lais BUCHHOLZ
Bonner zoologische Beiträge, 1960, 6: S. 95–110.
Holotypus: Zoolog. Museum A. Koenig, Bonn.

Paratypen: MTKD D 11753–11756, von Kalavryta, N-Peloponnes, Griechenland, K. F. BUCHHOLZ leg. 12. 5. 1959.
Weitere Paratypen in Bonn, Wien und Magdeburg.

Lacerta peloponnesiaca phryne BUCHHOLZ
Bonner zoologische Beiträge, 1960, 6: S. 95–110.
Holotypus: Zoolog. Museum A. Koenig, Bonn.
Paratypen: MTKD D 11757–11760, vom Berg Velia, südl. Kalavryta, N-Peloponnes, Griechenland, K. F. BUCHHOLZ leg. 1. 6. 1959.
Weitere Paratypen in Bonn und Wien.

Lacerta peloponnesiaca thais BUCHHOLZ
Bonner zoologische Beiträge, 1960, 6: S. 95–110.
Holotypus: Zoolog. Museum A. Koenig, Bonn.
Paratypen: MTKD D 11761–11763, von der Straße Argos-Tripolis, Peloponnes, Griechenland, K. F. BUCHHOLZ leg. 2. und 29. 5. 1959; MTKD D 11764, von den Ruinen von Tiryns, Peloponnes, Griechenland, K. F. BUCHHOLZ leg. 29. 5. 1959.
Weitere Paratypen in Bonn und Wien.

Lacerta pityusensis caragolensis BUCHHOLZ
Bonner zoologische Beiträge, 1954, 5: S. 69–88.
Holotypus: Zoolog. Museum A. Koenig, Bonn.
Paratypen: MTKD D 11765, von der Insel Caragolé, Pityusen, H. GRÜN leg. 12. 6. 1930.
Weitere Paratypen in Bonn.

Lacerta pityusensis characae BUCHHOLZ
Bonner zoologische Beiträge, 1954, 5: S. 69–88.
Holotypus: Zoolog. Museum A. Koenig, Bonn.
Paratypen: MTKD D 11766–11767, von der Insel Characa, Pityusen, H. GRÜN leg. 14. 8. 1930.
Weitere Paratypen in Bonn.

Lacerta pityusensis hortae BUCHHOLZ
Bonner zoologische Beiträge, 1954, 5: S. 69–88.
Holotypus: Zoolog. Museum A. Koenig, Bonn.
Paratypen: MTKD D 11768, von der Isla de Hort, Pityusen, J. JOCKISCH leg. 11. 1935.
Weitere Paratypen in Bonn.

Lacerta pityusensis puercosensis BUCHHOLZ
Bonner zoologische Beiträge, 1954, 5: S. 69–88.
Holotypus: Zoolog. Museum A. Koenig, Bonn.
Paratypen: MTKD D 11769–11770, von der Insel Puercos, Pityusen, J. JOCKISCH leg. 5. 9. 1932.
Weitere Paratypen in Bonn.

Lacerta pityusensis purroigensis BUCHHOLZ
Bonner zoologische Beiträge, 1954, 5: S. 69–88.
Holotypus: Zoolog. Museum A. Koenig, Bonn.
Paratypen: MTKD D 11771, von der Insel Purroige, Pityusen, H. GRÜN leg. 20. 7. 1930.
Weitere Paratypen in Bonn.

Lacerta pityusensis subformenterae BUCHHOLZ
Bonner zoologische Beiträge, 1954, 5: S. 69–88.
Holotypus: Zoolog. Museum A. Koenig, Bonn.
Paratypen: MTKD D 11772, von Conejo de Formentera, Pityusen, H. GRÜN leg. 11. 7. 1930.
Weitere Paratypen in Bonn.

Lacerta pityusensis torretensis BUCHHOLZ
Bonner zoologische Beiträge, 1954, 5: S. 69–88.
Holotypus: Zoolog. Museum A. Koenig, Bonn.
Paratypen: MTKD D 11773, von der Insel Torretas, Pityusen, H. GRÜN leg. 15. 5. 1930.
Weitere Paratypen in Bonn.

Serpentes

Himantodes fulviventer POEPPIG
Verzeichnis der Reptilien des zoologischen Museums der Universität Leipzig, 1866: S. 31a.
Holotypus: MTKD D 6967, von Ega, Brasilien, E. POEPPIG leg.1831.

Vipera ammodytes gregorwallneri SOCHUREK
Herpetologische Blätter, Nr. 1, Wien, Selbstverlag Sochurek, 1974.
Holotypus: Zoolog. Museum Berlin.
Paratypus: MTKD D 9286, von Friesach, Kärnten, Österreich, E. SOCHUREK leg. 5. 1974.

Zusammenfassung

Einleitend wird ein kurzer Überblick zur Geschichte und Struktur der alten Herpetologischen Sammlung des Staatlichen Museums für Tierkunde Dresden gegeben, die am 13. Februar 1945 beim Bombardement Dresdens vernichtet wurde. Als Ergebnis des Wiederaufbaus wird von der neuen Herpetologischen Sammlung berichtet, die gegenwärtig bereits wieder etwa 15 000 Präparate herpetologischer Objekte umfaßt. Es folgt eine Liste der vernichteten Typusexemplare zu 83 Taxa. Sie enthält, wo möglich, Hinweise auf Paratypen-Material in anderen Museen, welches künftigen Revisoren zur Festlegung von Neotypen dienen kann.

Abschließend folgt eine Liste der gegenwärtig in der Sammlung noch bzw. wieder vorhandenen Typusexemplare zu 20 Taxa.

Summary

THE HERPETOLOGICAL COLLECTION OF STAATLICHES MUSEUM FUER TIERKUNDE DRESDEN AND THEIR TYPES

The introductory part is a short survey of history and structure of the former Herpetological Collection of Staatliches Museum fuer Tierkunde of Dresden which was destroyed during the Dresden bombardment (13 Feb. 1945). The also reported result of reconstruction is the new Herpetological Collection which has again be brought to about 15,000 herpetological specimens. Then follows a register of destroyed types of 83 taxa completed, wherever possible, by information about paratypes in other museums which can be used for the determination of neotypes in future revisions.

The end is a register of types for 20 taxa which are still or again existing for the time being.

Literatur

BÖHME, W., 1974: Die Typusexemplare der Herpetologischen Sammlung des Museums Alexander Koenig, Bonn. – Bonn. Zool. Beitr., **25**: S. 165–176.

BOETTGER, O., 1892: Eine neue Eidechse aus Südwest-Afrika. – Abh. Ber. Zool. Anthr.-Ethn. Mus. Dresden, 1892/93, **5**: S. 1–2.

BOETTGER, O., 1895: Beitrag zur herpetologischen Kenntnis der Calamianen, Philippinische Inseln. – Abh. Ber. Zool. Anthr.-Ethn. Mus. Dresden, 1894/95, **7**: S. 1–6.

BOETTGER, O., 1896: Reptilien und Batrachier aus Deutsch Neu-Guinea. – Abh. Ber. Zool. Anthr.-Ethn. Mus. Dresden, 1896/97, **7**: S. 1–4.

BOETTGER, O., 1897: *Rhacophorus rizali*, ein neuer Baumfrosch von Mindanao, nebst Fundortnotizen von den Philippinen überhaupt. – Abh. Ber. Zool. Anthr.-Ethn. Mus. Dresden, 1898/99, **7**: S. 1–3.

BUCHHOLZ, K. F., 1954: Zur Kenntnis der Rassen von *Lacerta pityusensis* Bosca *(Reptilia, Lacertidae)*. – Bonn. Zool. Beitr., **5**: S. 69–88.

BUCHHOLZ, K. F., 1960: Zur Kenntnis von *Lacerta peloponnesiaca (Reptilia, Lacertidae)*. – Bonn. Zool. Beitr., **11**: S. 87–107.

BUCHHOLZ, K. F., 1962: Die Mauereidechse von Ananes, Milos-Archipel. – Bonn. Zool. Beitr., **13**: S. 216–218.

FISCHER, J. G., 1880: Neue Amphibien und Reptilien. – Arch. f. Naturgesch., **46**: S. 215.

FISCHER, J. G., 1882: Herpetologische Bemerkungen. Neue Eidechsen aus Australien und Polynesien. – Arch. f. Naturgesch., **48**: S. 286–302.

FISCHER, J. G., 1884: Herpetologische Bemerkungen. – Abh. Naturwiss. Ver. Hamburg, **8**: S. 43.

FISCHER, J. G., 1885: Ichthyologische und herpetologische Bemerkungen. V. Herpetologische Bemerkungen. – Jahrb. Hamburg. Wiss. Anstalt, **2**: S. 82.

FISCHER, J. G., 1886: Über eine Kollektion Reptilien und Amphibien von der Insel Nias und über eine zweite Art der Gattung *Aniella* Gray. – Abh. Naturwiss. Ver. Hamburg, **9**: S. 3.

GRUBER, U. F. und T. SCHULTZE-WESTRUM, 1971: Zur Taxonomie und Ökologie der Cycladen-Eidechse *(Lacerta erhardii)* von den Nördlichen Sporaden. – Bonn. Zool. Beitr., **22**: S. 101–130.

HENNIG, W., 1936: Revision der Gattung *Draco (Agamidae)*. – Temminckia, Leiden, **1**: S. 154–220.

KLEMMER, K., 1963: Liste der rezenten Giftschlangen. In: Die Giftschlangen der Erde. Behringwerk-Mitteilungen, Marburg/Lahn, Sonderband: S. 255–464.

MEISE, W., 1938: Eine neue Korallenschlange aus dem Amazonasgebiet. – Zool. Anz., **123**: S. 20–22.

MEISE, W. und W. HENNIG, 1932: Die Schlangengattung *Dendrophis*. – Zool. Anz., **99**: S. 273–297.

MEYER, A. B., 1874: Übersicht der von mir auf Neu-Guinea und den Inseln Jobi, Mysore und Mafoor im Jahre 1873 gesammelten Amphibien. – Monatsber. Preuß., Akad. Wiss. Berlin: S. 128–145.

OBST, F. J., 1976: Über den Holotypus von *Platemys novae guineae* Meyer, 1874 *(Reptilia, Chelonia)*. – Zool. Abh. Mus. Tierk. Dresden, **34**, Nr. 3: S. 43–46.

OBST, F. J., 1977: Herpetologische Taxa von Eduard Poeppig (1798–1868). – Zool. Abh. Mus. Tierk. Dresden, **34**, Nr. 12: S. 167–170.

PETERS, G., 1971: Die Wirtelschwänze Zentralasiens *(Agamidae: Agama)*. – Mitt. Zool. Mus. Berlin, **47**, S. 357–381.

POEPPIG, E., 1866: Verzeichnis der Reptilien des Zoologischen Museums der Universität Leipzig. Handschrift, Leipzig 1866: S. 1–45.

SCHÜZ, E., 1929: Verzeichnis der Typen des Staatlichen Museums für Tierkunde in Dresden. 1. Teil: Fische, Amphibien und Reptilien. – Abh. Ber. Mus. Tierkunde u. Völkerkunde Dresden, **17**: S. 1–13.

SCHÜZ, E., 1929: Die Schlangen der papuanischen Ausbeute Dr. Schlaginhaufens 1909. – Abh. Ber. Mus. Tierkunde u. Völkerkunde Dresden, **17**: S. 14–16.

SOCHUREK, E., 1974: *Vipera ammodytes gregorwallneri* n. ssp. – Herpetol. Blätter, Wien, Selbstverlag Sochurek, **1**: S. 1–2.

WANDOLLECK, B., 1900: Zur Kenntnis der Gattung *Draco*. – Abh. Ber. Zool. Anthr.-Ethn. Mus. Dresden, 1900/01, **9**, Nr. 3: S. 1–16.
WANDOLLECK, B., 1907: Einige neue und weniger bekannte Batrachier aus Brasilien. – Abh. Ber. Zool. Anthr.-Ethn. Mus. Dresden, 1907, **11**, Nr. 1: S. 1–15.
WANDOLLECK, B., 1911: Die Amphibien und Reptilien der papuanischen Ausbeute Dr. Schlaginhaufens. – Abh. Ber. Zool. Anthr.-Ethn. Mus. Dresden, 1910, **12**, Nr. 6: S. 1–15.
WERNER, F., 1900: Reptilien und Batrachier aus Peru und Bolivien. – Abh. Ber. Zool. Anthr.-Ethn. Mus. Dresden, 1900/01, **9**, Nr. 2: S. 1–14.
WERNER, F., 1930: Contribution to the knowledge of the reptiles and amphibians of Greece, especially the Aegean Islands. – Occ. Pap. Mus. Zool. Michigan, **211**: S. 1–34.
WERNER, F., 1933: Ergebnisse einer zoologischen Studien- und Sammelreise nach den Inseln des Ägäischen Meeres. I. Reptilien und Amphibien. – Sber. Akad. Wiss. Wien, Math.-Naturwiss. Kl., **142**: S. 103–133.
WERNER, F., 1935: Reptilien der Ägäischen Inseln. – Sber. Akad. Wiss. Wien, Math.-Naturwiss. Kl., **144**: S. 81–117.
WOLF, S., 1936: Revision der Untergattung *Rhacophorus*. – Bull. Raffles Mus., **12**: S. 137–217.

Anschrift des Autors:

Dipl.-Biol. F. J. Obst, Staatliches Museum für Tierkunde,
DDR – 801 Dresden, Augustusstraße 2

III-4-9-1200-1 105-34-76

ZOOLOGISCHE ABHANDLUNGEN
STAATLICHES MUSEUM FÜR TIERKUNDE IN DRESDEN

Bd. 34 Ausgegeben: 28. Februar 1977 Nr. 14

Über die intraspezifische Variation des Phalanger ursinus

(Mammalia, Marsupialia)

Mit 1 Karte, 4 Fotos und 5 Diagrammen

ALFRED FEILER
Moritzburg

In den vergangenen Jahrzehnten äußerten sich TATE (1937, 1945), LAURIE und HILL (1954) und HALTENORTH (1958) zur Subspeziesgliederung des *Phalanger ursinus*. TATE (1945) gewann bei seiner Revision wesentliche neue Erkenntnisse, insbesondere über den Zahnbau. Mit den vorliegenden Fellen, Bälgen und Schädeln lassen sich die bisherigen Kenntnisse über die intraspezifische Variation des *Phalanger ursinus* erweitern. Solches Material lag mir aus dem Berliner Zoologischen Museum, fortan abgekürzt mit Z. M. B., vom American Museum of Natural History, abgekürzt mit A. M. N. H., aus dem Senckenberg-Museum Frankfurt/M., abgekürzt S. M. F., sowie aus dem Staatlichen Museum für Tierkunde Dresden, abgekürzt mit M. D., vor. Maßangaben erhielt ich vom British Museum (Nat. Hist.), abgekürzt mit B. M., und vom Museo Civico di Storia Naturale „Giacomo Doria" in Genua, abgekürzt mit M. S. N. G. Für ihre bereitwillige Hilfe danke ich Dr. R. ANGERMANN, Dr. H. HACKETHAL, Dr. P. D. JENKINS, Dr. L. CAPOCACCIA, Dr. H. FELTEN, Dr. D. KOCK und Dr. K. F. KOOPMAN.

Altersbedingte Variation

Bereits TEMMINCK (1827) hat altersbedingte Unterschiede in der Fellfarbe und Haarlänge erwähnt, so die hellere Farbe junger Tiere. Aus späterer Literatur ist wenig über das Aussehen der Jungtiere zu erfahren. Von den kleinen, noch kurzhaarigen Tieren befindet sich in der Dresdener Sammlung ein Stück (M. D. 2726, ♀, Main, CURSHAM 1894), welches mit der Mutter geschossen worden war. Die Körperlänge bis zum Schwanzansatz beträgt am Balg 20 cm, der Schwanz ist ebenfalls 20 cm lang. Die Grundfarbe auf der Oberseite des Tieres ist ein mattes Bräunlichschwarz, das hinter der Körpermitte allmählich in eine braungraue Farbe übergeht. Diese setzt sich bis auf den behaarten Teil des Schwanzes fort. Die Ohren sind rötlichbraun, die Stirn grauweißlich. Hinter den Augen befindet sich ein kurzer schwarzer Schrägstrich, die graue Farbe dahinter ist heller als auf der Stirn, die vordere Hälfte der Vorderbeine dunkler. Der Bauch ist bräunlichgrau gefärbt, ebenfalls die Unterseite des Schwanzes und der Beine. Die Unterseite ist nicht scharf von der Oberseite abgesetzt, aber deutlich anders gefärbt. Die Krallen sind hell. Ein zweites Tier (Z. M. B. 5762, Geschlecht ?, Celebes [Sulawesi], Dr. MEYERROTH) etwa gleicher Größe wie das obenerwähnte ist diesem ähnlich. Die Oberseite sieht schwärzlich-rußfarben aus und ist matt, nach hinten zu wird das Tier heller, mehr braungrau. Die Ohren sind heller, auch die Unterseite ist etwas gelblicher. Kehle, Brustregion und die Unterseite der Beine sind etwas dunkler als der Bauch.

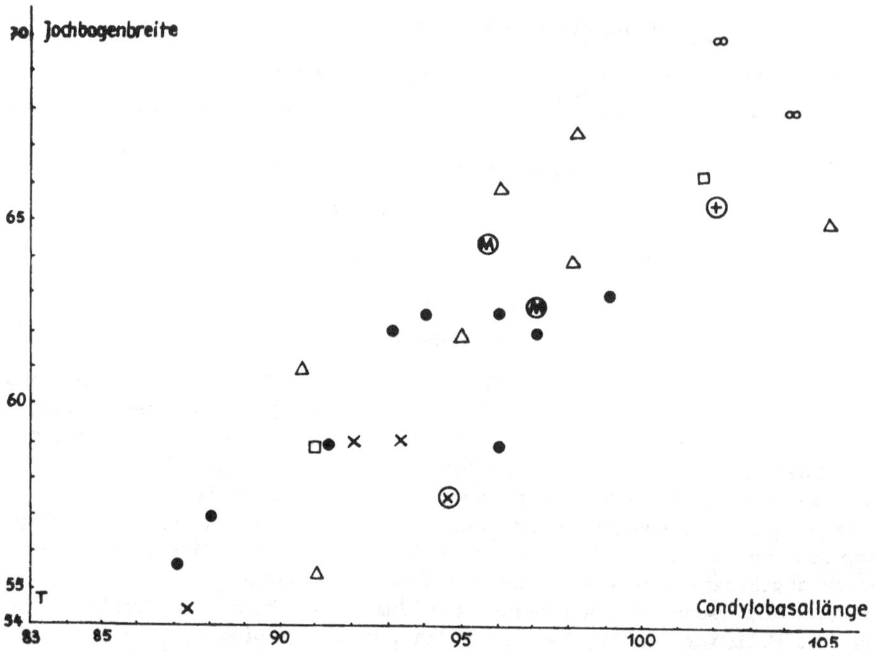

Abb. 1. Größenverhältnisse am Schädel von *Phalanger ursinus*, Maßangaben nach TATE (1945), Mitteilungen vom British Museum sowie vom Museo Civico di Storia Naturale „Giacomo Doria", Genua; eigene Messungen am Material des Dresdener und des Berliner Museums sowie des Senckenberg-Museums Frankfurt/M.

Das Fell eines Jungen aus Tonkean (M. D. 3192, Geschlecht ?, CURSHAM 1896), Felllänge bis Schwanzansatz 29 cm, Schwanz 22 cm, ist auf der Ober- und Unterseite verhältnismäßig stark bräunlich, die Ohren sind gelblichgrau, die vordere Kopfpartie dagegen fahlgrau.

Ältere Jungtiere (M. D. 3573, ♀, Balg, Main, CURSHAM 2. 3. 1898; M. D. 1024, ♂, Nordsulawesi, Balg, VON SCHIERBRAND 1879) sind verhältnismäßig lang behaart und fast einfarbig schwarzgrau mit einem rostfarbigen Anflug. Zum Schwanz zu verschwindet der rostige Ton, der Kopf ist heller grau als der Schwanz. Die Ohren sind graugelblich und die Krallen noch hell.

Ein Jungtier von Posso am Tomini-Golf (Z. M. B. 4208, ♂, Balg, MEYER) fällt durch den starken rostbräunlichen Anflug der Behaarung auf, die weißlichgraue Bauchfärbung ist bei ihm auf einen schmalen Streifen reduziert, der zu den dunkleren

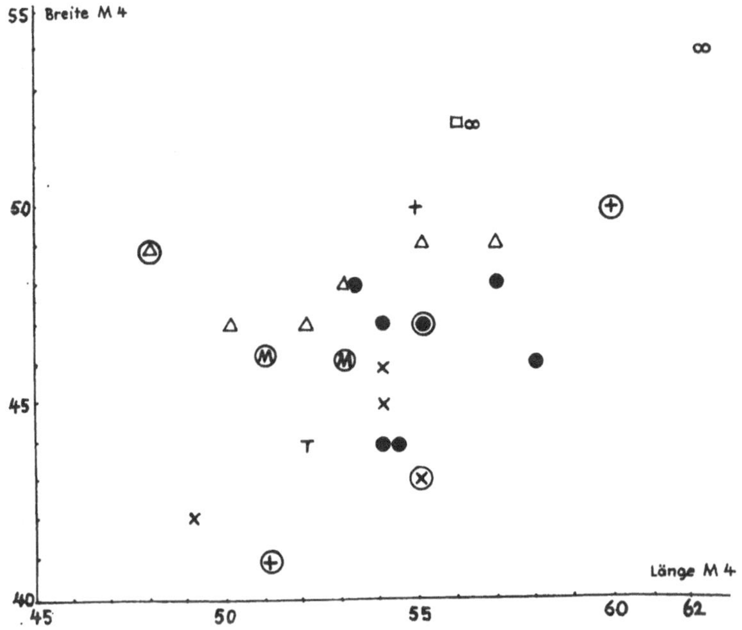

Abb. 2. Verhältnis von Breite zu Länge am letzten oberen Molaren.

Seiten fast scharf abgesetzt ist. Das verschiedene, altersbedingte Aussehen des Felles der Tiere, aber auch Abnutzung täuschen größere Variation vor, als, nach Altersgruppen gegliedert, tatsächlich vorhanden ist. Bei älteren Jungtieren setzt sich die Farbe des Hinterrückens und des behaarten Schwanzes deutlicher als bei jüngeren ab.

Am Schädel ist nach dem Erscheinen der Zähne und ihrer Abnutzung (TATE 1945) eine Altersgruppierung (vorerst noch keine Altersbestimmung) möglich. Ein im Berliner Zoo gestorbenes Tier (Z. M. B. 44/93) hatte alle 4 Molaren geschoben, es ist im Höchstfall anderthalb Jahre alt geworden. Bereits JENTINK (1885) wies auf den Knochenkamm als Altersweiser hin. Er ist allein gut bei alten Tieren entwickelt, die Zähne werden bei manchem Individuum erst im vorgeschrittenen Alter vollzählig.

Individuelle Variation

Die individuelle Variation ist gering, Spielarten kommen nicht vor. Von *Ph. ursinus* sind mir keine Weißlinge, wie sie *Phalanger maculatus* aufweist, bekannt geworden. Von den 26 Tieren, die ich gesehen habe, fällt beim Vergleich ein relativ helles, nur wenig abgenutztes Fell durch mehr graugelbe Farbe auf. HEINRICH fing das Tier 1931 in Nordsulawesi, es kam dann in den Berliner Zoo und starb dort 1932. Es ähnelt wahrscheinlich dem *Ph. ursinus melanotis* von den Talaut-Inseln, den ich nicht selbst gesehen habe und von dem es meines Wissens keine Abbildung gibt.

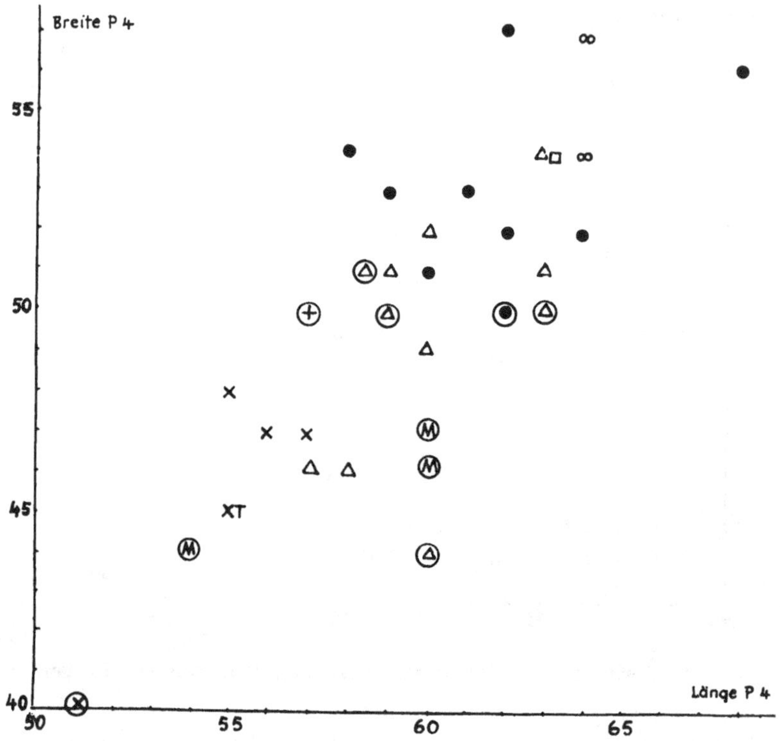

Abb. 3. Verhältnis von Breite zu Länge am großen oberen Prämolaren.

Geschlechtsbedingte Variation

Die mehr oder weniger einförmig dunklen Männchen und Weibchen gleichen sich weitgehend (TATE 1945), oder sind sich zumindest sehr ähnlich. Vier Männchen aus Nordsulawesi (M. D. 2720, 2599, 2502, 1024) und ein Weibchen (A. M. N. H. 152884) besitzen alle eine braungelbliche Kehlfärbung, die sich mehr oder weniger keilförmig bis auf die Brust ausdehnt. Bei einem Weibchen aus Nordsulawesi (M. D. 2724) erstreckt sich die Kehlfärbung nicht bis auf die Brust.

Geographische Variation

Die subtilen Unterschiede zwischen den verschiedenen Subspezies zeigen sich im Farbton des Felles, insbesonders dem behaarten Teil des Schwanzes, der Bauchfärbung, der Haarfarbe der Ohren sowie an anderen Merkmalen und Merkmalsbeziehungen, z. B. an den Größenverhältnissen am Schädel.

Die nördlichste Subspezies, *Phalanger ursinus melanotis* THOMAS, 1898, Typenlokalität Lirung, Talaut-Inseln, unterscheidet sich durch die hellere Farbe erheblich von den anderen Rassen. In der Länge des P^4 von 5,7 mm gleicht sie etwa den Tieren von Peleng.

Von Nordsulawesi, *Phalanger ursinus ursinus* TEMMINCK, 1827, Typenlokalität Menado (JENTINK 1885), lag mir folgendes Material vor:

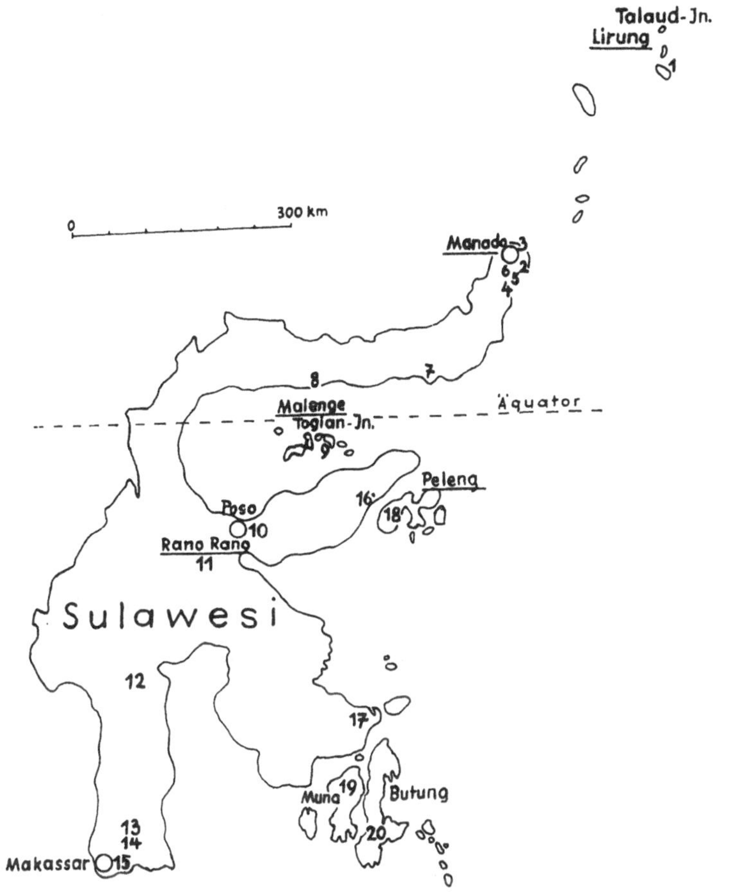

Karte: Nachweise von *Phalanger ursinus* anhand der Sammlungsexemplare des Dresdener und des Berliner Museums, des Senckenberg-Museums Frankfurt/M. sowie nach Literaturangaben (die Quellen dazu befinden sich im Text). Der Locus typicus aller Subspezies ist ausgeschrieben und unterstrichen.

1 = Lirung/Talaud-Inseln, 2 = Manado, 3 = Main, 4 = Kema, 5 = Lembeh, 6 = Kalabat, 7 = Gorontalo, 8 = Boemboelan, 9 = Malenge/Togian-Inseln, 10 = Poso, 11 = Rano Rano, 12 = Latimodjong, 13 = Tjamba, 14 = Lampobatang, 15 = Makassar, 16 = Tonkean, 17 = Kendari, 18 = Peleng, 19 = Muna, 20 = Butung.

Orig. E. Meißner

M. D. 2726, Balg, bereits erwähnt; M. D. 3573, Balg mit Schädel, bereits erwähnt; Z. M. B. 5762, Geschlecht ?, Menado, Balg, FABER; M. D. 2720, ♂, Main, aufgestellt, CURSHAM 1894; M. D. 2599, ♂, Kema, aufgestellt, SARASIN 1894; M. D. 2502, ♂, Lembeh, aufgestellt, CURSHAM 19. 5. 1893; M. D. 1024, Balg mit Schädel, bereits erwähnt; M. D. 2724, ♀, Main, Balg mit Schädel, CURSHAM Sept. 1894; Z. M. B. 44/93, ♂, Zool. Garten Berlin, 18. 7. 1932, Fell mit Schädel; Z. M. B. 44/73, ♂, Minahassa ?, Fell, HEINRICH 3. 5. 1932; Z. M. B. 5762, Geschlecht ?, Menado, Schädel, FABER; A. M. N. H. 152884, ♀, Boemboelan, Fell, J. MENDEN 13. 10. 1939.

Nachdem die Tiere von Sulawesi (Celebes) lange Zeit als eine Subspezies aufgefaßt worden sind, zeigten sich mit zunehmendem Material interessante Differenzierungen,

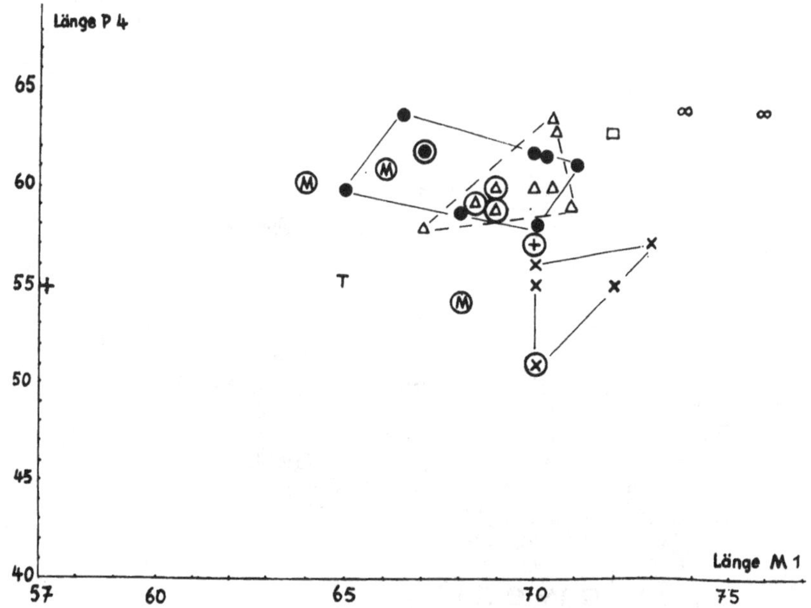

Abb. 4a. Das Verhältnis der Länge des oberen großen Prämolaren zur Länge des M^1.

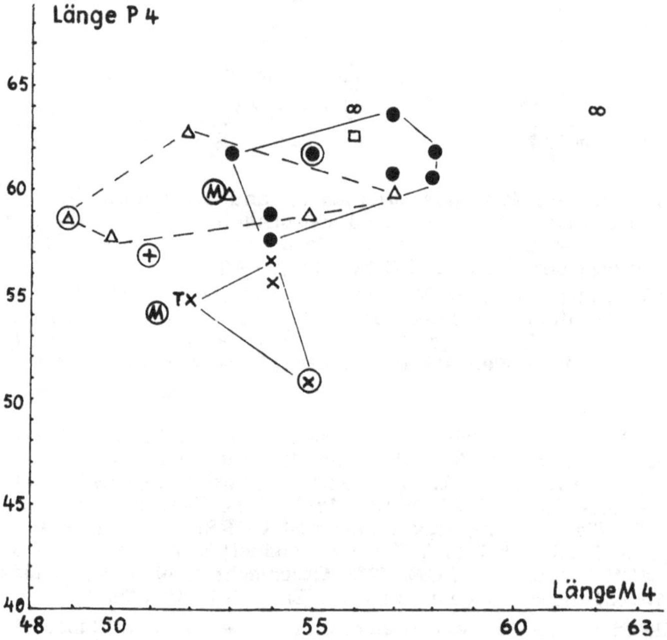

Abb. 4b. Das Verhältnis der Länge des oberen großen Prämolaren zur Länge des M^4.

auch in der bisher wenig beachteten, schwer zu beschreibenden Hinterrücken-Schwanz-Färbung. Bei Tieren aus Nordsulawesi herrscht ein typischer grauer, manchmal auch schwarzer Farbton auf der Schwanzoberseite vor.

1922 haben MILLER und HOLLISTER *Phalanger ursinus furvus*, Typenlokalität Rano Rano, Mittel-Sulawesi, beschrieben. In der Farbe unterscheidet er sich offenbar wenig von den anderen Tieren von Sulawesi. Er besitzt schwarze Ohren, deren Innenseiten bei anderen Rassen bräunlich aussehen. TATE (1945) hat charakteristische Werte für die I^3-Länge gefunden und deren einkuppige Ausbildung erwähnt. Ich habe zwei Tiere (M. D. 2688 und 2690, Geschlecht (?), Tjamba (?), aufgestellt, RIBBE, Kauf 1894), wahrscheinlich Jungtiere, gesehen, die keine schwarzen Ohreninnenseiten haben und möglicherweise zu dieser Subspezies gehören.

1945 hat TATE *Phalanger ursinus togianus*, Typenlokalität Malenge, Togian-Inseln, beschrieben. Das charakteristischste Merkmal ist der zweigeteilte I^3. In der Kronenlänge des I^3, die TATE gemessen hat, unterscheidet sich die Subspezies von den Tieren aus Nordsulawesi und Peleng, kaum aber von jenen aus Südsulawesi.

Peleng wird von einer eigenen Subspezies bewohnt. A. B. MEYER (1896) war bereits ein von CURSHAM gesammeltes Tier (M. D. 3189, Geschlecht (?), Peleng, 1896) aufgefallen. Er schrieb: „Das von Peling ist das hellste von allen, es ist sehr gelblichgrau."

Phalanger ursinus flavissimus ssp. n.

Holotypus: M. D. 11479, ♀, ad., Fell mit Schädel, J. J. MENDEN 25. 7. 1938.
Locus typicus: Peleng.

Maße, am toten Tier von MENDEN genommen: Körperlänge 518 mm, Schwanzlänge 487 mm, Ohrlänge 26 mm, Hinterfußlänge 96 mm.

Fell: Der im Vergleich zu den anderen Tieren aus Sulawesi gelblichere Ton, besonders auf dem Schwanz, ist für diese Subspezies charakteristisch. Die Ohrinnenseiten sind hellgrau mit gelblichem Anflug.

Schädel: Condylobasallänge 94,7 mm, Jochbogenbreite 57,6 mm, Länge P^4 5,1 mm, Breite P^4 4,3 mm, Länge M^1 7,0 mm, Breite 5,2 mm, M^4 Länge 5,5 mm, M^4 Breite 4,3 mm, P^4—M^4 29,9 mm.

Der Farbcharakter bestätigt sich auch bei den folgenden 2 Paratypoiden, die mir vorlagen. A. M. N. H. 108 790, ♀, ad., J. J. MENDEN 23. 7. 1939: Körpermaße (nach MENDEN): Körperlänge 537 mm, Schwanzlänge 478 mm, Ohrlänge 27 mm, Hinterfußlänge 95 mm. A. M. N. H. 109 233, ♂, ad., J. J. MENDEN 23. 7. 1939: Körperlänge 455 mm, Schwanzlänge 426 mm, Ohrlänge 28 mm, Hinterfußlänge 86 mm.

Ein weiteres adultes Männchen soll, nach brieflicher Auskunft von K. F. KOOPMAN, in der Färbung dem genannten sehr ähnlich sein. Schädelmaße dazu teilte TATE (1945) mit.

Am kräftigsten ist das leuchtende Rostgelb bei dem adulten Männchen (A. M. N. H. 109 233). Es erinnert im Farbcharakter noch mehr als die anderen Tiere an *Phalanger celebensis pelengensis* TATE, 1945, einer Subspezies, die auf Sulawesi oberseits bräunlichgrau, auf Peleng „clear tawny brown" aussieht und unterseits hier einen gelben anstelle eines weißen Bauches besitzt. Diese Parallelerscheinung verdient Beachtung.

Ein Größenvergleich am Schädel deutet auch auf abweichende, kleinere Maße bei der

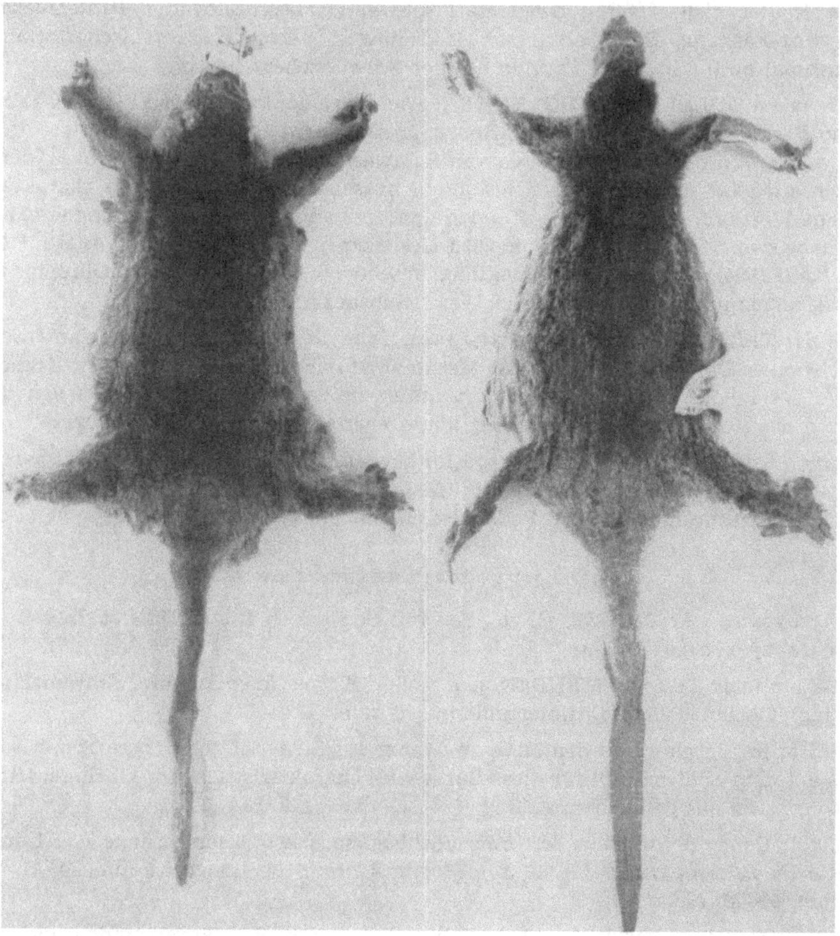

Abb. 5. *Phalanger ursinus flavissimus* ssp. n. von der Insel Peleng, von links nach rechts (siehe auch gegenüberliegende Seite): M.D. 3189, M.D. 11479, A.M.N.H. 108790, A.M.N.H. 109233. Foto G. Hoffmann

Peleng-Subspezies hin (Abb. 1). Sie haben einen kleineren Schädel als *Ph. ursinus furvus*, aber auch kleiner als die Tiere von Nordsulawesi, stehen jedoch den Exemplaren von den Togian-Inseln am nächsten. In der Kronenlänge des I^3 (nach TATE 1945) gleichen sie den Tieren von Nordsulawesi, unterscheiden sich aber durch die größeren Maße von den Tieren der Togian-Inseln sowie von denen aus Mittel- und Südsulawesi. Beim Verhältnis zwischen Breite zu Länge des M^4 ergibt sich ein ähnliches Bild (Abb. 2). Bei den Werten hebt sich lediglich *Ph. u. furvus* deutlich ab. Die P^4-Werte lassen erneut eine enge Gruppierung der Peleng-Tiere erkennen (Abb. 3), *Ph. u. togianus* und *Ph. u. ursinus* liegen beieinander. Sehr interessant ist auch das Verhältnis der Längen des P^4 zu M^1 und des P^4 zu M^4 (Abb. 4). Die Gruppierungen entsprechen den Subspezies-Gliederungen. Die Schädelmaße von Tieren der Inseln

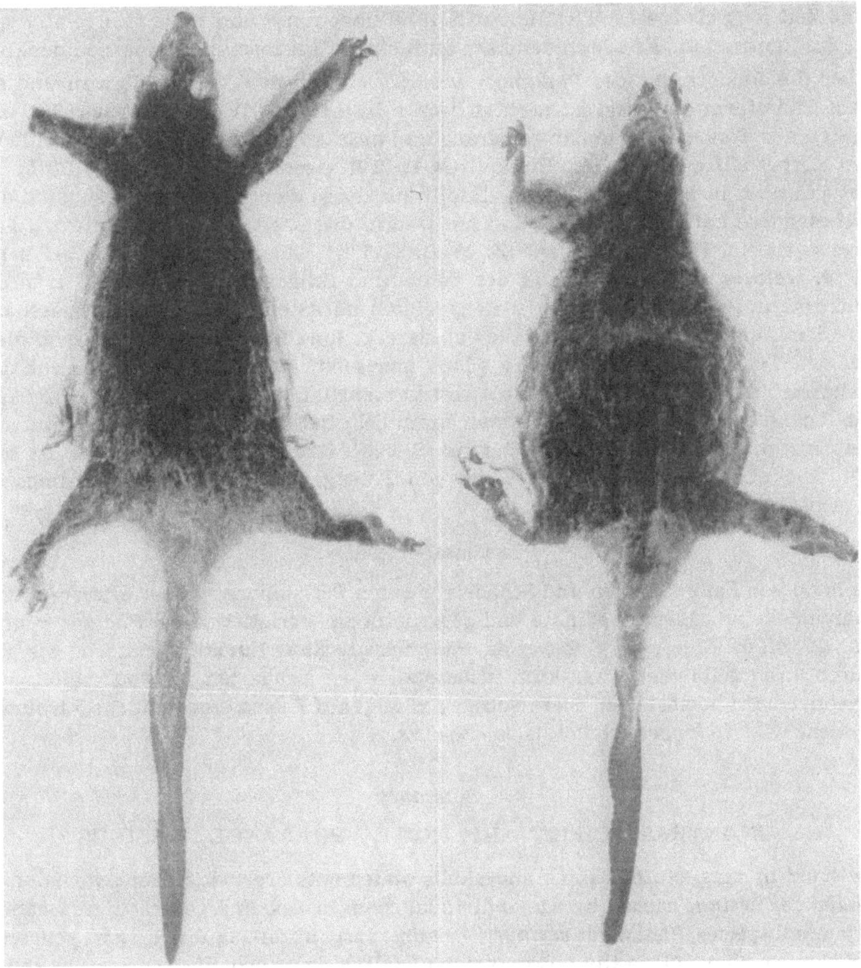

Muna und Butung (S. M. F. 489, 3325, 3326, ELBERT, 1909 und 1910) lassen auf enge Beziehungen zu *Ph. u. flavissimus* ssp. n. schließen.

Von *Phalanger ursinus* ist Peleng das östlichste Verbreitungsgebiet (siehe Karte). *Phalanger celebensis* kommt dagegen östlicher auf Taliabu sowie auf Groß-Obi vor. Peleng nimmt zoogeographisch nach ornithologischen Untersuchungen von ECK (1976) eine intermediäre Stellung zwischen den Sula-Inseln und Sulawesi (Celebes) ein.

Die intraspezifische Ausformung bei *P. ursinus* ist noch nicht völlig geklärt. Von Südwestsulawesi fehlt ausreichendes Material. Die von TATE (1945) erwähnten Tiere vom Lampobatang/Südsulawesi weisen größere Schädel- und Zahnmaße als die anderen Tiere von Sulawesi auf. TATE hat sie zu *Ph. u. furvus* gestellt, das scheint auch anhand der dargestellten Relationen gerechtfertigt. Der Südarm von Sulawesi war eine Zeit lang als Insel (STRESEMANN 1939) abgetrennt und fügte sich relativ spät an das Zentrum an. Es wären demnach auch eigene Ausformungstendenzen denkbar. Über die Ausformung des *Phalanger ursinus* im östlichen Mittel-Sulawesi und auf dem Südostarm der Insel ist noch zu wenig bekannt. MEYER (1896) war bei drei Tieren aus Tonkean der mehr gelbgraue und nicht schwärzliche Eindruck der hinteren Körperhälfte aufgefallen. Ein Fell (M. D. 3191, Geschlecht (?), CURSHAM) befindet sich noch in unserem Museum. Es fällt mir durch den bräunlichen Grundton auf, insbesondere auf dem Schwanz und am Bauch, die Ohren sind nicht schwarz. Fast ebenso ist ein Tier aus Kendari (Z. M. B. 5727, ♂, ad., aufgestellt, BECCARI) gefärbt, welches sich auch anhand der Zahn- und Schädelmaße von den Tieren des Südarms unterscheidet und den Peleng-Tieren nahesteht. Beide unterscheiden sich von den Tieren aus Peleng durch die dunklere, braune Bauchfärbung, während diese bei den Tieren von Peleng relativ scharf abgesetzt ist und gelbgrau aussieht. Die Bauchfärbung der Tiere aus Nordsulawesi ist mehr fahlgrau. Die Ohren solcher Tiere aus Tonkean und Kendari sind innen bräunlich, bei den von Peleng hellgrau mit gelblichem Anflug. Ein Fell von Butung (S. M. F. 4925, ELBERT, 31. 8. 1909) ist sehr hell und ähnelt den Fellen der Tiere von Peleng. Die Ohren sind allerdings im Gegensatz zu letzteren bräunlich.

Zusammenfassung

Anhand von Fellen, Bälgen und Schädeln werden Feststellungen über altersbedingte, individuelle, geschlechtsbedingte und geographische Variationen bei *Phalanger ursinus* getroffen. Eine neue Subspezies, *Phalanger ursinus flavissimus* ssp. n., die sich durch ihren gelblichen Charakter, insbesondere der behaarten Schwanzregion, auszeichnet, wird beschrieben. Diese Subspezies zeigt auf Peleng eine ähnliche Färbungstendenz wie *Phalanger celebensis pelengensis.*

Summary

ON INTRASPECIFIC VARIATION OF PHALANGER URSINUS

By hand of furs, stuffed skins and skulls statements are made about variation of *Phalanger ursinus* caused by age, individual changes, sex, and geographical location. A new subspecies, *Phalanger ursinus flavissimus* ssp. n., distinguished by its yellowish appearence above all in the pilose region of tail is described. This subspecies shows similar tendency of colouring as *Phalanger celebensis pelengensis* on Peleng.

Literatur

ECK, S., 1976: Die Vögel der Banggai-Inseln, insbesondere Pelengs. — Zool. Abh. Mus. Tierk. Dresden, **34**, Nr. 5, S. 53—100.

HALTENORTH, TH., 1958: Klassifikation der Säugetiere I: 2. Ordnung Beuteltiere. In: Handbuch der Zoologie, **8** (16). Berlin.

HEINRICH, G., 1932: Der Vogel Schnarch. Berlin.

JENTINK, F. A., 1885: A monograph of the genus *Cuscus*. — Notes Leyden Mus., **7**, S. 87—119.

LAURI, E. M. O. und J. E. HILL, 1954: List of Land mammals of New Guinea, Celebes and adjacent islands 1758—1952. London.

MEYER, A. B., 1896: Säugetiere vom Celebes- und Philippinen-Archipel. I. — Abh. Ber. K. Zool. Anthr.-Ethn. Mus. Dresden, 1896/97, Nr. 6, S. 1—36.

MILLER, G. S. jr. und N. HOLLISTER, 1922: A new *Phalanger* from Celebes. — Proc. Biol. Soc. Washington, **35**, S. 115—116. (S. 115: *P. u. melanotis.*)

STRESEMANN, E., 1939: Die Vögel von Celebes. – J. Orn., **87**, S. 299–425.
TATE, G. H. H., 1937: Results of the Archbold Expeditions. 16. Some Marsupials of New Guinea and Celebes. – Bull. Amer. Mus. Nat. Hist., **73**, S. 331–476.
TATE, G. H. H., 1945: Results of the Archbold Expeditions. No. 52. The marsupial genus *Phalanger*. – Amer. Mus. Novitates, No. 1283, S. 1–41.
TEMMINCK, C. J., 1827: Monographie de mammalogie ou description de quelques genres de mammifères, dont les espèces ont été observée dans les différents musées de l'europe. Bd. 1. Paris/Amsterdam. (*Phalangista ursinus:* S. 10.)
THOMAS, O., 1898: Descriptions of three new mammals from the East Indian Archipelago and Australia. – Novitates Zool., **5**, 1, S. 2–3.

Anschrift des Autors:

Dr. Alfred Feiler, Staatliches Museum für Tierkunde Dresden,
Außenstelle Moritzburg, DDR – 8105 Moritzburg, Fasanenschlößchen.

Zool. Abh. Mus. Tierk. Dresden, Bd. 34, 1976, 1. Teilband
Akadem. Verlagsgesellschaft Geest & Portig K.-G. Leipzig
Genehm.: Min. f. Kultur, Nr. 105/34/76

III-4-9-1200-1 105-34-76 D 2/5/76

Übersicht über die herausgegebenen Publikationen

Reichenbachia

Fachgebiet: Taxonomie (Neubeschreibungen, Revisionen und andere taxonomische Arbeiten mit geringem Umfang).

Tiergruppen: Insecta, Myriapoda, Arachnida.

Entomologische Abhandlungen

Fachgebiete: Taxonomie (Bestimmungstabellen, Monographien und andere taxonomische Arbeiten mit größerem Umfang), Phylogenie, Evolution, Morphologie, Anatomie, Biologie, Ökologie, Zoogeographie.

Tiergruppen: Insecta, Myriapoda, Arachnida.

Faunistische Abhandlungen

Fachgebiet: Faunistik. Diese Reihe dient auch zur Veröffentlichung faunistischer Kurzmitteilungen.

Tiergruppen: alle Gruppen mit Ausnahme der Protozoa.

Zoologische Abhandlungen

Fachgebiete: Taxonomie, Phylogenie, Evolution, Morphologie, Anatomie, Biologie, Ökologie, Zoogeographie.

Tiergruppen: Vertebrata; daneben Evertebrata mit Ausnahme der Insecta, Myriapoda, Arachnida, Mollusca und Protozoa.

Malakologische Abhandlungen

Fachgebiete: Taxonomie, Phylogenie, Evolution, Morphologie, Anatomie, Biologie, Ökologie, Zoogeographie.

Tiergruppe: Mollusca.

Übersicht über die erschienenen Publikationen

Nach 1945 erschienen folgende Bände:

Abhandlungen und Berichte aus dem Staatlichen Museum für Tierkunde in Dresden

Bände 21 (1953) – 25 (1960)
(Band 21 ist vergriffen).

Ab 1961 wurden die „Abhandlungen und Berichte aus dem Staatlichen Museum für Tierkunde in Dresden" in zwei Reihen unterteilt:

Entomologische Abhandlungen

Ab Band 26 (1961–1962) ff.
Zu den Bänden 36, 37, 39 und 40 erschienen Supplementbände.

Zoologische Abhandlungen

Ab Band 26 (1961–1964) ff.
Ab Band 26 ohne Insecta, ab Band 27 ohne Mollusca.
(Bände 26–29 sind vergriffen).

Im Zeitraum von 1962–1964 wurden zusätzlich die folgenden Reihen neu eingerichtet:

Reichenbachia

Ab Band 1 (1962–1963) ff.

Faunistische Abhandlungen

Ab Band 1 (1963–1966) ff.

Malakologische Abhandlungen

Ab Band 1 (1964–1967) ff.

Alle genannten Reihen erscheinen fortlaufend, jedoch zwanglos und ohne feste Bindung an das Kalenderjahr.

III-9-16 Jt 1943/75 10 T. (30045/9)

FSC
www.fsc.org
MIX
Papier | Fördert
gute Waldnutzung
FSC® C083411

Kolibri 360 GmbH
Ferdinand-Jühlke-Straße 7
99095 Erfurt, Deutschland
produktsicherheit@kolibri360.de